Python

第二版

技術者們

實踐！

感謝您購買旗標書,
記得到旗標網站
www.flag.com.tw
更多的加值內容等著您…

● FB 官方粉絲專頁:旗標知識講堂

● 旗標「線上購買」專區:您不用出門就可選購旗標書!

● 如您對本書內容有不明瞭或建議改進之處,請連上
旗標網站,點選首頁的 聯絡我們 專區。

若需線上即時詢問問題,可點選旗標官方粉絲專頁
留言詢問,小編客服隨時待命,盡速回覆。

若是寄信聯絡旗標客服 email,我們收到您的訊息
後,將由專業客服人員為您解答。

我們所提供的售後服務範圍僅限於書籍本身或內
容表達不清楚的地方,至於軟硬體的問題,請直接
連絡廠商。

學生團體	訂購專線:(02)2396-3257 轉 362
	傳真專線:(02)2321-2545
經銷商	服務專線:(02)2396-3257 轉 331
	將派專人拜訪
	傳真專線:(02)2321-2545

國家圖書館出版品預行編目資料

Python 技術者們 - 實踐!一步一腳印由初學到精通
第二版 / 施威銘研究室 作. -- 臺北市:旗標,
2021 . 04   面; 公分

ISBN 978-986-312-661-4(平裝)

1. Python (電腦程式語言)

312.32P97   110002809

作   者/施威銘研究室

發 行 所/旗標科技股份有限公司

　　　　　台北市杭州南路一段15-1號19樓

電   話/(02)2396-3257(代表號)

傳   真/(02)2321-2545

劃撥帳號/1332727-9

帳   戶/旗標科技股份有限公司

監   督/陳彥發

執行企劃/林志軒

執行編輯/林志軒

美術編輯/林美麗

封面設計/薛詩盈

校   對/林志軒・留學成

新台幣售價:650 元

西元 2024 年 3 月 二版 3 刷

行政院新聞局核准登記-局版台業字第 4512 號

ISBN 978-986-312-661-4

版權所有・翻印必究

序言
PREFACE

近年來 Python 在各領域廣被運用, 包含企業專案、學術研究、學生專題…等等。Python 有容易學習、快速應用、資源強大的特色, 所以很受大家的歡迎。但是, 要怎樣學 Python 呢? 畢竟 Python 是語言工具, 要能夠快速有效的切入實作才是目的。因此, 我們寫了這本書, 就是讓學習者能夠正確、快速、有效的學會 Python, 並且可以馬上做到實際的運用。

學習一個程式語言最扎實、有效的方法就是把基本語法學好。但是基本語法很無聊, 引不起學習興趣, 幸好 Python 是直譯式語言 (Interpreter), 它可以用互動的方式來和操作者溝通, 所以學習起來並不是那麼無聊。

我們在這本書的基礎篇: 第 0-4 章絕大部分都是用互動模式來解說 Python 的語言指令, 我們希望讀者可以跟著書的內容**一步一腳印的手 key 每一行敘述**, 感受其真正的意涵。有研究指出手作可以增進頭腦對事物的認知, 至少用手 key 入每一行 Python 敘述可以讓你真實體會每一細節, 每次成功會帶給你學習上的鼓舞, 每次失敗會讓你知道哪個地方有所誤解, 進而成為牢固的記憶, 失敗, 會成為學習最佳的基石!

Python 另一個很有用的特點是它有很龐大的第三方套件, 使用這些套件可以完成大部分的工作, 使得程式的撰寫變得快速又輕鬆。所以我們在第 5 章會教你如何使用各種套件, 讓你的 Python 程式能力快速起飛!

從第 6 章開始的應用篇是真正體會 Python 樂趣的起點, 我們會以實用、強大的 Python 套件包含 BeautifulSoup、Request、Numpy、Re、OpenCV、Flask、Scikit-learn、sqlite、…等等來實作出各種熱門的題材, 內容廣泛、有趣、實用, 包含: 股票盯盤、車牌辨識、多執行緒的網路爬蟲下載巨量資料、語音百科機器人、AI 人臉辨識、移動偵測、假新聞分類器、網頁留言板…等等, 相較於前一版, 更換了一些實例, 以符合最新、最熱門的 Python 技術, 以這些範例為基礎, 你就可以依自己的需要, 創造出更符合自己在工作上、研究上的應用。希望, 這本書能為大家在學習 Python 的過程中幫上忙!

施威銘研究室 2021.03.22

本書範例檔下載

　　本書所使用的範例程式皆可由下面的網址進入到下載的頁面, 經網頁上的指示輸入通關密語後即可下載:

http://www.flag.com.tw/bk/st/F1700

　　此外, 加入旗標 VIP 會員可下載額外的 Bonus。讀者們若對本書有任何疑問隨時歡迎到旗標**從做中學**粉絲專頁一起學習討論:

旗標**從做中學** Learning by doing 粉絲專頁

https://www.facebook.com/flaglearningbydoing

　　本書範例檔 **F1700.zip**, 解壓縮後即可使用, 例如解壓縮到 D:\F1700 資料夾中:

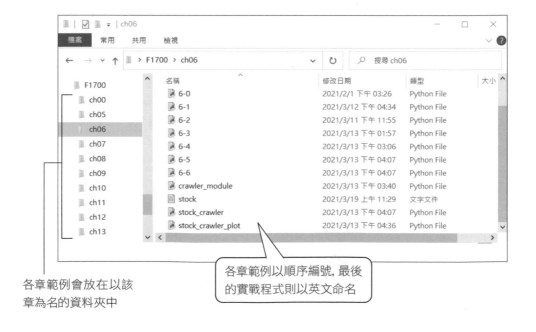

各章範例會放在以該
章為名的資料夾中

各章範例以順序編號, 最後
的實戰程式則以英文命名

學習地圖

▲ Python 技術者們 - 實踐！

◀ Python 刷題鍛鍊班：老手都刷過的 50 道程式題，求職面試最給力

邁向高手的 50 題 Workout 特戰班

本書精選 50 個練習題，以刷題為出發點, 紮實底子, 解釋 Python 語言的精華概念, 一舉突破學習程式的難關！

◀ 必學！Python 資料科學・機器學習最強套件

最夯的 Python 套件解說 X 最夯的資料科學、機器學習技術本書帶您一次學會

- 資料科學熱門套件解說。包括：NumPy、pandas、Matplotlib、OpenCV。
- 最紮實的機器學習、深度學習實戰。包括：Data Preprocessing、KNN、SVM、Logistic regression、Decision tree、Random Forest、Neural network。

◀ Python 神乎其技 全新超譯版

快速精通 Python 進階功能, 寫出 Pythonic 的程式

- 45 個 Python 實用進階主題
- 逐步解說的清晰範例與圖解
- 融入 Python 3.7、3.8 最新功能

◀ Deep Learning 深度學習必讀

Keras 宗師帶你一步一腳印用 Python 實作！

本書將帶您瞭解深度學習的概念、用途與限制, 並熟悉標準工作流程與常見問題, 利用 Keras 來解決影像分類、時序預測、情感分析、圖片與文字生成等等。由 Keras 宗師帶您從深度學習的基本入門到實際訓練, 提供您最佳的實作體驗。

目錄
CONTENTS

基礎篇

第 0 章 Python 簡介與安裝

第 1 章 資料型別、變數及運算

第 2 章　Python 的資料結構：Data Structures

第 3 章　Python 的流程控制

第 4 章　函式 Function

第 5 章　Python 最強功能：內建函式庫與第三方套件

應用篇

第 6 章 股市爬蟲 + 資料視覺化

第 7 章 網路爬蟲+多執行緒搜集巨量資料 - 以圖片為例

第 8 章 假新聞分類器

第 11 章　無人車影像辨識子系統：道路辨識

第 12 章　無人車影像辨識子系統：交通標誌辨識

第 13 章　影像移動偵測 - 以簡訊、E-mail 防盜通報

第 14 章　利用 Flask 建構網路服務 - 以留言板、假新聞辨識系統為例

第 15 章　語音聊天機器人 - 萬事通

第 16 章　AI 人臉身分識別打卡系統

基礎篇

0 Chapter

Python 簡介與安裝

Python 是一種易學易用而且功能強大的程式語言, 本章將介紹 Python 的特色、程式開發工具的安裝與使用、以及一些簡單的基本語法。

0-0 Python 簡介

Python 是由荷蘭程式設計師 Guido van Rossum 於 1989 年所創建, 由於他是英國電視短劇 Monty Python's Flying Circus (蒙提·派森的飛行馬戲團) 的愛好者, 因此選中 **Python** (大蟒蛇) 做為新語言的名稱, 而在 Python 的官網 (www.python.org) 中也是以蟒蛇圖案做為標誌:

Python 的蟒蛇標誌

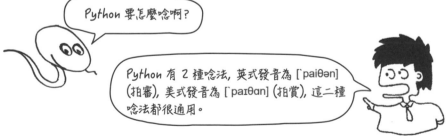

Python 的特色

Python 是一種易學易用而且功能強大的程式語言, 它具有以下特色:

● **易學易用**：Python 的語法簡潔, 通常可以用較少的程式碼來完成較多的工作, 並且清楚易懂。

● **快速開發**：Python 不但內建了龐大而且應用廣泛的標準函式庫, 更有數以千計、由 Python 愛好者所開發的免費第三方套件, 大大降低了我們撰寫程式的困難度, 並且縮短了開發程式所需的時間。有了這些函式庫及套件, 通常只要短短的幾行程式即可完成相當複雜的工作。

● **高可攜性 (跨平台性)**：Python 程式通常不需要修改就可以在各種作業系統中執行, 包括 Windows、Linux、Mac OS 等。除非使用到作業系統特有的功能, 否則即使包含圖形操作界面 (GUI) 也一樣可以跨平台執行。其實在 Linux 及 Mac OS 中都早已內建 Python 了 (但通常版本會比較舊一點), 因此不需安裝即可執行 Python 程式。

● **容易擴充**：Python 可以和 C/C++ 合作無間, 因此必要時可用 C/C++ 來撰寫一些高執行效率的擴充模組, 而這些模組在 Python 中使用起來就跟使用一般模組一樣。

● **直譯式語言**：Python 是一種直譯式 (Interpreted) 語言, 也就是直接以原始程式碼來執行, 而不用事先將程式碼編譯 (Compile) 成執行檔。這樣做的好處是程式修改及測試都很方便, 而且可攜性很高。

> **TIPS** 直譯式語言需要使用直譯器 (Interpreter) 來執行程式, 例如 Python 內建的 CPython, 或是強調互動性的 IPython 直譯器。

● **免費且開源**：任何人都可以免費取得及使用 Python 的各項資源。也由於它的免費且開放源始碼作風, 讓許多設計師都願意將寫好的程式以同樣方式開放給所有人使用, 這也是為什麼 Python 第三方套件能夠如此龐大並且不斷成長的主因了。

　　目前 Python 已被廣泛應用於各行各業以及日常生活之中, 甚至美國許多頂尖大學都以 Python 做為入門的程式語言課程, 而 Google、Facebook、Yahoo、NASA 等大型企業或組織也都經常使用 Python 來開發各種專案。

Python 的 2.x 與 3.x 版

Python 於 2008 年發佈 3.0 版, 但由於做了一些較大的改變而導致無法和 2.x 版的程式相容, 因此目前仍然提供 2.x 與 3.x 二種版本的支援與更新。不過目前越來越多人都已轉用 3.x 版, 而且幾乎所有的第三方套件也都升級到 3.x 版了, 因此強烈建議讀者選用 3.x 版, 而本書也是以 Windows 平台的 Python 3.6 版來撰寫範例程式。

 TIPS Python 2.7 已是 2.x 版的最終版本了, 它還會持續被官方支援, 甚至加入一些 3.x 版的新功能, 但不會再有 2.8 版了, 而未來新增的功能都將只會加在 3.x 版中。

 我們會隨時留意 Python 與相關套件的版本, 確保書上範例都能在最新版本上執行, 必要時也會同步更新範例程式碼, 若有任何問題, 歡迎到旗標的「從做中學 AI」粉絲專頁留言詢問。

Python 的開發環境

在開始撰寫 Python 程式之前, 要先建置 Python 的開發環境, 包括 Python 的直譯器、內建函式庫、以及相關的檔案和環境設定等。如果要使用 Python 官方提供的開發環境, 可連至官網 www.python.org, 點選功能表中的 Downloads 來下載及安裝最新版本。

不過官方所提供的開發環境、以及內附的程式編輯軟體 IDLE 都較為陽春, 因此本書將使用功能較完整的「Anaconda 整合開發套件」做為開發環境。

0-1 安裝 Anaconda

Anaconda 是目前廣受歡迎的 Python 整合開發套件, 其內容包含了:

● **Anaconda Navigator**: Anaconda 的管理員, 可幫我們管理相關的程式、套件、及多個執行環境。

● **Spyder**: 一個很棒的 Python 整合開發編輯器。

● **Jupyter Notebook**：網頁式的程式編寫與執行環境, 必需在瀏覽器中執行。

● 預先安裝了 200 多個常用的科學、數學、資料分析等領域的第三方套件。

　　請先連到 Anaconda 官網 www.anaconda.com 再按右上角的 Downloads 鈕 (或直接連到 www.anaconda.com/download), 然後依底下步驟進行安裝：

1 請按此下載安裝檔

2 執行下載的安裝檔
(筆者安裝時為
Anaconda3-5.2.0-
Windows-x86_64.exe)

3 按 Next 鈕

4 按 I Agree 鈕同意授權條款

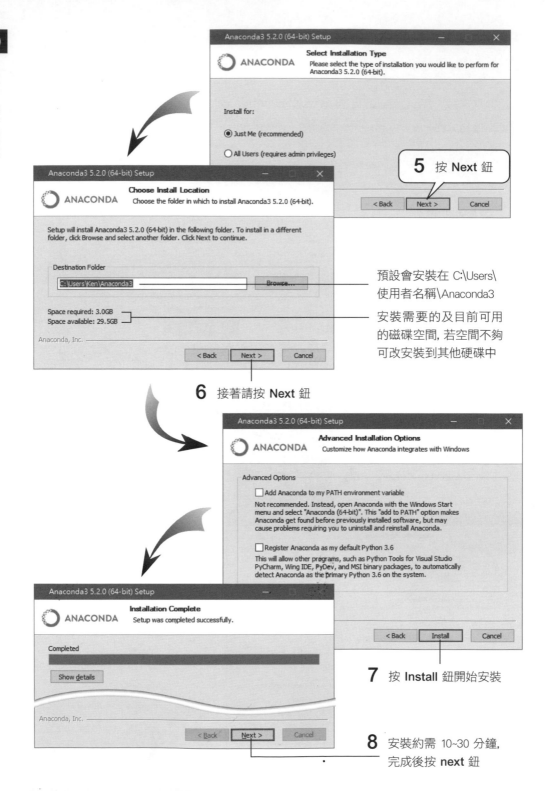

Anaconda3 5.2.0 (64-bit) Setup

ANACONDA

Select Installation Type
Please select the type of installation you would like to perform for Anaconda3 5.2.0 (64-bit).

Install for:

◉ Just Me (recommended)

○ All Users (requires admin privileges)

< Back   Next >   Cancel

5 按 Next 鈕

Anaconda3 5.2.0 (64-bit) Setup

ANACONDA

Choose Install Location
Choose the folder in which to install Anaconda3 5.2.0 (64-bit).

Setup will install Anaconda3 5.2.0 (64-bit) in the following folder. To install in a different folder, click Browse and select another folder. Click Next to continue.

Destination Folder

C:\Users\Ken\Anaconda3   Browse...

Space required: 3.0GB
Space available: 29.5GB

Anaconda, Inc.

< Back   Next >   Cancel

預設會安裝在 C:\Users\
使用者名稱\Anaconda3

安裝需要的及目前可用
的磁碟空間, 若空間不夠
可改安裝到其他硬碟中

6 接著請按 Next 鈕

Anaconda3 5.2.0 (64-bit) Setup

ANACONDA

Advanced Installation Options
Customize how Anaconda integrates with Windows

Advanced Options

☐ Add Anaconda to my PATH environment variable

Not recommended. Instead, open Anaconda with the Windows Start menu and select "Anaconda (64-bit)". This "add to PATH" option makes Anaconda get found before previously installed software, but may cause problems requiring you to uninstall and reinstall Anaconda.

☐ Register Anaconda as my default Python 3.6

This will allow other programs, such as Python Tools for Visual Studio PyCharm, Wing IDE, PyDev, and MSI binary packages, to automatically detect Anaconda as the primary Python 3.6 on the system.

< Back   Install   Cancel

7 按 Install 鈕開始安裝

Anaconda3 5.2.0 (64-bit) Setup

ANACONDA

Installation Complete
Setup was completed successfully.

Completed

Show details

Anaconda, Inc.

< Back   Next >   Cancel

8 安裝約需 10~30 分鐘,
完成後按 next 鈕

詢問是否要安裝微軟的 VSCode（Visual Studio Code）整合開發編輯器

9 可先按此鈕略過, 以後需要時再從 Anaconda Navigator 中安裝

若不想看說明可取消勾選

10 按 **Finish** 鈕完成安裝

安裝好之後, 可在 Windows 的開始功能表中看到 Anaconda 的選單命令：

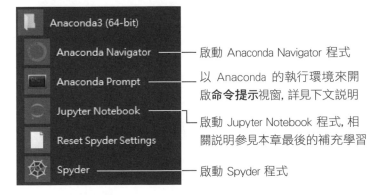

啟動 Anaconda Navigator 程式

以 Anaconda 的執行環境來開啟**命令提示**視窗, 詳見下文說明

啟動 Jupyter Notebook 程式, 相關說明參見本章最後的補充學習

啟動 Spyder 程式

TIPS **Anaconda Navigator** 程式是 Anaconda 的總管, 可用來管理各種已安裝或未安裝的程式、套件, 以及多個不同的執行環境。但因暫時不會用到, 所以我們將詳細說明放在附錄 A 中, 讀者未來有需要時可隨時參閱之。

以上的 Anaconda Prompt 就是以 Anaconda 的執行環境來開啟**命令提示**視窗, 此視窗和 Windows 的**命令提示字元**視窗類似, 都可以用輸入文字命令的方式來執行程式:

Anaconda Prompt (命令提示) 視窗

執行環境的名稱　　目前所在的路徑

可在此輸入命令然後按 Enter 執行

Windows 的**命令提示字元**視窗, 視窗標題和 Anaconda Prompt 不一樣

命令提示文字只有目前路徑

大部份 Anaconda 及 Python 的功能都可在**命令提示**視窗中以「輸入命令」(其實是執行程式) 的方式來執行。相關用法稍後會再介紹。

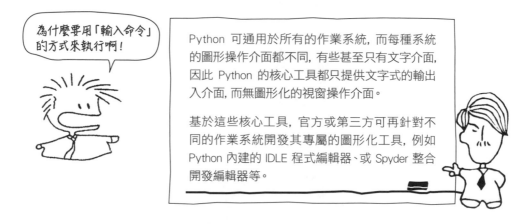

為什麼要用「輸入命令」的方式來執行啊!

Python 可通用於所有的作業系統, 而每種系統的圖形操作介面都不同, 有些甚至只有文字介面, 因此 Python 的核心工具都只提供文字式的輸出入介面, 而無圖形化的視窗操作介面。

基於這些核心工具, 官方或第三方可再針對不同的作業系統開發其專屬的圖形化工具, 例如 Python 內建的 IDLE 程式編輯器、或 Spyder 整合開發編輯器等。

0-2 在 Anaconda Prompt 中撰寫及執行程式

Python 是直譯式的語言, 因此需要使用**直譯器** (Interpreter) 來執行我們的程式, 例如 Python 內建的 CPython, 或是強調互動性的 IPython 直譯器。這 2 個直譯器都可以直接在**命令提示**視窗中執行, 不過 CPython 目前較少人使用了, 因此底下我們就以 IPython 來示範, 看看直譯器如何在 Anaconda Prompt 中使用。

IPython 直譯器

IPython 是 CPython 的擴充版本，它們的基本操作都相同，但 IPython 增加了許多額外的輔助功能，並強化了交談模式的易用性，因此像 Spyder、Jupyter Notebook 都是以 IPython 做為其直譯器。底下先來看看 IPython 在 Anaconda Prompt 中的使用方式，稍後介紹 Spyder 時還會有更多的說明。

IPython 有 2 種使用方式：第一種是**交談模式**，也就是我們每輸入一行程式就按 Enter 鍵執行，然後 IPython 就會立即輸出執行結果 (如果有的話)，例如：

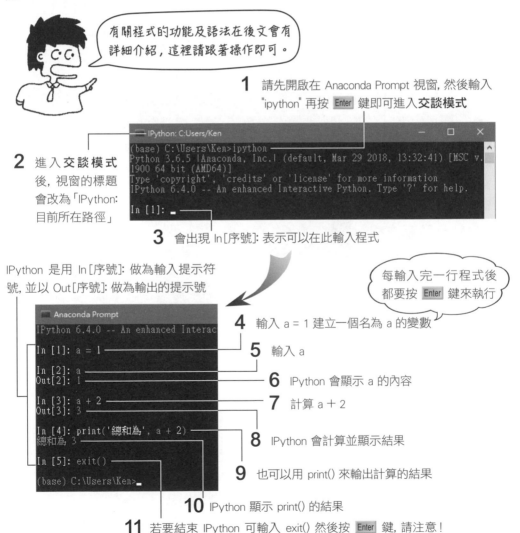

有關程式的功能及語法在後文會有詳細介紹，這裡請跟著操作即可。

1 請先開啟在 Anaconda Prompt 視窗，然後輸入 "ipython" 再按 Enter 鍵即可進入**交談模式**

2 進入**交談模式**後，視窗的標題會改為「IPython:目前所在路徑」

```
IPython: C:Users/Ken
(base) C:\Users\Ken>ipython
Python 3.6.5 |Anaconda, Inc.| (default, Mar 29 2018, 13:32:41) [MSC v.1900 64 bit (AMD64)]
Type 'copyright', 'credits' or 'license' for more information
IPython 6.4.0 -- An enhanced Interactive Python. Type '?' for help.

In [1]:
```

3 會出現 In[序號]: 表示可以在此輸入程式

IPython 是用 In[序號]: 做為輸入提示符號，並以 Out[序號]: 做為輸出的提示號

每輸入完一行程式後都要按 Enter 鍵來執行

```
Anaconda Prompt
IPython 6.4.0 -- An enhanced Interac
In [1]: a = 1
In [2]: a
Out[2]: 1
In [3]: a + 2
Out[3]: 3
In [4]: print('總和為', a + 2)
總和為 3
In [5]: exit()
(base) C:\Users\Ken>
```

4 輸入 a = 1 建立一個名為 a 的變數

5 輸入 a

6 IPython 會顯示 a 的內容

7 計算 a + 2

8 IPython 會計算並顯示結果

9 也可以用 print() 來輸出計算的結果

10 IPython 顯示 print() 的結果

11 若要結束 IPython 可輸入 exit() 然後按 Enter 鍵，請注意！exit() 之後，視窗的標題現在已變回 Anaconda Prompt 了

第二種方式是直接用 IPython 來**執行程式檔**, 交談模式通常只會做為學習或臨時測試之用, 若要撰寫比較完整的程式, 那麼就要先將程式碼儲存在程式檔中 (副檔名必須是 .py), 然後再用 IPython 來執行。例如執行本書的範例程式 ch00\print.py：

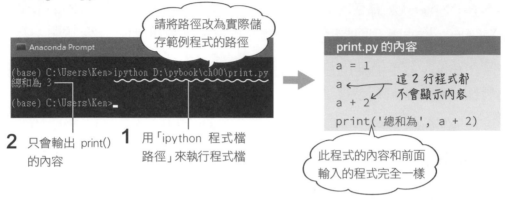

請注意, 交談模式和執行程式檔最大的不同點, 就是交談模式會盡量將程式中的值顯示出來, 例如我們只要輸入 a 再按 Enter 鍵, IPython 就會將 a 的值顯示出來, 這是為了方便我們做測試。但在執行程式檔時, IPython 就只會輸出我們**明確指定要輸出**的資料, 例如用 print(xxx) 來輸出 xxx 的內容。

另外, 如果不想每次執行時都在程式檔前加上一串路徑, 則可先切換到程式檔所在的資料夾, 例如底下切換到 D:\pybook\ch00：

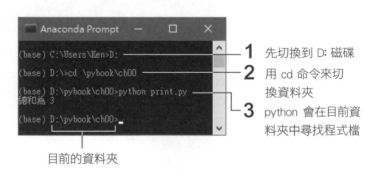

IPython 一般都會被整合到程式編輯器裡使用, 例如下節會介紹的 Spyder。

TIPS 若要使用 Python 內建的 CPython 直譯器, 可在 Anaconda Prompt 視窗中執行 python (CPython 直譯器的檔名為 python), 即可進入交談模式, CPython 是用 >>> 做為輸入提示符號。

0-3 用 Spyder 撰寫與執行程式

Spyder 是一個整合式的程式開發編輯器, 它整合了 IPython 直譯器, 不只可以撰寫及執行程式, 更提供了輔助輸入、查詢說明、以及好用的偵錯功能。請執行 Windows **開始**功能表的『**Anaconda3(64-bit)/Spyder**』來啟動 Spyder：

目前使用的 Python 版本　　目前編輯中程式檔的路徑

輔助窗格：可在此查詢説明、查看程式中的變數內容、或瀏覽及管理檔案

程式編輯窗格：可在此撰寫程式並儲存為程式檔

IPython 窗格：此為 IPython 的交談模式, 我們可在此輸入程式來立即測試執行結果

新增、管理、與執行程式檔

第一次啟動時會新建一個 C:\Users\使用者名稱\.spyder-py3\temp.py 檔供我們使用：

這行是用來註明檔案的編碼方式, 不過 Python 3.x 預設就是 utf-8 編碼, 因此這行也可省略

TIPS 凡是由 # 開頭到一行結束、或是夾在 3 個引號之間的文字都會被視為註解, 有關註解稍後會再介紹。

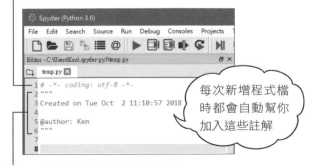

每次新增程式檔時都會自動幫你加入這些註解

可在 3 個引號標記 """ 的區間內加入程式的説明, 若不需要也可刪除

我們先來新增一個程式檔試看看：

1 按此鈕（或執行『File/New file』命令）新增程式檔

按此圖示可關閉程式檔

2 新增的檔名預設為 untitled 加序號（由 0 開始），要等到存檔時才會要求指定存檔路徑及檔名

接著再開啟本書的範例程式 ch00\print.py 來執行看看：

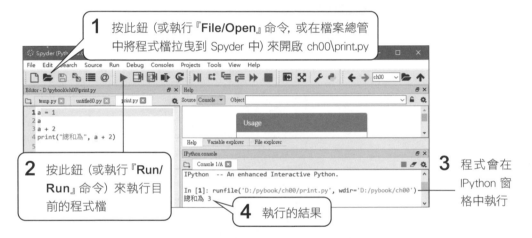

1 按此鈕（或執行『File/Open』命令，或在檔案總管中將程式檔拉曳到 Spyder 中）來開啟 ch00\print.py

2 按此鈕（或執行『Run/Run』命令）來執行目前的程式檔

3 程式會在 IPython 窗格中執行

4 執行的結果

跳出「設定程式執行選項」的交談窗？

在執行程式時如果跳出如右下的交談窗，請先按 **Run** 鈕以預設選項來執行即可。未來有需要更改時，可再執行『**Run/Configuration per file**』來更改設定。

❶ 程式要在目前的 IPython 交談模式中執行

❷ 程式要在獨立的 IPython 交談模式中執行

❸ 開啟命令提示視窗以 IPython 來執行程式檔

❹ 勾選此項可在每次執行程式前先清除所有的變數（否則會保留所有執行過的變數）

❺ 執行時的工作路徑與程式檔所在路徑相同（當程式要存外部檔案時，會優先在工作路徑中尋找）

❻ 當新程式檔第一次執行時，是否要開啟本交談窗設定執行選項

先按 **Run** 就可以了

Help 輔助說明窗格

輔助說明窗格可以方便我們查詢各種物件的說明：

1 切到 Help 頁次　　　　**2** 輸入要查詢的物件, 再按 `Enter` 鍵

也可選取或將插入點移
要要查詢的關鍵字上, 再
按 `Ctrl` + `I` 來查詢

3 即會顯示相關説明

File Explorer 檔案瀏覽窗格

檔案瀏覽窗格可以方便我們管理程式檔：

1 選此頁次　　雙按即可開啟
檔案做編輯　　　　可在此選擇或
切換工作路徑

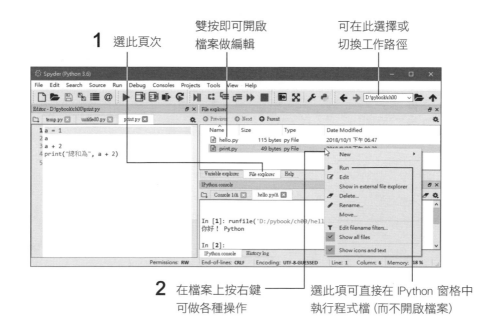

2 在檔案上按右鍵
可做各種操作　　　選此項可直接在 IPython 窗格中
執行程式檔 (而不開啟檔案)

Variable explorer 變數瀏覽窗格

變數瀏覽窗格可以檢視所有已建立的變數:

1 切到此頁次　　**2** 執行程式　　**3** 即可看到由程式建立的變數

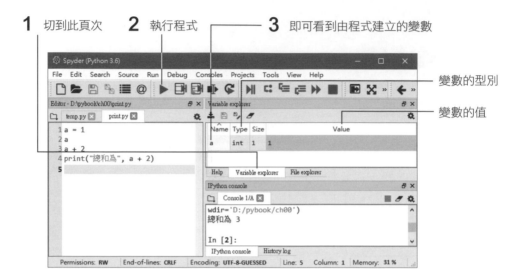

變數的型別

變數的值

IPython 窗格

一般要撰寫較完整的程式時, 可在 Spyder 左邊的**程式編輯**窗格中輸入程式碼並儲存為程式檔, 然後再進行測試與修改。但如果只是臨時想測試一下某段程式的執行結果, 則可在右下方的 IPython 窗格中進行, 例如:

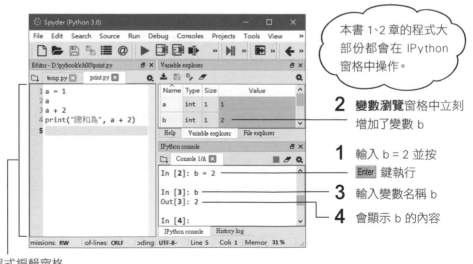

本書 1、2 章的程式大部份都會在 IPython 窗格中操作。

2 **變數瀏覽**窗格中立刻增加了變數 b

1 輸入 b = 2 並按 Enter 鍵執行

3 輸入變數名稱 b

4 會顯示 b 的內容

程式編輯窗格

另外，在 IPython
中也可用 ?xxx 來查詢
xxx 的相關說明，例
如：

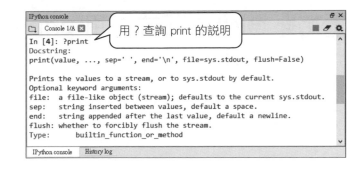

用 ? 查詢 print 的說明

TIPS 在 IPython 中如果想要執行或修正之前執行過的指令, 可使用 ↑ 或 ↓ 鍵來往前或往後尋找相關命令, 然後再用滑鼠或 ←、→ 鍵移動插入點來修正指令, 省去重新輸入的麻煩。

使用 Spyder 的智慧輔助輸入功能

當我們在**程式編輯**窗格
或 IPython 窗格中輸入程
式時，Spyder 會很貼心的
顯示選單或說明框來協助我
們輸入，例如：

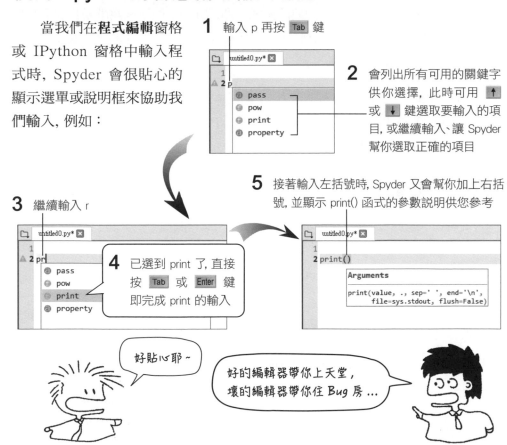

1 輸入 p 再按 Tab 鍵

2 會列出所有可用的關鍵字供你選擇, 此時可用 ↑ 或 ↓ 鍵選取要輸入的項目, 或繼續輸入、讓 Spyder 幫你選取正確的項目

3 繼續輸入 r

4 已選到 print 了, 直接按 Tab 或 Enter 鍵即完成 print 的輸入

5 接著輸入左括號時, Spyder 又會幫你加上右括號, 並顯示 print() 函式的參數說明供您參考

好貼心耶~

好的編輯器帶你上天堂,
壞的編輯器帶你住 Bug 房 ...

0-4 開始寫程式：用 print() 把資料顯示出來

　　print() 是一個好玩又神奇的工具，只要把任何資料放在它的小括號中，就可以將內容顯示出來。底下我們先用 print() 來跟 Python 打個招呼：

```
print('你好！ Python')
```

```
你好！ Python
```

> 請在 Spyder 左邊的程式編輯區中輸入程式並執行，本書會用 輸出 或 輸出 來標示執行後在 IPython 窗格的輸出結果

　　以上用單引號 (或雙引號) 括起來的資料稱為**字串**，它是由一連串的字元所組成。像是我們口語或文章中的話語，就可以用字串來表達。

　　而 print() 則是 Python 內建的**函式**。所謂函式，簡單來說就是具有名稱的一段程式，我們可用「函式名稱( )」的方式來執行它，並可將資料放在小括號中做為**參數**傳給函式做處理。

　　讀者在輸入程式時請特別注意，在程式中**英文大、小寫是不同的**！因此不可將 print 寫成 **Print**，否則執行時會發生「Print 未定義」的語法錯誤。我們可以馬上在右下角的 IPython 窗格中試看看：

```
In [1]: Print(1)  ← 輸入開頭大寫的 Print
Traceback (most recent call last):

  File "<ipython-input-6-66db82d39ad5>", line 1, in <module>
    Print(1)

NameError: name 'Print' is not defined
```

> 啊！出錯了 …

發生名稱錯誤　　IPython 不認得開頭大寫的 Print

> 學習程式語言最重要的是實際體驗，本書的 "一步一腳印" 就是希望你能一一的 key 入每一個字，體驗程式執行的每個過程。對了！很有成就感，錯了！印象深刻，學習效果更好。

　　接著我們再來玩點數值資料，看看 Python 可以顯示多大的數值：

```
print(1000000 ** 100)          # 計算「一百萬的 100 次方」, 然後顯示結果
```

 這是註解

```
10000000000000000000000000000000000000000000000000000000000000000000
00000000000000000000000000000000000000000000000000000000000000000000
00000000000000000000000000000000000000000000000000000000000000000000
00000000000000000000000000000000000000000000000000000000000000000000
00000000000000000000000000000000000000000000000000000000000000000000
00000000000000000000000000000000000000000000000000000000000000000000
00000000000000000000000000000000000000000000000000000000000000000000
00000000000000000000000000000000000000000000000000000000000000000000
0000000000000000000000000000000000000000000000000000000000
```

符號 ** 是次方的意思, 例如 A ** B 就表示要計算 A 的 B 次方。以上計算結果, 應該有「6 個 0 乘以 100 = 600 個 0」才對。

另外, 在前面程式中 print() 的右邊我們加入了註解, 凡是**由 # 開始到該行結束的文字**, 都會被當成**註解**, 在執行時會被忽略掉。註解可以放在程式的右邊, 也可以單獨一行：

```
# 這是整行的註解
print(123)        # 這是放在程式右邊的註解
```

註解是用來註記程式運作的重點說明, 以方便未來自己或修改程式的人容易看懂。

總之, 程式不只要給電腦看, 也要給人看！因此一個好的程式, 除了正確及效率之外, 容易看懂也是非常重要的。

0-5 程式的組成單元：敘述

　　Python 程式是由**敘述** (Statement) 所組成的。敘述是程式中最小的執行單位, 例如前面的「print('你好！ Python')」就是一個敘述。

　　通常一個敘述就是一行, 而且要由一行的最前面開始寫 (若在敘述前面加空白會變成程式區塊, 以後再介紹)。至於敘述的內部, 則可在符號的前後視需要加入空白, 以增加美觀或可讀性, 例如:

```
print(2**3)      ← 未加空格, 感覺有點擠！
print(2 ** 3)    ← 在 ** 的前後加上空白, 是不是比較美觀了呢？

print(1, 2, 3)   ← 若有多個參數(下文說明), 也建議在逗號之後加一個空白
```

　　print() 也可以接收**以逗號分隔**的多個參數, 它會依序輸出結果, 並以空白分隔。因此以上第 3 行的執行結果為「１２３」。

敘述的分行與併行

　　如果敘述太長, 可以在符號 (例如小括號、逗號、** 等) 的前後、或字串內部, 用「輸入反斜線 (\ ) 然後立即按 Enter 鍵換行」來將敘述分成 2 行或多行。在 \ 之後必須馬上換行, 不可有空格、#、或其他字元, 例如:

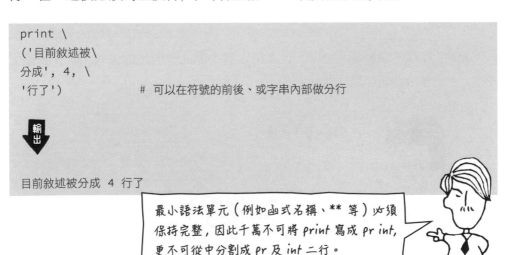

```
print \
('目前敘述被\
分成', 4, \
'行了')                    # 可以在符號的前後、或字串內部做分行
```

輸出

```
目前敘述被分成 4 行了
```

最小語法單元 (例如函式名稱、** 等) 必須保持完整, 因此千萬不可將 print 寫成 pr int, 更不可從中分割成 pr 及 int 二行。

另外, 如果是放在括號中的程式, 則可在符號的前後直接換行, 而不用加 \,
例如:

```
print(1,    #此種方式在各分行
      2,    #   的後面都可加
      3)    #     註解
```

```
1 2 3
```

TIPS 除了小括號, 中括號〔〕及大括號 { } 也可以 (例如：s =〔1,2,3〕可以在中括號內的
逗號之前或之後換行), 這些括號以後用到時會再介紹。

最後, 如果想要將多個敘述擠在同一行, 則可以用分號 ; 來合併, 例如:

```
print(1); print(2); print(3)  ←  以;分隔的多個敘述
```

```
1
2
3
```

那我可以把 5 行擠成 1 行
來節省空間嗎？

擠在一行會不易閱讀！不易閱讀！
不易閱讀！說 3 次表示很重要 ...

補充學習

Jupyter Notebook

Jupyer Notebook 是一個網頁式的程式編寫與執行環境, 因此要在瀏覽器中執行。請執行**開始**功能表的『**Anaconda3(64-bit)/Jupyter Notebook**』來啟動 Jupyter Notebook:

網址為 localhost:8888/tree

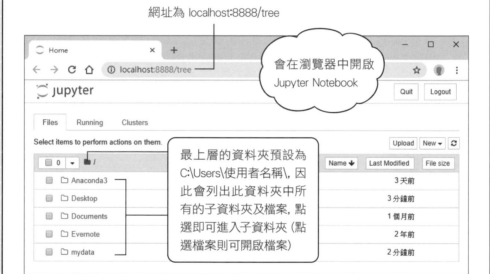

會在瀏覽器中開啟 Jupyter Notebook

最上層的資料夾預設為 C:\Users\使用者名稱\, 因此會列出此資料夾中所有的子資料夾及檔案, 點選即可進入子資料夾 (點選檔案則可開啟檔案)

> **TIPS** 我們也可先開啟 Anaconda Prompt 的**命令提示**視窗, 然後用 cd 命令切換到**要在最上層的資料夾**, 再執行 jupyter notebook 命令來啟動 Jupyter Notebook。另外也可執行 jupyter 命令 (不加參數) 來查詢如何做更多的設定。

Jupyer Notebook 在啟動時會先開啟**命令提示**視窗 (如下圖) 來建立一個 Web 伺服器, 並開放 port 8888 供瀏覽器存取網頁, 因此在瀏覽器是以 localhost:8888 來連線。

Jupyer Notebook 命令提示視窗, 請勿關閉

接著我們先來新增一個資料夾, 然後再建立可編寫及執行程式的 Notebook 檔案：

4 按此鈕將資料夾名稱改為 Jupyter

1 按 **New** 鈕

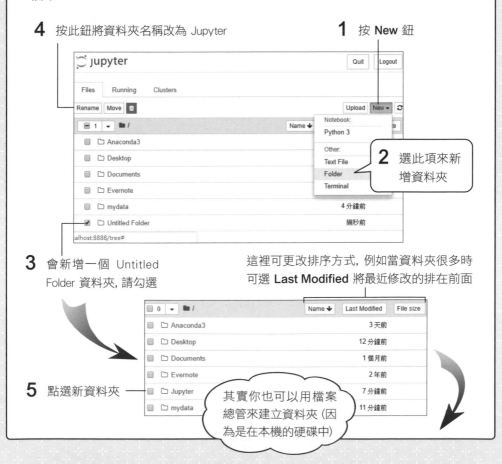

2 選此項來新增資料夾

3 會新增一個 Untitled Folder 資料夾, 請勾選

這裡可更改排序方式, 例如當資料夾很多時可選 **Last Modified** 將最近修改的排在前面

5 點選新資料夾

其實你也可以用檔案總管來建立資料夾 (因為是在本機的硬碟中)

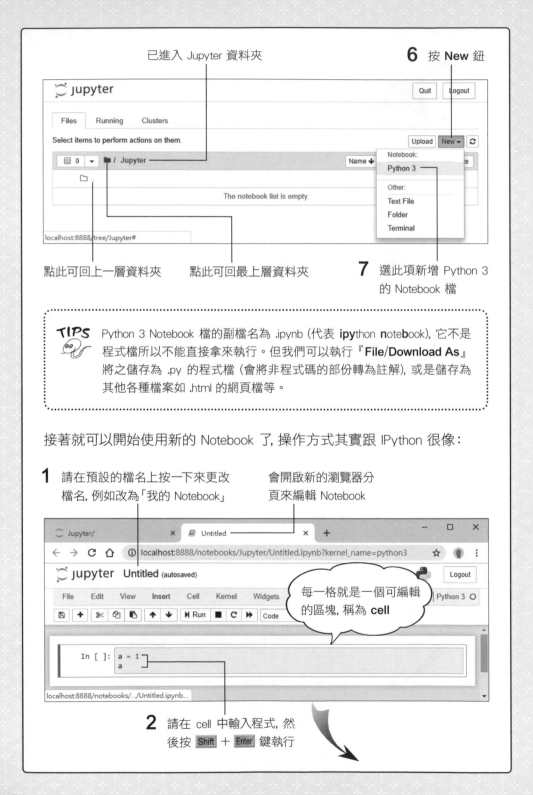

已進入 Jupyter 資料夾

6 按 **New** 鈕

點此可回上一層資料夾　　　點此可回最上層資料夾

7 選此項新增 Python 3
的 Notebook 檔

TIPS Python 3 Notebook 檔的副檔名為 .ipynb (代表 **ipy**thon **n**ote**b**ook), 它不是
程式檔所以不能直接拿來執行。但我們可以執行『**File/Download As**』
將之儲存為 .py 的程式檔 (會將非程式碼的部份轉為註解), 或是儲存為
其他各種檔案如 .html 的網頁檔等。

接著就可以開始使用新的 Notebook 了, 操作方式其實跟 IPython 很像:

1 請在預設的檔名上按一下來更改
檔名, 例如改為「我的 Notebook」

會開啟新的瀏覽器分
頁來編輯 Notebook

每一格就是一個可編輯
的區塊, 稱為 **cell**

```
In [ ]: a = 1
        a
```

2 請在 cell 中輸入程式, 然
後按 Shift + Enter 鍵執行

3 已改為新的檔名 (全名會是「我的 Notebook.ipynb」)

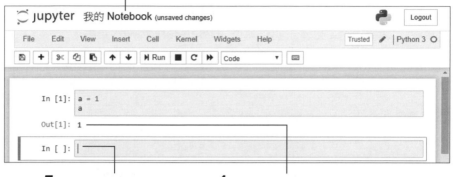

5 還會自動新增一個 cell
方便你繼續輸入程式

4 執行結果會顯示在 cell 的下方 (因
為不可更改, 所以顯示在 cell 之外)

以上在按 Shift + Enter 鍵執行 cell 時, 會自動在目前 cell 的下面新增一個 cell, 若不想新增 cell 則可改按 Ctrl + Enter 鍵。

另外, 按 Esc 鍵可離開目前 cell 而進入**命令模式**, 然後即可用 ↑、↓ 鍵來選取不同的 cell, 或按 A、B 鍵在目前 cell 的上方、下方新增 cell, 若按 2 次 D 鍵則可刪除目前的 cell。在命令模式中按 Enter 鍵則可切回**編輯模式**, 也就是進入目前選取的 cell 中進行編輯。更多說明可執行 **Help** 功能表查詢。

按 Esc 可離開目前 cell 而進入**命令模式**

編輯模式為綠色框線

按 Enter 鍵可進入**編輯模式**

命令模式為天藍色框線

> **TIPS** 由於 Jupyter Notebook 是架構在 IPython 之上, 因此同樣具備 IPython 的智慧輸入功能, 例如輸入 p 按 Tab 鍵就會列出可用的關鍵字供您選取, 或是可以輸入 ?print 來查詢 print 的說明。

在 cell 中除了可以輸入程式來執行之外, 也可執行功能表的『**Cell/Cell Type/Markdown**』來將目前 cell 轉換成可輸入 Markdown 文件的 cell, 這樣我們就可在此 cell 中加入説明文件了, 就像真的寫筆記一樣。Markdown 是一種可用符號標記來指定顯示格式的語法, 例如 **Python** 就可將 Python 以粗體顯示, 更多説明可執行『**Help/Markdown**』查詢。

1 在 type 為 Markdown 的 cell 中撰寫説明文件, 並以 ###(標題3)、**(粗體)、*(斜體)、'(引用) 來標記排版格式

2 按 `Ctrl` + `Enter` 鍵

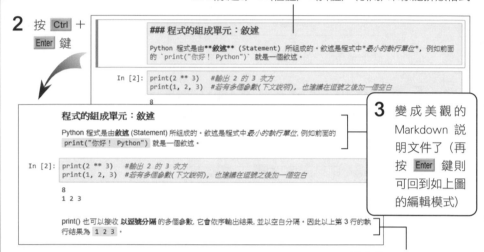

3 變成美觀的 Markdown 説明文件了（再按 `Enter` 鍵則可回到如上圖的編輯模式)

這也是 Markdown cell

另外, 在 Markdown cell 中也可以用 LaTeX 語法來撰寫美觀的數學公式, 例如:

按 `Ctrl` + `Enter` 鍵

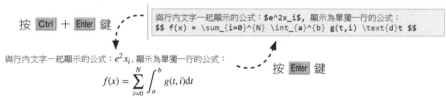

與行內文字一起顯示的公式: $e^2 x_i$, 顯示為單獨一行的公式:

$$f(x) = \sum_{i=0}^{N} \int_{a}^{b} g(t,i)\mathrm{d}t$$

按 `Enter` 鍵

網路上是不是有免費的 Jupyter Notebook 可以用? 這樣我不管在哪裡都可以隨時使用。

有的, 例如 Google 的 Colaboratory (colab.research.google.com) 及微軟的 Azure Notebook (notebooks.azure.com) 等都有免費方案可以使用。

1 資料型別、
變數及運算

Chapter

電腦程式大部份的工作都是在處理資料, 包括影像、聲音、溫度、氣壓、電子、生化訊號都是資料, 所以資料是資訊科學的核心。本章就來介紹 Python 基本的資料處理, 包括資料的種類、存取、運算等等。

1-0 資料的種類：型別

資料的種類稱為**資料型別 (Data Type)**, Python 的資料型別, 比較簡單的有**整數、浮點數、字串**...等, 較為複雜的則有**串列、字典、集合**...等, 這些在本章及下一章中都會陸續介紹。

資料型別決定了資料的儲存和處理方式：

● **儲存方式**：例如整數 (int 型別) 是儲存整數值, 而字串 (str 型別) 則儲存一連串的字元, 二者的存放方式完全不同。

● **處理方式**：例如整數可以加減乘除, 但字串則不能當成數值來加減乘除, 而是另外有它自己的處理方式。例如底下的加法運算, 整數和字串的 "處理方式" 是不同的, 請在 Spyder 右下方的 IPython 互動窗格內進行下列操作:

一步一腳印

```
In [1]: 12+34    ← 整數相加時, 會進行數值相加
Out[1]: 46


In [2]: '12'+'34'  ← 字串相加時, 會進行字串串接而非數值相加
Out[2]: '1234'
                    整數和字串, Python 不知道要怎麼加 !!!

In [3]: 12+'34'  ←
Traceback (most recent call last):
                            在 line 1, 12+'34'
                            這個地方發生
  File "<ipython-input-3-cfd00a66fe73>", line 1, in <module>

TypeError: unsupported operand type(s) for +: 'int' and 'str'

                        TypeError 型別錯誤, 不
                        支援 int 和 str 型別相加
```

字串是一串文、數字或符號, 前後用 ' 號標起來, 例如 'strihg_123'

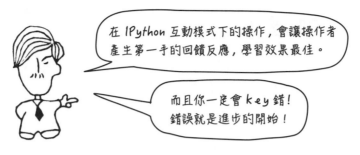

由上例我們可以看到，不同型別的運算方式是完全不同的。而且對某些運算，不同型別是不能運算在一起的。例如在做加法的時候，Python 會先檢查要相加的兩個資料是否為相同型別，如果不同型別，而且也無法自動轉換型別(見後文)，那它就不知道要用哪一種加法來運算了，如果硬要相加那肯定爆掉了！所以它就拒絕處理，然後告訴你: TypeError！

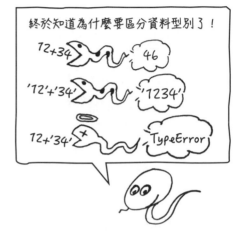

最簡單的 4 種資料型別

Python 內建了相當多的資料型別，其中最簡單而且常用的有 4 種：

● **整數(int)**：不含小數點的數值，例如：3、-2、900。

● **浮點數(float)**：包含小數點的數值，例如：3.14、-2.5、5.0、900.345。

● **布林(bool)**：就是真假值，只有 True (真) 和 False (假) 二種。請注意，英文第一個字要大寫後面要小寫。

● **字串(str)**：由單 (雙) 引號、或連續 3 個單 (雙) 引號括起來的一串文字資料，例如："abc 123", '哈囉！', '''符號@#$%^&*()'''。

整數、浮點數、與布林是屬於純量 (Scalar 純數值) 型別，而字串則是屬於有結構的 (Structural) 型別，是由一串的字元所組成。**Python 會在程式中自動判定資料的型別**，例如我們 key 入 3 它就知道是整數型別，key 入 3.0 它就知道是浮點數型別，我們不用特別告訴它資料是甚麼型別。

整數 int 與浮點數 float

整數 (int) 和浮點數 (float) 都是屬於數值型別, 它們只差在是否有小數點。例如：3 是整數, 而 3.0 是浮點數。

浮點數如果數值比較大, 也可採用科學記號表示法, 例如 1.23e5 或 1.23e-3。其中 e (或 E) 代表指數, 後面要再接一個正數或負數, 代表 10 的幾次方。例如：

一步一腳印

```
In [1]: 1.23e10
Out[1]: 12300000000.0
```
← 1.23 乘以 10 的 10 次方

```
In [2]: 1.23e-4
Out[2]: 0.000123
```
← 1.23 乘以 10 的 -4 次方

```
In [3]: 1.23e-5
Out[3]: 1.23e-05
```
← 哈！Python 懶得幫你換算了！:)

TIPS 數值類的型別其實還有一種複數 (complex) 型別, 例如：2+3j, 其中 j (或 J) 代表虛數, 請注意! 虛數部分如果是 1 也要寫成 1j, 例如: 3+1j。

布林 bool 型別

布林 (bool) 只有兩個值, Python 內建為 True (真) 和 False (假), 其實 True 和 False 都是數值, 分別是 1 和 0。布林資料主要是做為條件判斷之用, 我們在第 3 章會有詳細介紹。底下來看幾個例子：

一步一腳印

```
In [1]: 1>2
Out[1]: False
```
← 1>2?
← 結果為假

```
In [2]: 1<2
Out[2]: True
```
← 1<2?
← 結果為真

```
In [3]: (1+1)==2
Out[3]: True
```
← 結果為真

1+1 等於 2? Python 會把 1+1 的結果和 2 相比較, == 雙等號是比較的運算符號, 後文還會說明

字串 str 型別

字串 (str) 比較特別, 是由一串的字元所組成, 所謂字元就是英、數字或符號, 也可以是中文繁體、簡體、或其他日、韓、俄文等, 例如 "筆,笔,ペン,펜, ручкаручка"。

字串前後必須用單引號 ' 或雙引 " 號括起來, 例如: 'Hi guys' 或 "Hi guys" 皆為合法的字串表示, 但單引號和雙引號不能混用。要注意的是, 字串用哪種符號括住, 在字串中就不能再出現該種符號, 否則會被視為字串的結束符號。例如以雙引號括住, 那麼字串中就不能有雙引號, 但可以有單引號。

另外, 若是用 3 個引號 (" " " 或 ' ' ') 括住, 則字串中就可以含有單、雙引號 (只要不是連續 3 個), 並且還可在字串中換行, 因此特別適合多行的文字。例如:

由於 3 個引號的字串中可以任意換行, 因此也常被做為「多行註解」之用, 例如:

```
"""
本程式只是做為示範之用
作者：Ken
日期：2022/2/2
"""
print('Hello Python')
```

TIPS

1. print() 是 Python 的內建函式, 我們在第 0 章已介紹過了。

2. 如果想在字串中加入特殊的字元, 例如定位字元、換行字元等, 請參見本章最後的**補充學習**單元。

型別轉換

不同型別的資料在做運算時, 如果都是數值類的型別, 那麼 Python 會自動把範圍小的型別轉換成範圍大的型別, 例如:

```
True + 1    # True 先自動轉為整數再做運算  輸出 2
1 + 2.1     # 1 先自動轉換為浮點數再做運算  輸出 3.1
```

除了以上的情況外, 一般都需要手動型別轉換為相同的型別再做運算, 否則像我們之前試過把 12 和 '34' 相加會就發生型別錯誤 (TypeError) 了。

我們可以用 int(x)、float(x)、bool(x)、str(x) 這些函式 (function) 來將 x 轉換為整數、浮點數、布林、或字串, 例如 int(x) 就是把一個資料 (例如字串 '123') 轉換成整數型別。

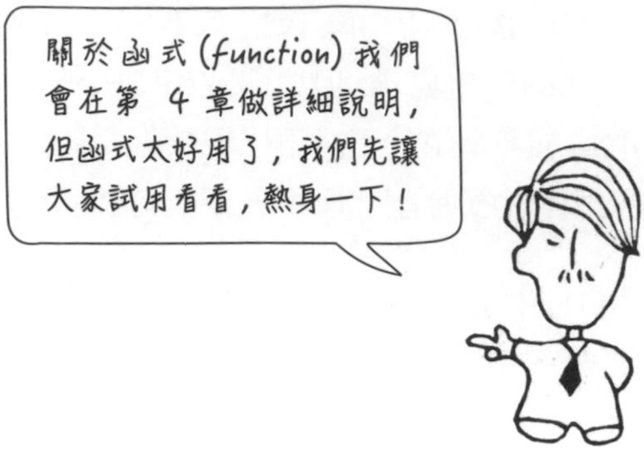
關於函式 (function) 我們會在第 4 章做詳細說明, 但函式太好用了, 我們先讓大家試用看看, 熱身一下!

一步一腳印

```
In [1]: 1+int('2')  ← 將 '2' 轉為整數 2
Out[1]: 3

In [2]: 1+float('2')  ← 將 '2' 轉為浮點數 2.0, 運算結果是浮點數 3.0
Out[2]: 3.0

In [3]: str(1.0)+'2'  ← 將 1.0 轉為字串 "1.0", 結果是字串 '1.02'
Out[3]: '1.02'

In [4]: 2+int(True)  ← 將 bool 型別 True 轉為整數 1, 結果是 3
Out[4]: 3

In [5]: 2+int('123')  ← 將字串 '123' 轉為整數 123, 結果是 125
Out[5]: 125

In [6]: 2+int('hi guys')  ← ㄜㄜ~爆掉了! int() 沒那麼厲害! 它只能把外觀看起來是數字的字串 (如: 電話號碼) 轉成整數
Traceback (most recent call last):

  File "<ipython-input-6-966474e0ae47>", line 1, in <module>
    2+int('hi guys')

ValueError: invalid literal for int() with base 10: 'hi guys'  ← 'hi guys' 沒辦法轉啦!
```

在使用 bool(x) 將 x 轉為布林型別時, Python 會判斷 x 如果「是空的」就傳回 False, 否則傳回 True。空的資料包括 0、0.0、None、空字串 ("")、以及下一章會介紹的空串列、空集合等。例如:

自行用 IPython 試試看囉！

```
bool(0)       # 0 是空的          輸出  False
bool(1.1)     # 1.1 不是空的       輸出  True
bool(None)    # None 是空的        輸出  False
bool("")      # 空字串是空的        輸出  False
bool(" ")     # 內含空白字元，不是空的  輸出  True
bool("a")     # 不是空的          輸出  True
```

TIPS 空字串（""）就是裡面沒有字元、長度為 0 的字串。但包含一個空白字元的字串（" "），其長度為 1，並不是空字串！

1-1 資料的名牌：變數

使用變數的理由

變數 (Variable) 可以讓我們重複使用資料，用變數幫資料命名後，就可以多次指名存取該資料。看以下範例你就懂了：

一步一腳印

第一個例子取得不好，換下一個

```
In [1]: age=18        將資料 18 命名為 age

In [2]: age+1         重複使用 age
Out[2]: 19

In [3]: pi=3.14159    圓周率好長ㄟ

In [4]: r=1.23456     半徑量到小數點 5 位

In [5]: 2*pi*r        用變數命名就不用每次 key 到手酸還 key 錯！
Out[5]: 7.7569627008

In [6]: pi*r*r        算圓的面積
Out[6]: 4.788217935949825
```

Python 的變數其實是名牌 (Name tag)

變數，故名思義，就是可以改變的數，因此我們可以任意改變 age 的值，例如把 age 的值改為 12 或 11.5，甚至改成 "兒童" 也可以。但是事實上 Python 用變數為資料命名只是把變數名當成一個**名牌**綁 (bind) 到資料上面而已，這一點和傳統的程式語言有很大的不同。

1-7

因此,更改變數的值,其實並沒有真正改到資料,而是把變數名**改綁**到其他的資料上:

一步一腳印 👣

```
In [1]: age = 12      ← 將名牌 age 綁到 12 上

In [2]: age           ← age 名牌綁定的資料為數值 12
Out[2]: 12

In [3]: type (age)    ← 用 type() 函式看 age 的型別
Out[3]: int           ← 傳回型別為 int

In [4]: age = '兒童'   ← 將 age 名牌改綁到 '兒童' 上

In [5]: age           ← age 名牌綁定的資料為字串 '兒童'
Out[5]: '兒童'

In [6]: type (age)    ← 用 type() 函式看 age 的型別
Out[6]: str           ← 型別為字串 str, 我們不用告訴 Python
                         變數的型別, Python 會自動偵測
```

type() 是檢查型別的函式, 會傳回資料的型別

Python 的變數觀念上和一般程式語言有很大的不同, 因此我們會花多一些篇幅來說明

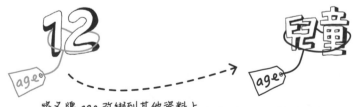

將名牌 age 改綁到其他資料上

> **TIPS** 🐛 傳統程式語言 (如 C/C++、Java) 在建立變數時, 都要先指定 (宣告) 變數的型別, 然後系統會依型別配置一個空間給該變數專用, 因此變數本身有固定的儲存位置。但 Python 的變數只是一個名牌, 因此可以任意改綁到其他相同或不同型別的資料上。

一個名牌最多只能綁在一個資料上，但一個資料則可以同時綁上多個名牌，例如：

In [1]: age=18 ← 將名牌 age 綁到 18 上

In [2]: old=age ← 將名牌 old 綁到「綁著名牌 age 的資料」上

In [3]: age ← 顯示綁著名牌 age 的資料
Out[3]: 18

顯示綁著名牌 old 的資料

In [4]: old
Out[4]: 18 ← age 和 old 兩個變數都綁到同一個資料上

綁著 2 個名牌的資料

那到底變數是什麼型別呢？其實變數的型別是依所綁的資料而定，綁在什麼型別的資料上，它就是什麼型別！

那麼名牌可以不綁在資料上嗎？當然可以！此時名牌的值即為「無」，可用 None 來表示 (第一個字要大寫)。最後，如果變數不再使用了，可用 del 將之刪除，則該名牌將不復存在：

In [1]: age=None ← 建立名牌 age, 但不綁到資料上

In [2]: print(age)
None

In [3]: age=18 ← 將名牌 age 綁到 18 上

In [4]: print(age)
18

In [5]: age=None ← 再將名牌 age 由 18 上拿走並閒置

接下頁

```
In [6]: print(age)
None

In [7]: del age          ←── 將名牌 age 刪除

In [8]: print(age)
Traceback (most recent call last):

  File "<ipython-input-8-5f7a7c5b2c60>", line 1, in <module>
    print(age)

NameError: name 'age' is not defined   ←── 會發生名稱未定義的錯誤
```

　　請注意！變數 (名牌) 可以不綁到資料上 (=None)，但反過來，沒有綁名牌的資料，就表示無法再次使用了 (不能指名存取)，因此 Python 的環保車會不定時將之回收，以便記憶體空間再利用：

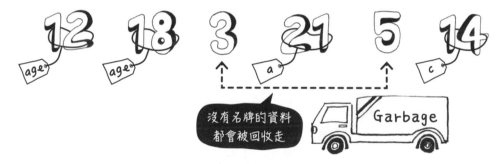

　　最後，為了更鞏固我們對 Python 變數的理解，再介紹一個 Python 內建函式 id()，這個函式會傳回變數或資料的 id，我們可以把 id 想成是資料在記憶體的位址 (請注意，每次執行時的 id 值都可能不一樣)。請跟著我們做以下的操作：

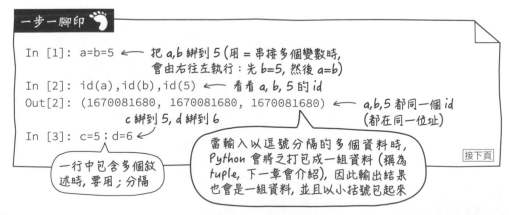

```
In [4]: id(c),id(d)  ← 看看 c, d 的 id
Out[4]: (1670081680, 1670081712)  ← c 的位址和 a,b,5 一樣, d
                                      綁到 6 所以不一樣

In [5]: c='abcd'  ← 把 c 綁到 'abcd' 字串資料上

In [6]: type(c)  ← c 的型別變成字串 str 了
Out[6]: str

                              c 和 a 的 id (位址) 本來一樣現在不一樣了
In [7]: id(c),id(a)  ←
Out[7]: (2084249107792, 1670081680)
```

1-2 變數命名規則

在為變數取名字時, 必須符合 Python 的命名規則:

● 名稱中只能包括:數字、大小寫英文字及底線 (也可以用中文或他國文字如日、韓文等, 一般不建議), 請注意!變數名當中大寫和小寫字母是不一樣的, 例如 age 和 Age 是不同的變數。

● 名稱開頭的第 1 個字不可為數字。

● 名稱不可是 Python 的保留字 (如下表)。

False	await	else	import	pass
None	break	except	in	raise
True	class	finally	is	return
and	continue	for	lambda	try
as	def	from	nonlocal	while
assert	del	global	not	with
async	elif	if	or	yield

在 Spyder 中輸入程式時, 保留字會以藍字顯示、內建函式則為紫色、字串為綠色、數值為咖啡色, 一般字則為黑色, 看顏色就不會弄錯了!

TIPS 取名時也要避開內建函式的名稱 (例如 print), 否則等於是搶內建函式的名牌來用, 而導致該函式無法再使用了。內建函式的名稱列表可參見官網: https://docs.python.org/3/library/functions.html。

一步一腳印 👣

```
In [1]: print = 3  ⟵ 把 print 當變數名稱用

In [2]: print(1+2)  ⟵ 哇！print() 不能當函式用了！！！
Traceback (most recent call last):

  File "<ipython-input-2-3d60426f0d28>", line 1, in <module>
    print(1+2)

TypeError: 'int' object is not callable
```

所以簡單來說, 最好**只用英、數字及底線**來命名, 而**第一個字不能是數字**。下表列出一些正確及錯誤的變數名稱：

正確的名稱
filename
file_name
giveMe5
_8i
姓名

錯誤的名稱	錯誤原因
9dogs	不可數字開頭
file-name	不可有符號 -
dog&cat	不可有符號 &
None	不可是保留字
print	不可是內建函式的名稱

變數名稱最好能夠**自我詮釋** (Self-document), 讓人一看就知道它的意義。至於名稱的大小寫, 一般建議使用首字小寫, 例如 name。如果是由多個單字組成, 則有以下 3 種常見的命名風格：

風格範例	風格說明
filename	全部小寫
file_name	全部小寫但各單字以底線分隔
fileName	由第 2 個單字開始都首字大寫, 此方法又稱為**駝峰式大小寫** (Camel case)

以上 3 種風格讀者可依喜好自由選擇, 但官方建議使用全部小寫 (以上第 1 種), 必要時也可加底線 (以上第 2 種) 來提高可讀性。(更多說明可參見官網 PEP 8 文件：https://www.python.org/dev/peps/pep-0008/#prescriptive-naming-conventions)

> **TIPS** 如果是類別 (Class, 見第 5 章) 名稱, 則依慣例要第一個字大寫, 並採用駝峰式大小寫, 例如 File 或 FileName, 讓人一眼就能分辨它是一個類別。另外, Python 內建的常數 (代表固定值的名稱) 也都是首字大寫, 例如 True、False、None。

> **TIPS** 在名稱最前面或最後面加底線或雙底線 (例如 _name 或 __name) 是有特殊意義, 以後用到時會再說明。由於字體的關係, 我們經常在網路上或書上看到 __name 這種很長的底線符號, __ 其實是兩個 _ 連在一起的, 記得要 key 兩次 _ 鍵。

1-3 運算式與算符

運算式就是「運算資料的式子」, 例如「1+2」。其中運算的符號稱為算符 (operator), 例如 + 號, 被運算的資料則稱為運算元 (operand), 例如 1 和 2。

算符大多數都是符號字元, 例如 +-*/>< 等, 但也有文字的, 例如 not、and、or (後述)。算符除了可以運算數值及布林值之外, 有些也可運算其他的資料, 例如 + 可用來串接字串。這些我們都會在適當的時機介紹。

指 (綁) 定算符 =

首先來介紹我們最熟悉的 = 號算符, = 號算符就是將等號左邊的**變數名綁定** (binding, 雖然是個動名詞, 但發音和綁定相似, 很好記憶) 給等號右邊的**變數值 (資料)**。這裡用「綁定」而不說「指定」, 就是提醒我們 Python 其實是將左邊的變數 (名牌) 綁在右邊運算結果的資料上。雖然我們對 = 算符已很熟悉了, 但是仍然有些細節及操作需要補充:

一步一腳印

```
In [1]: a=b=1    ← 可以同時將多個名牌, 例如 a 和 b 綁在 1 上

In [2]: a=a+1    ← 把 a 的內容 1 取出來加 1, 產生一個新資料,
                   再把 a 綁上去, 而不是直接把 1 改成 2

In [3]: a, b     ← 這裡有一個重點! 就是現在 a 這個名牌已經綁到新資料 2 上面了,
Out[3]: (2, 1)   ← 至於名牌 b 仍然綁在資料 1 上面!
```

接下頁

```
In [6]: a,b,c=1,2,3   ← 一次分別將 3 個名牌綁在 3 個資料上：a▶1, b▶2, c▶3

In [7]: print(a,b,c)  ← 顯示 a,b,c 的內容
1 2 3
```

用 = 做變數的初始化

= 算符還有一個十分重要的功能，就是用來做變數的初始化。在 Python 中，變數必須先用 = 號把變數名綁到一個物件上 (即初始化) 才能開始使用，否則會出現 NameError 的錯誤：

一步一腳印

```
In [1]: a = 1      ← a 有用 = 做初始化, 綁到整數 1 物件上

In [2]: a = a + 1  ← 所以 a 可以開始使用, 沒問題

In [3]: b = b + 1  ← b 沒有用 = 做初始化, 一使用就 NameError 了
Traceback (most recent call last):

  File "<ipython-input-3-5b4f6730ad03>", line 1, in <module>
    b = b + 1

NameError: name 'b' is not defined   ← 'b' 這個變數名未定義 (not defined)
```

算數算符 + - * / 以及 // % **

算數算符除了最常用的加 (+)、減 (-)、乘 (*)、除 (/) 之外，還有求除法的商 (//)、求除法的餘數 (%)、及次方 (**)，底下以範例來解說：

一步一腳印

```
In [1]: 2*3.0
Out[1]: 6.0  ← 整數與浮點數做算數運算時, 結果會是浮點數 (避免損失小數)
```

接下頁

```
In [2]: 4/2, 5/2
Out[2]: (2.0, 2.5)  ← 使用除法時, 無論是否整除結果都會是浮點數

In [3]: 5//2, 5%2
Out[3]: (2, 1)  ← 用 // 及 % 計算整數除法的商及餘數, 結果都是整數

In [4]: 4.4//2, 3.4%2
Out[4]: (2.0, 1.4)  ← 浮點數除法的商及餘數, 結果都
                       是浮點數 (商數的小數一定是 0)

In [5]: False+1, True/2  ← 還記得嗎? True 可以做為 1 而 False 可做為 0
Out[5]: (1, 0.5)

In [6]: 2%0, 2/0  ← 任何除法 (/、//、%) 都不可以除以 0, 否則會出錯
Traceback (most recent call last):

  File "<ipython-input-6-46a8feee4f35>", line 1, in <module>
    2%0, 2/0
              ← 發生除數是 0 的錯誤
ZeroDivisionError: integer division or modulo by zero

In [7]: 4**0.5, 8**(1/3)
Out[7]: (2.0, 2.0)  ← 次方若為小數, 會變成開根號(如平方根、立方根等)
```

TIPS 請注意, 凡是用小括號括起來的運算式會最優先計算, 例如上面倒數第 2 行的 (1/3)。

　　整數、浮點數、和布林都是數值 (布林的 True 等同 1, False 等同 0), 因此可以相互做數值運算。而字串的運算則只有「字串+字串」及「字串*整數」二種, 其他都不可使用, 字串 *n 的運算結果是字串重複 n 次。

一步一腳印

```
In [1]:'Ab'+'12'+'3'  ← 串接字串
'Ab123'

In [2]:'Ab'*3  ← 字串重複 3 次
'AbAbAb'
```

TIPS 本節運算都是以 Python 3.x 為準, 使用 Python 2.x 可能會有所不同。

比較算符

比較算符可分為 3 組共有 6 種：

① 大於(>)、大於等於(>=)

② 小於(<)、小於等於(<=)

③ 等於(==)、不等於(！=)

而比較的結果，則只會有 True 及 False 二種。

一步一腳印

```
In [1]: print(5 >= 5, 5 >= 6)
True False

In [2]: print(5 == 5, 5 != 6)
True True

In [3]: print(True ==1, False != 0)
True False
```

至於字串的比較，則是比較字元的 Unicode 碼，如果是英文的英數字或符號，那麼順序就如同它們的 ASCII 碼 (完整的 ASCII 列表參見 www.asciitable.com)，而中文或其他日、韓文等，則都比 ASCII 字元大。

在比對字串時，會由第 0 個字元開始往後比，直到比出大小，或是有字串先結束為止 (先結束的比較小)。例如：

請注意！在 Python 中的計數都是由 0 開始算起：第 0 個、第 1 個、…

一步一腳印

```
In [1]: "abc" == "abc"    ← 完全相同
Out[1]: True

In [2]: "abc" > "Abc"    ← ASCII 碼小寫比大寫大
Out[2]: True

In [3]: "abc" < "b"    ← 第 0 個字 a 比 b 小
Out[3]: True

In [4]: "abc" < "abcd"    ← 前面相同, 較長的大
Out[4]: True

In [5]: "Eng" < "中文"    ← 中文一定大於英文
Out[5]: True
```

邏輯算符

邏輯算符主要是針對布林值做運算，共有 and、or、not 3 種。右表假設 A 和 B 均為布林值：

運算式	運算結果
A **and** B	A 和 B **全部都為真**才是真, 否則為假
A **or** B	A 和 B **有一個為真**就是真, 否則為假
not A	A **為真則變假**, A 為假則變真

一步一腳印 👣

```
In [1]: not 5 > 4 ← 5>4 是 True, 所以 not Ture 就是 False
Out[1]: False

                    ↗ 5>4 和 4<3 是布林值 True 和 False, 結果是 ...:
In [2]: (5 > 4 and 4 < 3
   ...: ) ← 因為上一行右括號未輸入就按 Enter, Ipython 會等你輸入完成
Out[2]: False

In [3]: (5 > 4 or  4 < 3) ← 5 >4 是 True, 4<3 是 False, 結果是 True
Out[3]: True
```

如果運算元不是布林值呢？那麼就會檢查資料是否為空的：若是空的就視為 False，否則視為 True。空的資料包括 0、0.0、None、空字串 (" ")、以及下一章會介紹的空串列、空集合等。**不過，此時運算結果就不是布林值了！**請看右表：

運算式	運算結果
not A	可能為 True 或 False
A and B	可能為 A 或 B
A or B	可能為 A 或 B

右上表中「not A」的運算結果只會是 True 或 False, 但「A and B」及「A or B」的運算結果則只會傳回 A 或 B！但 A 或 B 並不是布林值！！！想起來有點無法理解？底下看範例就明白了：

小編口訣：
「如果 A 可決定運算結果就傳回 A, 否則傳回 B」

一步一腳印 👣

```
In [1]: 3 or 2 ← 3 (A) 為真, 可決定結果為真 (or 有一個為真就是真), 所
Out[1]: 3          以傳回 3 (A), 這裡的 (A)、(B) 指的是上表中的 A、B

In [2]: 1 and 2 ← 1 (A) 為真, 還不能決定結果 (and 要兩個都為真),
Out[2]: 2           所以傳回 2 (B)

In [3]: 0 and 2 ← 0 為假, 可決定結果, 傳回 0 (A)
Out[3]: 0

In [4]: 0 or 2 ← 0 為假, 還不能決定結果, 傳回 2 (B)
Out[4]: 2
```

最後再補充一個非常直覺的比較法，例如我們說「如果 a 大於 3 小於 5，就...」，那麼條件就可以直接寫成「3 < a < 5」。底下執行的結果均為 True：

一步一腳印

```
In [1]: a = 4

In [2]: 3 < a < 6        ← 是否 a 大於 3 小於 6
Out[2]: True

In [3]: 3 < a and a < 6  ← 這是傳統寫法, 比較不夠直覺
Out[3]: True

In [4]: 3 < a < 6 > (a + 1)  ← 是否 a 大於 3 小於 6 且 6 大於 a+1
Out[4]: True

In [5]: 3 < a and a < 6 and 6 > (a+1)  ← 相當於傳統寫法的多個 and
Out[5]: True
```

Not a<=b and a==e or d!=...%#*?..
搞不定嗎？我也是！只要在 Ipython 輸入試試看就搞定了！

複合指定算符

如果想將變數 a 加 n，傳統寫法是「a = a + n」，Python 提供了一種更簡短的寫法：「a += n」。所有的算數算符 (+、-、*、/、//、%、**) 都可以這樣用，例如：

一步一腳印

```
In [1]: a=6

In [2]: a-=1       ← a=a-1

In [3]: a
Out[3]: 5          ← 6-1=5

In [4]: a%=3       ← a=a%3

In [5]: a
Out[5]: 2          ← 5%3=2
```

1-4 算符的優先順序

算符是有運算優先順序的, 例如我們都知道「先乘除、後加減」, 因此「1+2*3」會先計算 2*3 然後再加 1。底下將常用算符的優先順序由高而低列出:

算符(由高到低)	說明
( )	小括號, 若有多層括號則越內層越優先, 例如 a*(b/(c+d)) 會最先算 (c+d)
**	次方
+x, -x	正、負號
*, /, //, %	乘除類的算符
+, -	加減法
<, <=, >, >=, ! =, ==	比較算符
not	邏輯 not
and	邏輯 and
or	邏輯 or

TIPS ※ 更完整的算符優先順序列表, 參見官網:
docs.python.org/3/reference/expressions.html#operator-precedence

以上同一列的算符其優先順序相同, 例如 *、/、//、% 都相同。當優先順序相同時, 會由左往右依序運算, 例如 5/2*3 會先算 5/2 然後再乘 3。

上表的優先順序不容易記憶, 因此建議大家盡量用小括號將易混淆的部份標示清楚, 以提高可讀性, 並可預防不小心弄錯。例如:

```
print(3 + 2 > 5 / 2 and 7 * 8 != 6 + 7)        # 這看得懂嗎?
print((3 + 2) > (5 / 2) and (7 * 8) != (6 + 7))  # 可讀性增加了
```

1-5 Python 的內建函式

Python 內建許多好用的函式，前面已介紹過 print()、int()、float()、bool()、str()、type()、id() 等。本節再來補充一些數值型別相關的內建函式：

數值類函式

數值類函式	執行結果	功能
abs(-2.5)	2.5	取絕對值
min(1, 2)	1	取最小值, 參數可以有多個
max(1, 2, 3)	3	取最大值, 參數可以有多個
pow(2, 3)	8	2 的 3 次方
pow(2, 3, 5)	3	2 的 3 次方再除 5 取餘數
round(1.35, 1)	1.4	四捨六入到小數 1 位 (第 2 個參數表示要保留幾位小數)
round(1.35)	1	四捨六入到整數 (省略第 2 個參數時, 會進位到整數)

四捨六入五成雙

以上 round() 在進位時, 是採取「四捨六入五成雙」的方式。由於傳統的四捨五入並不公平 (1,2,3,4 捨去, 5,6,7,8,9 進位), 而「四捨六入五成雙」在遇到 5 要進位時, 會多加一個判斷：如果進位後是雙數就進位, 否則捨去。例如：

```
print(round(1.5))   輸出  2  ← 5 進位後 1 會變 2，是偶數所以要進位
print(round(2.5))   輸出  2  ← 5 進位後 2 會變 3，是奇數所以不進位
```

「五成雙」是「遇到 5 就要成就雙數」的意思

「遇到 5」是指「剛好是 5」的意思, 若 5 後面還有更多小數位數, 則一律要進位 (因為捨去的部份會比 5 大)！例如 round(2.51) 結果會是 3, 因為要捨去的 0.51 比 0.5 大。

TIPS　請注意, float 並不是完全精確的數值, 可能會有極小的誤差, 例如在 IPython 中執行 0.1 * 3 結果會是 .30000000000000003。因此在像是 round (2.215, 2) 時, 由於將捨去的部份其實比 0.005 還要小一點點, 因此結果會是 2.21 (捨去) 而不是 2.22 (進位成雙)。

補充學習

在每章最後的補充學習單元, 會補充一些比較進階或比較少用的主題, 讀者若看不太懂或比較忙沒時間, 都可以暫時略過, 待以後有需要時再回來參考。

字串內的轉義字元 (Escape sequence 脫逸序列)

如果字串中有一些打不出來、或者會造成語法錯誤的字元 (例如定位字元), 那麼可用以反斜線 \ 開頭的轉義字元 (或稱脫逸序列) 來表達, 例如用 \n 來表示換行字元。可以使用的轉義字元如下表 (常用的以粗體表示):

轉義字元	意義	轉義字元	意義
****	**反斜線 (\)**	\r	歸位符號 (Carriage Return)
\'	**單引號 (')**	\t	定位符號 (Tab)
\"	**雙引號 (")**	\v	垂直定位符號 (Vertical Tab)
\n	**換行符號**	\ooo	ooo 為 8 進位的 ASC 碼
\a	發出嗶聲 (Bell)	\xhh	hh 為 16 進位的 ASC 碼
\b	倒退鍵 (Backspace)	\uxxxx	xxxx 為 4 個 16 進位的 Unicode 碼
\f	換頁符號	\Uxxxxxxxx	xxxxxxxx 8 個為 16 進位的 Unicode 碼

由於 \ 已被做為轉義字元, 因此字串中的 \ 都必須改用 \\ 表示。如果不希望字串被轉義, 可在字串的前面加上 r 或 R, 例如：r "可用\了"。底下來看範例:

```
print("靜'夜'思 \"李白\"\n 床前明月光\n　疑是地上霜\n\\其他略...")
print(r"加 r 後可用\了, \n 也不會換行")
```

一開頭加了 r 或 R

接下頁

```
靜'夜'思 "李白"
  床前明月光
    疑是地上霜
\其他略...
加r後可用\了, \n也不會換行
```

在字串前加 r 時, 要注意字串的最後一字不可是 \, 這是因為 Python 仍會將「\"」或「\'」中的引號, 視為不是結束字串的引號, 例如 r"\"" 是正確的 (會輸出 \"), 因此 r"\" 反而是錯的, 因為沒有結束的引號。

2、8、16 進位的整數

關於整數, 要注意不可用數字 0 開頭, 例如 05 是錯誤的, 因為用 0 開頭是代表特殊進位:2 進位 (以 0b 或 0B 開頭)、8 進位 (以 0o 或 0O 開頭, 第 2 個 O 是英文字母的 O)、或 16 進位 (以 0x 或 0X)。

這些特殊進位通常用在「位元運算」的場合, 「m 進位」就是「滿 m 就進位」, 因此每進一位就要多乘一個 m, 例如 123 就是 $1 \times m \times m + 2 \times m + 3$。在使用 16 進位時, a~f (大小寫均可) 分別代表 10~15。底下是範例:

```
rint(0b101)  # 2 進位算法:0b101 = 1x2² + 0x2¹ + 1    輸出 5
print(0o123) # 8 進位算法:0o123 = 1x8² + 2x8¹ + 3    輸出 83
print(0x12a) # 16 進位算法:0x12a = 1x16² + 2x16¹ + 10 輸出 298
```

如果想將數值以 2、8、16 進位的格式呈現, 可使用內建函式 bin()、oct()、hex() 來轉換:

```
print(bin(15))  輸出 0b1111
print(oct(15))  輸出 0o17
print(hex(15))  輸出 0xf
```

位元算符

位元算符是以位元 (bit) 為單位來進行運算, 共有 ~(位元 not)、&(位元 and)、|(位元 or)、及 ^(位元 xor)。最後一個 xor 是「若真假不同 (互斥) 則為真, 否則為假」, 因此 1^0、0^1 的果為真 (因為不同), 而 0^0、1^1 的結果為假 (因為相同)。

由於位元只有 0 和 1 二種, 因此運算結果也只會是 0 (假) 或 1 (真)。例如 ^ 運算:

$$
\begin{array}{r}
\texttt{0b1010} \\
\text{^} \quad \texttt{0b1100} \\
\hline
\texttt{0b0110}
\end{array}
$$

請注意, 整數的最小儲存單位是 byte (8 bits), 因此 0b1010 其實是 0b00001010 的簡寫, 而 ~0b1010 的結果會是 0b11110101。內建函式 bin() 可以傳回數值的二進位格式字串, 底下就用它來顯示位元運算的結果:

```
print(bin(~0b00001010))     輸出  -0b1011 (此負數值為運算結果
                                          0b11110101 的 2 的補數)
print(bin(0b1010 & 0b1100))  輸出  0b1000
print(bin(0b1010 | 0b1100))  輸出  0b1110
print(bin(0b1010 ^ 0b1100))  輸出  0b110
```

哦哦! 開頭的 0 不顯示!

位移算符

位移算符也是以位元為單位來向左 (<<) 或向右 (>>) 移動位元, 底下來看範例:

開頭的 0 位元不會被顯示出來

```
print(bin(0b00000001 << 3))  輸出  0b1000 (向左移動 3 位元)
print(bin(0b00010000 >> 2))  輸出  0b100  (向右移動 2 位元)
```

> **TIPS**
> a << b 等同於 a * (2**b), 而 a >> b 則等同於 a // (2**b)。

is 及 is not 比較算符

比較算符中, 除了傳統的 ==、!=、>、>=、<、<= 外, 其實還有 **is** 及 **is not** 二種, 可用來比較是否為「**同一個資料**」, 也就是比較變數 (或資料) 的 id() 是否相同 (而 == 則是比較資料內容是否相同)。例如:

```
a = 1
b = 2-1
print(id(a), id(b), id(1))  輸出  1889037376 1889037376
                                   1889037376 ← id 都一樣
print(a is b is 1)   輸出  True  ← 為 True 表示都同一個物件

s = 'ab'
t = 'a' + 'b'
print(id(s), id(t), id('ab'))  輸出  2643780259768 2643780259768
                                      2643780259768 ← id 都一樣
print(s is t is 'ab')  輸出  True ← 為 True 表示都同一個物件
```

Python 會盡量使用同一個資料 (以節省空間), 因此以上 a 和 b 都綁定在同一個 1 上, 而 s 和 t 也是都綁定在同一個 'ab' 上。其實 is 和 is not 主要是用來測試內容較為複雜的資料, 例如下一章將介紹的串列 (list):

```
s = [1, 2]      ← 建立包含 2 個元素的串列
t = s           ← 將 t 和 s 綁定在同一個串列
u = s.copy()    ← 將串列複製一份讓 u 綁定
print(s is t)      輸出  True ← s 和 t 是同一個串列
print(s is not u)  輸出  True ← s 和 u 不是同一個串列 (u 是複製品)
print(s == u)      輸出  True ← s 和 u 的內容相同 (雖然是不同的串列)
```

 TIPS 比較算符另外還有 in 和 not in, 可用來判斷 s 是否在 t 中, 我們留到下一章介紹資料結構時再詳細說明。所有比較算符的運算優先順序都是相同的。

2
Chapter

Python 的資料結構:
Data Structures

資料結構 (Data structure) 簡單來說, 就是有結構的資料型別。像 int、bool、float 這種資料型別, 它們沒有更細部的結構, 我們稱為純量 (scalar) 型別。除了純量型別, Python 還提供了具有內部結構的型別, Python 官方文件稱之為**資料結構** (Data Structure), Data structure 在各種文件上還有 container、collection、…各種稱呼, 為方便起見, 本書也會稱它為**容器** (container)。資料結構 (容器) 內部所裝的資料項目稱為**元素** (element)。

例如, 字串中可以存放很多的字元, 因此字串就是一種資料結構。除了字串外, 常用的資料結構還有 **list**(串列)、**tuple**(元組)、**set**(集合)、與 **dict**(字典) 等 4 種, 這 4 種容器內部可以存放任意型別的資料 (除了少數例外), 甚至容器中還可以有容器, 因此在使用上非常有彈性。

2-0 使用資料結構 (容器) 的理由

為什麼會有資料結構 (容器) 這種東西呢? 經常, 我們需要處理大量的資料時, 例如公司的每日營業額、或是氣象觀測資料、股市交易資料等等, 如果要一一建立變數來儲存這些資料, 既累人又不易使用。例如, 要處理最近 7 天的營業額資料 (以萬元為單位):

```
sales1 = 12.3
sales2 = 13.2          每天的營業額各用一個變數來
sales3 = 19.8          儲存, 實在不是聰明的方法
...
sales7 = 14.9
sum = sales1 + sales2 + sales3 +......+sales7
```

其實可以不用這麼累, 只要建一個容器來裝這些資料就搞定了 (底下程式大致了解就好, 各項功能後面都會介紹):

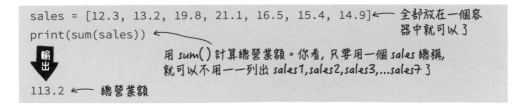

```
sales = [12.3, 13.2, 19.8, 21.1, 16.5, 15.4, 14.9]       全部放在一個容
print(sum(sales))                                        器中就可以了

                    用 sum() 計算總營業額。你看, 只要用一個 sales 總稱,
                    就可以不用一一列出 sales1,sales2,sales3,...sales7 了
輸
出

113.2        總營業額
```

2-1 list：可儲存一串資料的串列容器

　　串列 (list) 是一種相當有彈性的資料結構, 上例的 sales 就是一個 **list** (串列) 容器。所謂串列就是一串資料, 這串資料可長可短, 從幾筆到幾百萬筆都可以。list 要用中括號 [x, y, z,...] 來標示, 例如底下在 IPython 中建立最愛的水果串列：

```
In [1]: fruit=['蘋果', '香蕉', '芭樂']   ← 用中括號建立含有 3 個水果的 list

In [2]: fruit[0], fruit[2]   ←
                                讀取第 0 和第 2 個水果
Out[2]: ('蘋果', '芭樂')         (注意! 串列的元素是由 0 算起)

In [3]: fruit[3]   ← 讀取第 3 個水果, 喔喔! 索引超出範圍了...
Traceback (most recent call last):

  File "<ipython-input-3-8e2553fd7de9>", line 1, in <module>
    fruit[3]

IndexError: list index out of range
```

蘋果不是
第 1 個嗎? ...

電腦是從 0 開始算起,
從現在起 Think like a
computer! 第 0 個、第 1 個...

　　上例是在 list (串列) 中存放 3 個字串資料, 但其實 list 的元素可以是「任意型別」, 例如我們可以用 a = ['西瓜', 45, False] 代表西瓜一斤 45 元、目前缺貨。

> **TIPS** list 和傳統語言如 C/C++、Java 等的陣列 (Array) 有點像, 不過這些語言的陣列中所有的元素都必須是相同型別, 而 list 中的元素則可為任意不同型別。另外, 陣列中元素的位置及數量都是固定的, 而串列中則可在任意位置增減元素 (方法稍後會介紹)。

除了用中括號直接建立 list 之外, 我們也可以用 list() 取用其他容器的內容來建立 list, 例如:

```
In [1]: s = list("Python 你好!")   ← 以字串中的元素(字元)來建立 list

In [2]: s
Out[2]: ['P', 'y', 't', 'h', 'o', 'n', ' ', '你', '好', '!']
```

TIPS
如果要建立空串列, 則可用空的中括號 []、或是不加參數的 list()。

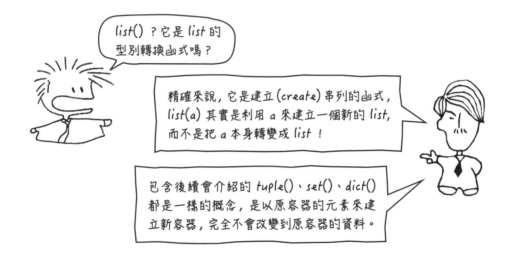

list() ? 它是 list 的型別轉換函式嗎?

精確來說, 它是建立(create)串列的函式, list(a) 其實是利用 a 來建立一個新的 list, 而不是把 a 本身轉變成 list !

包含後續會介紹的 tuple()、set()、dict() 都是一樣的概念, 是以原容器的元素來建立新容器, 完全不會改變到原容器的資料。

從 list 取值或改值: 使用索引

list 中的元素是依照順序排列的, 像這種有序的容器我們稱為**序列容器** (sequence container), 其他像是字串和下一節會介紹的 tuple (元組) 也是序列容器。

凡是序列容器, 都可以用**索引**(Index) [n] 來指定容器中第 n 個位置的元素, 但要注意 n 是從 0 算起 。另外也可以用 [-n] 來指定倒數第 n 個元素, 例如:

一步一腳印

```
In [1]: a = [0, 1, 2]  ← 用中括號建立一個 list

In [2]: a[2]  ← 看看第 2 個元素的值
Out[2]: 2

In [3]: a[2] = 'abc'  ← 把一個字串資料存入第 2 個元素

In [4]: a[2]  ← 第 2 個元素的內容被修改了
Out[4]: 'abc'

In [5]: a[-1]  ← 看看倒數第 1 個元素的內容
Out[5]: 'abc'

In [6]: a[-4]  ← 倒數的 4 個元素.....
Traceback (most recent call last):
  File "<ipython-input-6-4b43f82cd5c9>", line 1, in <module>
    a[-4]  ← a[-4] 出問題          產生 index out of range
IndexError: list index out of range  ←  (索引超出範圍) 的錯誤
```

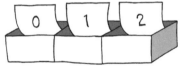

第 0 個　第 1 個　第 2 個

倒數第 3 個　　　倒數第 1 個

哇！負索引啊，...

這就是 Python 人性化的地方，a[-1] 就相當於 a[len(a) - 1]，但簡潔易讀多了！

把 [-n] 的負號唸成倒數，一切就通了！
a[-3] 就是 a 串列的倒數第 3 個元素，這樣！

ㄚ不是所有的索引都是從 0 算起，
a[-1] 應該是倒數第 2 個元素？

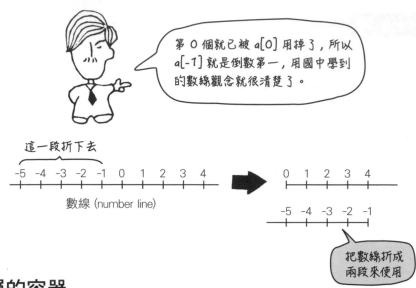

多層的容器

　　前面說 list 的元素可以是「任意型別」，因此也可以是容器型別，例如底下的價格組合：

```
In [1]: fruit=[['蘋果', 82], ['香蕉', 45], ['芭樂', 59]]

In [2]: fruit[0][1]
Out[2]: 82
```

建立 3 組水果價格組合，在大 list 中有 3 個小 list

查看第 0 組的水果價格 (注意索引由 0 開始，[0][1] 表示取第 0 個子串列的第 1 個元素)

　　像以上內含子容器的容器，我們就稱之為多層的容器。它經常用來儲存表格化的資料，例如右邊的二維表格：

排名	一月	二月	三月
小明	2	1	4
小美	3	2	3

➡ [[2, 1, 4], [3, 2, 3]]

　　如果想建立三維或更多維的資料，也只要將最內層的元素更換為容器即可 (每加一層就會增加一個維度)，例如 a = [[[0,1],[2,3]], [[4,5],[6,7]]] 即為 3 層的容器，每一層都有 2 個元素。

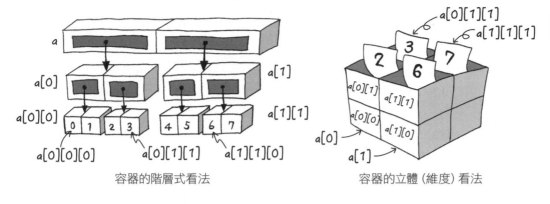

容器的階層式看法　　　　　　　　　　　容器的立體 (維度) 看法

底下是多層容器的索引範例：

一步一腳印

```
In [1]: a = [[1, 2], [3, 4], [5, [ 6, 7]]]  ← 建立一個 3 層 list

In [2]: a[1][0], a[2][1][0]  ← 看看底層的內容
Out[2]: (3, 6)  ← 先由 a[1] 找到 [3,4]，再由 [3,4] 的第 [0] 元素取得 3，由 a[2]
                   找到 [5,[6,7]]，由 a[2][1] 找到 [6,7]，再由 a[2][1][0] 找到 6
In [3]: a[2][1][1] = 'string'  ← 也可以更改底層的元素值
```

多層容器在 AI 的應用

多層 (維) 容器在做 AI 機器學習 (Machine Learning) 時用的很多，像是要讓機器學會辨識影像，就得準備大量的圖片來訓練機器。一張圖片本身是 2 維的，需要 2 層的容器，而很多張的圖片就要用到 3 層的容器來儲存，甚至有時候還需要用到 4 層 (儲存顏色資訊)。

另外，如果要教機器玩遊戲，例如井字遊戲，那麼需要輸入每一個遊戲步驟給它，井字原本就是 2 維的，再加上不同的步驟，也需要用 3 維的容器來儲存。

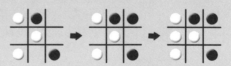

井字遊戲的遊戲過程

我們可以將上圖用以下的 3 層 list 來表示：(設 ○ = 0；● = 1；空白 = 2)

```
s = [ [ [0,1,2],[2,0,2],[0,2,1] ],  ← 第 0 張圖的第 0、1、2 橫排：[○,●,空]...
      [ [0,1,1],[2,0,2],[0,2,1] ],  ← 第 1 張圖的第 0、1、2 橫排：[○,●,●]...
      [ [0,1,1],[0,0,2],[0,2,1] ] ]  ← 第 2 張圖的第 0、1、2 橫排：[○,●,●]...
```

請注意，在括號內的程式可以直接換行，而不用在換行處加 \，詳見 0-4 節

使用切片 (Slicing)

　　切片 (Slicing) 可以由 list 中切出一個 list 片段, 例如: a[m: n] 可以由 a 串列中切出**由 m 到 n 但不包含 n** 的串列片段, m、n 均可為正或負數, 若 m 省略則預設為 0, 若 n 省略則預設切到 (包含) 最後一個元素。請注意! 所謂切片其實只是把那段長度為 n-m 的串列元素 COPY 出來而已, 並沒有真的把串列切斷或變短, 原串列的元素一個也沒有變。COPY 出來的 list 片段會保持其元素型別不變, 例如:

由 m 到 n 但不包含 n
Python 口訣「有頭無尾!」

請注意! 下表中每一列程式都會使用此預設來運算, 而不受其他列程式的影響。

預設 a = [0, 1, 2, 3, 4, 'last']

程式	結果	說明
a[1: 3]	[1, 2]	傳回索引 1 到 2 (不含 3) 的 list
a[4: 4]	[]	索引 4 到 4 但不含 4, 長度 n-m = 4-4 = 0, 所以傳回空 list
a[-5: 3]	[1, 2]	索引 -5 和 1 是同一位置
a[-5:-3]	[1, 2]	索引 -5 到 -4 (注意不含 -3)
a[-2:　]	[4, 'last']	取倒數 2 個元素, 元素型別不會改變 (注意不可用 a[-2:0], 會傳回空 list, 原因見底下的 TIPS)

> **TIPS**
> 在 [m:n] 中 m 的位置必須在 n 的前面 (左邊) 才行, 否則會視為無效範圍而傳回空串列 [] (例如 0 是最前面的位置, 因此 n 不可為 0 (沒有任何 m 是在 0 之前的)。

指定間隔切片

　　我們可以使用 [m: n: k] 來指定間隔切片, 其中 k 表示間隔, 如果 k 為負值, 則可反向 (由右往左) 切片, 此時 n 的位置必須在 m 的左邊才行。

預設 s = [0, 1, 2, 3, 4, 5, 6]

程式	結果	說明
s[1: 6: 2]	[1, 3, 5]	由索引 1 到 5，每隔 2 個取 1 個
s[4: 1: -1]	[4, 3, 2]	反向取索引 4 到 2 (不含 1)
s[: : -1]	[6, 5, 4, 3, 2, 1, 0]	全部反向取出

用切片更新串列內容

我們可以用新串列來更改另一串列中的片段：

預設 a = [0, 1, 2, 3]

程式	結果	說明
a[1: 3] = [5,'AB']	a = [0, 5, 'AB', 3]	將索引 1 到 2 (不含 3) 的 list 片段加以更換
a[2:] = []	a = [0, 1]	將索引 2 到最後元素更換為空串列 (刪除)
a[1: 1] = [8,9]	a = [0,8,9,1,2,3]	記住! a[1:1] 是位置在 1 但長度 0，結果是在位置 1 插入新串列 [8,9]
a[1] = [9]	a = [0, [9], 2, 3]	如果更改的是單一元素，那麼該元素會被串列取代

> 請注意！此項是索引操作而非切片操作，因此更改的是單一元素

用切片將其他容器的元素存入 list

我們也可以把其他容器的元素放到 list 裡 (例如字串或後面會介紹的 tuple 等)，此時其他容器會先自動轉為 list 再存入。例如：

預設 a = [0, 1, 2, 3]

程式	結果	說明
a[1:] = "abc"	a = [0, 'a', 'b', 'c']	新字串會先轉成串列 ['a', 'b', 'c']
a[1:4:2] = "ab"	a = [0, 'a', 2, 'b']	指定間隔 2，會更改 1,3，因此等號右邊必須有 2 個元素
a[1:4:2] = "abc"	ValueError: attempt to assign sequence of size 3 to extended slice of size 2	等號右邊的元素個數超過左邊

del:刪除串列的元素或片段

我們可用 del 來刪除串列索引或切片的元素:

預設 a = [0, 1, 2, 3, 4, 5]

請注意!下表中每一列程式都會使用此預設來運算。

程式	結果	說明
del a[1]	a = [0, 2, 3, 4, 5]	刪除索引 1 的元素
del a[2: 5]	a = [0, 1, 5]	刪除索引 2~4 的元素 (等同於 a[2:5] = [])
del a[1: 6: 2]	a = [0, 2, 4]	刪除索引 1 開始到 5 間隔 2 個元素
del a	a 不再存在了	會將變數名稱刪除,a 就無法再使用了

適用於序列容器的算符

序列容器 (字串、list、及下一節會介紹的 tuple) 常用的算符有 3 類:

● **串接（+）和重複（*）**:和字串一樣, list 可用 + 來串接, 或用 *n 來重複 n 次。例如 [1,2] + [3,4] 結果為 [1,2,3,4], 而 3 * [1,2] 結果為 [1,2,1,2,1,2]。

● **in、not in**:「e in s」可判斷 e 是否為 s 的元素, 例如「2 in [1, 2, 3]」結果為 True。not in 則相反, 判斷 e 是否不在 s 中。

TIPS in 和 not in 是容器專用的比較算符, 其優先順序也和比較算符相同。

● **一般的比較算符（>,>=,<,<=,==,!=）**:當用來做容器的比較時會由第 0 個元素開始往後比, 若前面都相同則先結束的較小, 比較算符只能比較相同型別的資料。例如:

程式	結果	說明
[1, 2] < [1, 2, 3]	True	前面 1,2 相同,但前者先結束了所以較小
['a','b'] < ['c']	True	因 'a' < 'c' (如果是比較字串,則會比字元的 Unicode 大小)

2-2 tuple：不可更改的串列

　　tuple 一般譯為「元組」，但這個譯名並不能顯示其函意，因此本書我們直接以原文稱之。tuple 和串列完全一樣，只除了其中的元素是**不可更改** (immutable) 的, tuple 要用小括號 (x, y, z,...) 來標示。請注意! tuple 雖然是用 () 標示，但仍然要用 [] 而非 () 來做索引以存取其元素, 例如底下的 grade 這個 tuple, 若寫成 grade(0), 則會變成呼叫 grade() 函式而不是指 grade 這個 tuple 的第 0 元素。

　　除了使用 () 來建立 tuple 之外，也可以用 tuple() 來取用其他容器的元素, 以建立一個新 tuple, 例如：

一步一腳印

用 () 建一個 tuple, 用 [] 建一個 list

```
In [1]: grade = ('甲','乙','丙','丁'); order = [0, 1, 2, 3]
```

```
In [2]: grade[0]    ← 用中括號 [0] 取 grade 這個 tuple 的第 0 個元素
Out[2]: '甲'
```

```
In [3]: order2 = tuple(order)    ← 用 tuple() 取用 order 的元素來
                                   建立一個名為 order2 的 tuple
```

```
In [4]: order2    ← 看一下新建立的這個 tuple 的內容
Out[4]: (0, 1, 2, 3)    ← 果然是一個 tuple（用小括號的就是 tuple）
```

```
In [5]: order    ← 再看看原來的 order 這個 list
Out[5]: [0, 1, 2, 3]    ← 結果還在, 一點都沒變動
```

TIPS　如果要建立空 tuple, 可用空的小括號 ()、或是不加參數的 tuple()。

　　tuple 的各種操作就和 list 相同, 例如使用索引或切片來讀取元素值, 或使 +、*、>、<、in、not in 等算符做運算。但因 tuple 的元素不可更改, 因此**不可使用那些會更改元素的操作**, 例如用索引或切片來更改元素值。

另外有一點要注意, 由於小括號也可做為「提高運算優先順序」或「呼叫函式」使用, 因此如果 tuple 只有一個元素, 則要**多加一個逗號**, 例如 (1,) 否則會被當成是整數 1。我們可以在 IPython 中測試一下:

一步一腳印

```
In [1]: a = (1)

In [2]: type(a)  ← 用 type() 查看型別
Out[2]: int  ← 真的被當成 int 了

In [3]: a= (1,)  ← 在 1 之後多加一個逗號

In [4]: type(a)  ← 再用 type() 驗明正身
Out[4]: tuple  ← 是 tuple 無誤!
```

事實上, tuple 主要是用逗號來識別的, 因此在只需要 1 個值的場合, tuple 前後的小括號也可以省略, 例如:

一步一腳印

```
In [1]: a = 0, 1, 2  ← 就算沒小括號, 只要有逗號 Python 也把它當成 tuple

In [2]: a
Out[2]: (0, 1, 2)  ← a 是一個 tuple

In [3]: b = 1,  ← 不小心多 key 了一個逗號

In [4]: type(b)
Out[4]: tuple  ← 哇! 變成 tuple 了!
```

以上「自動將以逗號分隔的資料打包成 tuple」的特性, 稱為 **tuple packing** (tuple 打包)。

 TIPS 若要將 tuple 放在函式的小括號中, 則必須加上小括號才行, 例如 print((1, 2)), 否則若寫成 print(1, 2) 就會變成傳入 1 和 2 的參數了。

最後, 也許有人會問: tuple 中的元素「不可更改」這種特性要在什麼場合使用呢? 底下是幾個適用的時機:

1 不用擔心被改到, 有許多原始資料或是程式中重要的常數, 我們不希望在程式運行中不小心被更改到, 這些資料就可以用 tuple 儲存。

2 tuple 的資料結構比較簡單, 因此佔用的空間較少, 而執行速度也比較快。

3 因為字典 (dict, 見 2-4 節) 資料結構只能用不可更改 (immutable) 的 key, 因此只能用字串、數值和 tuple (元素也要是不可更改) 來做 key。

4 因為集合 (set, 見下一節) 的元素只能用不可更改 (immutable) 的資料型別, 因此只能用字串、數值和 tuple (元素也要是不可更改) 來做其元素。

在資料科學中經常會計算大量的資料, 動輒數十萬筆甚至更多, 而這些資料希望能佔用較少的記憶體, 以及較快的執行速度, 這時最佳人選自然就是 tuple 了。

tuple 完全不可更改嗎？

雖然 tuple 內的元素不可更改, 但其元素若是可更改的容器, 例如 list, 則元素的元素仍是可以更改的。例如：

```
一步一腳印 👣

In [1]: t = ([0,1], 2)  ← tuple 的第 0 個元素是個 list

In [2]: t[0][0] = 9  ← 更改 t[0][0] 元素的內容 (第二層)

In [3]: t
Out[3]: ([9, 1], 2)  ← 也! 被改掉了!
```

在上例中, tuple 會限制我們更改 t[0] 或 t[1], 因此執行 t[0]=3 會錯誤, 因為那是 tuple 的元素。而元素中的元素, 則已超出 tuple 的管轄範圍, 因此會改由元素所屬的型別來管理, 而上例的 t[0] 為 list, 因此可以更改其元素內容, 例如: t[0][0]、t[0][1] 都可改。

2-3 set：一堆資料的集合

如果說 list 是「一串資料」, 那麼 set (集合) 就是「一堆資料」。一串資料是有順序性的, 例如 '甲'、'乙'、'丙'... 依序排列, 而一堆資料則是隨機擺放, 沒有固定順序。

集合要用大括號 {x, y, z,...} 來標示, 例如樂透的明牌號碼：{23, 8, 17, 11, 38}。

集合的元素必須是唯一而不可重複的, 如果加入重複的資料則會被合併。除了使用 {} 來建立 set 之外, 也可以用 set() 函式取用其他容器的元素來建立 set, 例如：

一步一腳印

```
In [1]: myset = {0, 1, 2, 1}; mystr = 'abcd'    ← 用 {} 建立一個 set,
                                                   並建立一個字串

In [2]: myset
Out[2]: {0, 1, 2}    ← myset 中 1 這個重複的資料被合併了

In [3]: newset = set(mystr)    ← 取用 mystr 的元素來建立 newset

In [4]: newset
Out[4]: {'a', 'b', 'c', 'd'}    ← newset 是由 'a' 'b' 'c' 'd' 四個字元所組成的 set

In [5]: mystr
Out[5]: 'abcd'    ← mystr 字串的內容並沒被改變
```

TIPS 如果要建立空集合, 則只能使用不加參數的 set() 來建立, 而不可使用空的大括號 {}, 因為 {} 會被當成是下一節會介紹的空字典。

為了確保集合中的「元素是不重複的」, 所以集合不允許放入「元素可以改變」的資料, 以防止未來被改變而造成重複。因此例如串列、集合、或下節會介紹的字典都不行！而其他不會改變的資料則可以, 包括 tuple、字串、及純量資料 (如整數) 等。

一步一腳印

```
In [1]: {[1,2], 3, 4}    ← 用 list 做為集合的元素
Traceback (most recent call last):

  File "<ipython-input-2-085e1e7e730f>", line 1, in <module>
    {[1,2], 3, 4}

TypeError: unhashable type: 'list'    ← 會發生 TypeError:
                                        unhashable type 的錯誤
```

unhashable type ?

hash 就是為儲存在記憶體中的資料算出一個唯一對應的整數值, 稱為 hash value (哈希值); 相同資料的 hash value 會相同, 而不同資料則一定不同。Python 經常利用它來加快搜尋速度, 例如在集合中尋找某個字串時, 使用整數的 hash value 來搜尋, 會比搜尋字串要快很多。

而 **un**hashable type 就是「不可計算 hash value」的型別, 凡是「元素可以改變」的型別都是 unhashable, 因為其內容隨時可能改變, 計算了也沒意義!

TIPS　使用內建函式 hash() 可計算 hash value, 例如 hash("abcde") 的結果為 : 2303962622113434859。此值也跟資料在記憶體中的位置有關, 所以每次執行的結果都可能不同。

set 的算符

在操作的部份, 由於集合中的元素是沒有順序的, 自然**不可以用索引算符 []或切片**的方式來存取, 同時也不支援「與順序有關」的 +(串接)、及 *(重複 n 次)。

不過 in 和 not in 則可以使用, 而 x in s 就是判斷 x 是否為集合 s 中的元素 :

一步一腳印

```
In [1]: 1 in {1, 2}
Out[1]: True

In [2]: 0 in {1, 2}
Out[2]: False
```

傳統的比較算符 (>,>=,<,<=,==,!=) 也可以使用, 其比較方式如下 :

● 若 a 中的元素和 b 完全相同, 則視為相等。

● 若 a 中的元素在 b 中都有, 而且 b 還更多, 則 a < b。

一步一腳印 👣

```
In [1]: {1, 2} == {2, 1}  ← 注意！集合是沒有順序的
Out[1]: True

In [2]: {'a', 'b'} < {'b', 'a', 'c'}  ← 後者多了一個 'c'
Out[2]: True
```

2-4 dict：以鍵查值的字典

dict (字典) 跟集合很像, 其差別在於字典中的元素是以「**鍵:值**」成對的方式來儲存 (就像英文字典裡的「單字: 解釋」一樣), 以方便我們用**鍵** (key) 來查詢對應的**值** (value), 也因此字典中的**鍵必須是唯一的**, 但值可以重複。

字典是用大括號 {key1: x, key2: y,...} 來標示, 例如飲料的價格:{'紅茶': 25, '拿鐵': 50, '柳橙汁': 50}。其中, '紅茶'、'拿鐵'、'柳橙汁' 只能出現一次, 但價錢方面, '拿鐵' 和 '柳橙汁'都是 50。這很容易想像, 例如你經營一家飲料店, 一種飲料絕不能標兩種價格, 但不同的飲料是可以賣同樣價錢的。

TIPS 🐛 如果要建立空字典, 可以用空的大括號 {}、或是不加參數的 dict()。請注意集合也是用大括號, 但空集合要用 set() 表示, 而不可用 {}, 因為 {} 是空字典專用的。

字典中的鍵及值都可以是任意型別, 例如 {2.0: 'OK', '命中': 100}。但請注意, 如果鍵重複了, 則新的值會蓋掉舊的值, 例如:

一步一腳印 👣

```
In [1]: {'A': 1, 'B': 2, 'A': 3}
Out[1]: {'A': 3, 'B': 2}
```
第 1 個元素的值被第 3 個蓋掉了

此外，由於鍵是唯一而不可重複的，因此**鍵**也和 set 一樣，不允許是「元素可以改變」的容器，例如 list、set、與 dict 等都不行。但**值**則沒有限制，因為值是可重複的。例如：

程式	執行結果	說明
{(1,2): [3,4]}	{(1, 2): [3, 4]}	鍵為 tuple, 值為 list 是 OK 的
{[1,2]: 3}	TypeError: unhashable type: 'list'	鍵用 list 會錯誤
{{1,2}: 3}	TypeError: unhashable type: 'set'	鍵用 set 一樣會錯誤

有關 TypeError: unhashable type 的說明請參見上一節。

用 dict() 來建立字典容器

dict 除了使用 {} 來建立字典之外，也可以用 dict() 以其他容器的元素來建立 dict, 不過來源的容器必須有像字典一樣的**雙層結構**才行, 例如：

程式	執行結果	說明
dict([['A', 1], ['B', 2]])	{'A': 1, 'B': 2}	串列轉字典
dict({'ab', 'cd'})	{'c': 'd', 'a': 'b'}	集合轉字典

> **TIPS** 請注意, 如果是用集合來建立字典, 那麼集合中的內層容器請使用 tuple 或字串, 而不要用 list 或 set, 因為集合中不可以有「元素可改變」的容器, 例如 dict({['A', 1]}) 會發生 TypeError: unhashable type 的錯誤。

另外，如果用字典來建立其他型別的容器, 那麼只會使用字典中的鍵 (key) 而忽略值 (value)，例如：

程式	執行結果	說明
list({'A': 1, 'B': 2})	['A', 'B']	字典轉串列
set({'A': 1, 'B': 2})	{'A', 'B'}	字典轉集合

dict 的索引操作

由於字典是由「鍵:值」所組成, 而且鍵不會重複, 因此可以用索引算符 [] 來「以鍵取值」:

一步一腳印 👣

```
In [1]: d = {'紅茶': 25, '柳橙汁': 45}

In [1]: d['紅茶']    ← 以鍵取值
Out[1]: 25
```

另外, 由於字典是可更改的, 因此也可用索引來「以鍵設值」, 甚至「以鍵增、刪元素」:

一步一腳印 👣

```
In [2]: d = {'紅茶':25, '果汁':45}
   ...: d['紅茶'] = 30    ← 將紅茶改為 30 元
   ...: d['拿鐵'] = 50    ← 新增一個元素
   ...: del d['果汁']    ← 將鍵為 '果汁' 的元素刪除
   ...: d    ←
Out[2]: {'紅茶': 30, '拿鐵': 50}
```

按 Ctrl + Enter 可連續輸入多行程式

按 Shift + Enter 可執行程式

TIPS 請注意, dict 不能用切片也不能用編號做索引, 以上例而言, d[0] 和 d[0:1] 都是不允許的, 為什麼呢? 因為 dict 不是有序容器, 所以不能用順序取值。

dict 的算符

字典在算符的部份跟集合一樣, 不支援「與順序有關」的 +(串接)、和 *(重複 n 次), 但 [] 可以使用 (以鍵為索引, 見上一單元)。而 in 和 not in 也可以使用, key in d 就是判斷 key 是否為字典 d 中的一個鍵:

一步一腳印 👣

```
In [3]: 1 in {1: 3, 2: 4}    ← 1 在字典(的鍵)中?
Out[3]: True

In [4]: 3 not in {1: 3, 2: 4}    ← 3 不在字典(的鍵)中?
Out[4]: True
```

至於比較算符, 則只能使用 == 及 != 來判斷 2 個字典中的元素是否完全相同。例如：

一步一腳印

```
In [5]: {1: 3, 2: 4} == {2: 4, 1: 3}   ← 注意元素列出的順序不用相同
Out[5]: True
```

用 tuple 做鍵

如果字典中是以 tuple 做為鍵, 那麼同樣要用 tuple 來索引。例如底下的員工分機號碼字典：

一步一腳印

```
In [6]: extno = {('王', '小明'): 201, ('陳', '美美'): 202}
   ...: extno['陳', '美美']   ← 查詢陳美美的分機
Out[6]: 202

In [7]: extno['張', '天才'] = 203   ← 新增一個員工, 中括號裡的
   ...: extno                          姓和名會自動打包為 tuple
Out[7]: {('王', '小明'): 201, ('陳', '美美'): 202, ('張', '天才'):203}
                                          Key 已被打包為 tuple 了 →
```

切記！字典的 Key 不允許是「可更改」的容器, 因此只能用 tuple 或字串或數值做為 Key, 而不能用 list、set、dict 等。

2-5 字串也是一種資料結構

由於字串也是一種有順序的「序列容器」, 因此操作方法也和串列很類似；不過和 tuple 一樣, 其元素是不能改變的, 因此只要是改變元素的操作都不適用於字串。

首先來看索引算符 [], 其索引和切片的功能都可使用, 例如：

預設 **s = '0123456'**

程式	執行結果	說明
s[1]	'1'	取索引 1 的字元 (注意索引由 0 開始)
s[1] = 4	TypeError: 'str' object does not support item assignment	字串不可更改內容
s[: 2]	'01'	索引由 0 到 1 的子字串
s[3:]	'3456'	索引由 3 到結尾
s[2: 1]	''	索引 2 在 1 的後面, 因此結果為空字串
s[1: 6: 2]	'135'	由索引 1 到 5, 每隔 2 個取 1 個

> **TIPS** Python 沒有「字元」專用的型別, 因此都是以「只有一個字元的字串」來表示「字元」。

在算符的部份, +(串接)、*(重複 n 次)、in(包含於)、not in、及比較算符 (>,>=,<,<=,==,!=) 都可使用, 而字串的比較, 比的就是字元的 Unicode。例如：

程式	執行結果	說明
'ab' in 'abc'	True	'ab' 包含於 'abc'
'ab' in 'ab'	True	相等也算包含
'ab' < 'ac'	True	因 'b' < 'c'

另外, 由於字串中只能儲存字元, 因此若用 str() 由其他容器來建立字串, 則只會將容器的內容轉成易讀文字 (類似 print() 的結果), 而不會將元素轉到字串中。例如 str([1, 2, 3]) 會轉成字串 '[1, 2, 3]', 而不是 '123'。

2-6 容器常用的函式 (Function)

到目前為止, 我們已經用過不少 Python 的內建函式 (builtin function), 例如: print()、type()、len()、list()、tuple()、set()、dict()...等等, 這些函式都是 Python 內建的。Python 現成的內建函式至少有以下幾個優點, 第 1 它大部分是用 C 語言寫的, 所以效率都很高！第 2 這些函式是現成的不用我們花時間設計, 直接使用就可以, 第 3 是這些函式都千錘百鍊, 成熟度很高！

現在我們再介紹一些和容器型別有關的函式。

len()、max()、min()、與 sum() 函式

內建函式 len()、max()、min()、sum() 可分別用來計算容器的長度、最大值、最小值、與加總，在使用上都很直覺，而且都不會更改到容器的內容。

len() 函式最簡單，我們也早就使用過了，它會算出容器元素的個數，但它只會算出第一層的個數，如果是多層容器，第二層以下 (含第二層) 都不會被計入。例如：

一步一腳印
```
In [1]: len('string')
Out[1]: 6

In [2]: len(['string', 'statement'])   ← 這麼長 len() 卻只有 2!
Out[2]: 2

In [3]: len({1:'abc', 2:'def', 3:'123'})   ← 這樣也只有 3!
Out[3]: 3
```

max()、min() 會傳回容器內元素的最大值、最小值，但元素之間必須可以比較大小才行，例如: int 和 str 不可比較，而 int 和 int、str 和 str、或 int 和 bool 則可以比較。而 sum() 則可以對 list、tuple、set、dict 的元素加總，條件是其元素型別必須是數值。

一步一腳印
```
In [1]: a = [0, 3, 1, 2]

In [2]: max(a), min(a), sum(a)/len(a)   ← 求 list 的最大、最小、總和/長度
Out[2]: (3, 0, 1.5)
```

 TIPS 其實 max() 和 min() 還蠻複雜的，此處只介紹其簡單用法。而 sum 還可以多加一個參數，例如上例 sum(a, 5) 則會由 5 開始加總，因此結果為 11 (=5+3+2+1)。

max()、min()、及 sum() 也可使用於字典, 不過因為 dict 資料結構的特性, 這 3 個函式只會取字典的鍵來做計算:

一步一腳印

```
In [1]: d = {1:4, 2:5, 3:6}

In [2]: max(d), min(d), sum(d)
Out[2]: (3, 1, 6)
```

max()、min()、sum() 只取 d 的鍵來計算

■ 字元編碼的轉換

字串型別的內建函式, 除了 len(s)、max(s)、min(s) 可計算 s 的長度、最大字元、最小字元外, 常用的還有 chr(n) 可將 Unicode n 轉為字元, ord(c) 則可將單一字元的字串 c 轉為 Unicode:

程式	執行結果	說明
chr(65)	'A'	將 Unicode 轉為字元
ord('人')	20154	將字元轉為 Unicode
len('Abc人')	4	傳回字串的長度 (字數)
min('Abc人')	'A'	傳回 Unicode 最小的字元
max('Abc人')	'人'	傳回 Unicode 最大的字元

sorted() 及 reversed() 函式

sorted(容器) 可讀取容器中的元素, 然後由小到大排序後放在新的 list 中傳回。若想改為由大到小排序, 則可多加一個 reverse=True 參數。

程式	執行結果	說明
sorted([3, 1, 2])	[1, 2, 3]	傳回 list 容器排序後的 list
sorted({3, 1, 2})	[1, 2, 3]	傳回 set 容器排序後的 list
sorted({3:7, 1:8, 2:9})	[1, 2, 3]	傳回 dict 容器排序後的 list
sorted('bac', reverse=True)	['c', 'b', 'a']	傳回 str 反向排序後的 list

reversed(序列容器) 則可將序列容器中的元素反轉 (反過來排)，但傳回的是一個 list_reverseiterator 型別的動態容器 (有關動態容器請見 3-3 節)，可再轉到 list 或其他容器來使用：

程式	執行結果	說明
list(reversed([1,2,3,0]))	[0, 3, 2, 1]	把 list 中的元素反轉
tuple(reversed('bdac'))	('c', 'a', 'd', 'b')	把字串中的字元反轉
tuple(reversed({0,1,2}))	TypeError: 'set' object is not reversible	非序列容器不可反轉

2-7 容器相關的方法 (Method)

Method 直接翻譯叫做方法，但總覺得怪怪的？因為方法是普通名詞，它和函式這種專有名詞不一樣，例如我們說：「用這個**方法**是一個不錯的方法」，這樣聽起來就很奇怪！日常生活中我們根本不會用到函式這個詞，但是方法這個詞到處都是，所以本書會在適當的場合交替使用 method 或方法，儘量保持文章的易讀性。

那甚麼是 method 呢？method 簡單說就是型別[註]專有的函式，所以字串、list、tuple、set、dict 各有其專屬的 method。為什麼要專屬呢？因為型別的特性各不相同，依其特性 Python 開發出專有、更方便、更有效率或更安全的函式，這種函式為各型別所專有，例如 list 的 copy() method 和 dict 的 copy() method 以及 set 的 copy() method 都不一樣，因為這三種容器的資料結構是完全不同的，所以只能專用，不能混用。這種型別專用的函式我們稱之為 method。

那函式 (function) 呢! 函式就比較通用了，例如 sorted() 對 list、string、int... 都可用，但雖然可用，卻還是要了解其用法，因為對不同的型別其用法也可能會不同。在目前的層次上，函式和 method 區別不大，等到第 5 章，我們會對物件導向的議題有較深入的說明，到時候 method 和一般函式的區別就會更加清楚了。

註：更廣泛的說是類別 (class)，我們在第 5 章會介紹。

list 的 method

由於 method 是專屬於型別的，因此要以「**該型別的資料.方法()**」的方式來呼叫，例如 list 有一個排序的 sort() 方法 (method)，要使用 sort()，必須用 list 型別的資料，例如 mylist，然後以 mylist.sort() 的方式來呼叫，這樣 Python 就知道我們要呼叫的是 list 型別專用的 sort() 而且要處理的對象是 mylist。reverse() 和 sort() 一樣是 list 專有的 method：

一步一腳印 👣

```
In [1]: mylist = ['v', 'a', 'k', 'abc']

In [2]: newlist = sorted(mylist)   ← sorted() 會取用 mylist 的元素排序，然後
                                       把排序好的 list 傳回給 newlist
In [3]: newlist
Out[3]: ['a', 'abc', 'k', 'v']   ← 排序好的新 list

In [4]: mylist
Out[4]: ['v', 'a', 'k', 'abc']   ← mylist 並沒改變

In [5]: mylist.sort()   ← 用 sort() method 將 mylist 就地排序

In [6]: mylist
Out[6]: ['a', 'abc', 'k', 'v']   ← mylist 的元素被排序了

In [7]: mylist.reverse()   ← 用 reverse() 將 mylist 就地反轉

In [8]: mylist
Out[8]: ['v', 'k', 'abc', 'a']   ← 就地反轉了
```

請注意！我們之前有介紹過 sorted() 和 reversed() 函式，這和現在介紹的 sort() 和 reverse() 這兩個 method 是不同的，只要是容器 (如：string、list、tuple、set、dict) 都可以使用 sorted() 和 reversed()[註] 函式，但是 sort() 和 reverse() 是專屬於 list 的 method。那為什麼 sort() 和 reverse() 是 list 專屬的呢？

註：reversed() 只適用於有序容器。

因為 list 具有：可修改且有序的特性, 這個特性 string、tuple、dict、set 都不兼具 (或不同), 所以才開發了這兩個 list 專屬的 method 來使用。

我們由上例可以看到, mylist.sort() 把 mylist **就地**(in-place) 排序了! 因為 list 的特性是元素可更改, 所以才能**就地**排序, 把原來 list 的元素順序都改變了, 並且排序目的已達成, 所以就不用再傳回任何資料 (沒有傳回值)。而其他的 string、tuple、dict 都是不可更改的, 當然無法**就地**排序, 至於 set 則無順序的, 就地排序根本無意義, 所以只能用一般的 sorted() 函式來取得這些容器的元素 加以排序, 然後傳回一個已排序好的新容器。這樣解釋, 我們就能至少明瞭為什 麼要有 method 的一些緣由了, 我們在第 5 章還會對 method 有更多的說明。

因此, 對於 list 型別, 我們有兩種選擇：若要更改原資料結構內容, 那就用 諸如：mylist.sort() 這種 method, 而如果你不想更動原資料結構內容, 那你可 以用 sorted(mylist) 函式, 至於其他容器型別, 就只有一種選擇, 只能用諸如： sorted_list = sorted(mytuple) 這種函式了。

另外 method 也可改用「**型別.method(資料)**」的寫法來呼叫, 例如： 「**list.sort(mylist)**」, 此時該型別的資料要放在第一個參數。不過這種寫法比 較累贅, 除非有特別的需要才會使用。

■ list 元素的新增與串接：insert、append、extend

insert(i, x) 可在指定索引 i 的位置插入元素 x, append(x) 可以將元素 x 加到 list 最後面, 而 extend(t) (或 += t) 則可將另一個串列 t 串接到 list 最後 面。例如：

預設 ▶ s = [0, 1, 2]

程式	結果	說明
s.insert(1, 9)	s = [0, 9, 1, 2]	在索引 1 插入 9
s.append(3)	s = [0, 1, 2, 3]	在最後面加入 3
s.extend([4, 5])	s = [0, 1, 2, 4, 5]	在最後面串接 list
s += [4, 5]	s = [0, 1, 2, 4, 5]	同上

■ list 元素的尋找、計數、刪除、與取出：
　 index、count、remove、clear、pop

　　index(x) 可尋找串列中第一個 x 的索引位置、count(x) 可計算有幾個 x、remove(x) 可刪除第一個 x、而 clear() 則可將 list 清空：

預設 s = [0, 1, 2, 1]

程式	結果	說明
s.index(1)	1	在索引 1 找到了
s.count(1)	2	共有 2 個 1
s.remove(1)	s = [0, 2, 1]	刪除索引 1 的元素
s.clear()	s = []	將 list 清空 (等同於 del s[:])

　　pop(i) 這個 method 比較特別, 它會取出 (就是傳回其值並將元素刪除) 索引 i 的元素, 若 i 省略則會取出 (並刪除) 最後一個元素。例如：

預設 s = [0, 1, 2, 3]

程式	結果	說明
s.pop(1)	傳回 1, s = [0, 2, 3]	取出索引 1 的元素
s.pop()	傳回 3, s = [0, 1, 2]	取出最後一個元素

■ copy 會另外複製一個串列

　　我們知道變數只是綁在資料上的一個名稱, 如以下操作:

一步一腳印

```
In [1]: a = [0, 1, 2, 3]

In [2]: b = a    ← b 和 a 綁到同一份資料

In [3]: b[0] = 'abc'   ← 更改了 b 的內容

In [4]: a
Out[4]: ['abc', 1, 2, 3]   ← 改了 b 結果也改了 a
```

如果你希望 a 和 b
不要互相連動，那就要
用 copy 這個 method
了。copy() 可將串列複
製一份傳回，例如 b =
a.copy() 則 b 和 a 是不
同串列 (但內容相同)：

```
一步一腳印

In [1]: a = [0, 1, 2, 3]

In [2]: b = a.copy()  ← 複製一份 a 的內容給 b

In [3]: b[0] = 'abc'  ← 更改 b[0] 的內容

In [4]: a
Out[4]: [0, 1, 2, 3]  ← a 沒有被改到

In [5]: b
Out[5]: ['abc', 1, 2, 3]  ← 只改到 b
```

tuple 的 method

tuple 總共只有 2 個 method：count() 和 index()，這是因為 tuple 的元素
是不能更改的，所以像 sort()、reverse() 這種就地更改的 method 就不存在了，
只剩 count() 和 index() 這兩個不會更改元素的 method。但其實，像 copy 這
種 method 應該是可以存在的，但 Python 並不內建。

> **TIPS** 如果需要 copy tuple，可使用 Python 內建模組 copy 的 deepcopy() 函式。用法參見 docs.python.org/3/library/copy.html。

count(n) 會傳回 n 這
個元素在 tuple 內出現的次
數，index(n) 會傳回 n 這個
元素在 tuple 內的位置 (索
引順序，由 0 算起)：

```
一步一腳印

In [1]: t = ('a','b','c','d','d')

In [2]: t.count('d')  ← 'd' 出現 2 次
Out[2]: 2

In [3]: t.index('d')  ← 'd' 第一次出現在
Out[3]: 3  ← 3 這個位置
```

string 的 method

■ 字串的字元轉換與檢查

字串的方法 upper()、lower() 可將字元全部轉為大寫、或小寫，然後將結
果以新字串傳回；而 isalpha()、isdigit()、isalnum() 則可檢查是否全部字元
都是英文字、數字、或英數字。例如：

程式	執行結果	說明
'ab5'.upper()	'AB5'	傳回全部轉大寫的新字串
'AB5'.lower()	'ab5'	傳回全部轉小寫的新字串
'ab5'.isalpha()	False	是否全部都英文字
'345'.isdigit()	True	是否全部都數字
'ab5'.isalnum()	True	是否全部都英數字

■ 字串的字元尋找與取代

s1.find(s2)、s1.rfind(s2) 可傳回 s1 中第一次、最後一次出現 s2 的索引位置, 若找不到則傳回 -1；而 s1.startswith(s2)、s1.endswith(s2) 則可檢查 s1 是否以 s2 做為開頭、或結尾。至於取代的功能, 則可用 s1.replace(s2, s3) 來將 s1 中的 s2 全部都換成 s3, 然後將結果以新字串傳回。底下來看範例：

程式	執行結果	說明
'ab5ab5a'.find('b5')	1	第一次出現目標的位置 (若無則傳回 -1)
'ab5ab5a'.rfind('b5')	4	最後一次出現目標的位置 (若無則傳回 -1)
'ab5'.startswith('ab')	True	以 'ab' 開頭
'ab5'.endswith('B5')	False	是以 'b5' 而非 'B5' 結尾 (大小寫有別)
'Ab5Ab6'.replace('Ab','c')	'c5c6'	傳回所有的 'Ab' 都會換成 'c' 的新字串

TIPS　請注意, 字串在比對時都是大小寫有分別的。如果想要大小寫視為相同, 可先用 lower() 或 upper() 轉換後再比較。

■ 字串的去頭尾

有時我們需要將字串最左、最右的連續空白 (或其他字元) 刪除 (例如由網路爬回的資料, 想去掉分隔字元), 這時就可用 lstrip(c)、rstrip(c)、strip(c) 來刪除左、右、或左右的連續字元 c, 結果是以新字串傳回。若參數 c 省略, 則預設是空白字元。例如：

程式	執行結果	說明
' ab5 '.strip()	'ab5'	傳回刪除左右連續空白的新字串
' ab5 '.lstrip()	'ab5 '	傳回刪除左側連續空白的新字串
'--ab5--'.rstrip('-')	'--ab5'	傳回刪除右側連續 '-' 的新字串

■ 字串的切割與組裝

s1.split(s2) 可用 s2 為分隔來切割 s1, 切出的片段會依序放在一個 list 中傳回。若 s2 省略, 則預設為任意數量的空白字元, 因此連續的空白會被視為一個分隔, 此外還會先將頭尾的空白去除。例如：

程式	執行結果	說明
'1,2,3'.split(',')	['1', '2', '3']	以 , 切割
'1,2,,3,'.split(',')	['1', '2', '', '3', '']	若切出的片段是空的則為 ''
'1 2 3'.split()	['1', '2', '3']	參數省略時會以連續空白來切割
' 1 2 3 '.split()	['1', '2', '3']	會先將頭尾空白去除, 再以連續空白來切割

s.join(容器) 則相反, 會以 s 做分隔, 將容器中的字串元素一一組裝起來 (所有元素必須是字串)。例如：

程式	執行結果	說明
','.join(['1', '2', '3'])	'1,2,3'	以 , 組合串列中的字串
' or '.join({'a','b','c'})	'c or b or a'	注意, set 元素是無順序的

set 的 method

■ set 元素的新增、刪除、與取出

set 的 method add(x) 可將 x 加到 set 中, remove(x) 可刪除 x, 而 pop() 則可隨機移除 1 個元素並將之傳回。例如：

預設 s = {0, 1, 2}

程式	執行結果	說明
s.add(3)	s = {0, 1, 3, 2}	請注意, s 中的元素是無順序的
s.remove(2)	s = {0, 1}	刪除 2
x = s.pop()	x = 1, s = {0, 2}	是隨機取出的, 不一定是 1

■ 判斷是否為子集合或超集合

假設 s 和 t 都是集合, 那麼如果 t <= s 則我們說 t 是 s 的子集合, 而 s 是 t 的超集合。底下 2 個 set 方法可以用來判斷是否為子集合或超集合：

預設 s = {1, 2, 3}, t = {1, 2}

程式	執行結果	說明
s.issubset(t)	False	s 不是 t 的子集合
s.issuperset(t)	True	s 是 t 的超集合

■ set 的 copy 與 clear

set 的 copy() 與 clear() 可用來複製與清空內容，其用法和 list 相同就不再贅述。

dict 的 method

■ dict 的「以鍵查值」method

dict 的 get(k, v) 可傳回鍵為 k 的值，若鍵不存在則傳回 v (預設值)。若 v 省略，則預設為 None。例如：

預設 ▶ d = {1: 3, 2: 4}

程式	執行結果	說明
d.get(2, 8)	傳回 4	鍵 2 的值為 4
d.get(7, 8)	傳回 8	鍵 7 不存在，傳回預設值 (第 2 個參數)
d.get(7)	傳回 None	鍵 7 不存在，傳回預設值 None

另一個方法 setdefault(k, v) 功能與 get() 相同，其差別是若鍵 k 不存在，還會將 k:v 加入到字典中。同樣的若 v 省略，則預設為 None。例如：

預設 ▶ d = {1: 3, 2: 4}

程式	執行結果
d.setdefault(2, 8)	傳回 4, d 不變
d.setdefault(7, 8)	傳回 8, d = {1:3, 2:4, **7:8**}
d.setdefault(7)	傳回 None, d = {1:3, 2:4, **7:None**}

■ dict 的「以鍵查值刪元素」方法

pop(k, v) 和 get(k, v) 相同，但還會將查到的元素刪除 (沒查到則只傳回 v)。如果 v 省略，則在找不到鍵 k 時會發生 KeyError 錯誤。例如：

預設 ▶ d = {1: 3, 2: 4}

程式	執行結果	說明
d.pop(2, 8)	傳回 4, d = {1: 3}	刪除了鍵 2 的元素
d.pop(7, 8)	傳回 8, d 不變	沒找到鍵不會刪元素
d.pop(7)	KeyError: 7	沒找到鍵又無預設值時會錯誤

另一個 popitem() 則是刪除並傳回「最後加入」的元素, 也就是依照 LIFO (Last In FirstOut, 後進先出) 的順序來取出字典中的元素。其傳回的是 tuple 型別的 (鍵,值), 例如：

預設 d = {1: 3, 2: 4}

程式	執行結果	說明
d.popitem()	傳回 (2, 4), d = {1: 3}	2:4 是後加入的, 所以會先被取出

> **TIPS** 在 Python 3.6 或更早的版本中, popitem() 函式是以**任意的順序**來取出元素, 由 Python 3.7 版開始則改成**後進先出的順序**。

■ 以字典更新字典

d1.update(d2) 可將 字典 d2 加到 d1 中, 若 鍵相同則值覆蓋。例如：

預設 d1 = {1:3, 2:4}, d2 = {2:5, 3:6}

程式	執行結果	說明
d1.update(d2)	d1 = {1:3, 2:**5**, **3:6**}	鍵 2 的值被改了, 鍵 3 是新增的

■ dict 的其他內建 method

dict 的 method：copy() 及 clear() 可以複製及清空字典, 其用法和串列相同, 就不再贅述。

keys()、values()、items() 可以整批讀取字典中的鍵、值、或鍵與值。它們分別傳回 dict_keys、dict_values、及 dict_items 型別的資料, 可再用 list() 或 tuple() 等轉換成易處理的資料, 例如：

一步一腳印

```
In [1]: d = {1: 3, 2: 4}  ← d 是一個字典

In [2]: d.items()
Out[2]: dict_items([(1, 3), (2, 4)])  ← 這是甚麼?

In [3]: type(d.items())
Out[3]: dict_items  ← 是一種叫 dict_items 的型別

In [4]: myList = list(d.items())  ← 取其元素建一個 list 看看

In [5]: myList
Out[5]: [(1, 3), (2, 4)]  ← 以成對 (鍵, 值) tuple 組成的 list
```

補充學習

多重指定與自動解包、打包

多重指定（Multiple assignment）在第 1 章就介紹過了，它可以讓我們一次指定多個變數，例如：

```
x, y, z = 1, 2, 3
```

在等號右邊的資料列，其實就是一個沒加小括號的 tuple（見本章 tuple 的介紹）。凡是在需要多個值的場合，tuple 會自動解包（一般稱為 tuple unpacking），然後將元素一一指定給對應的變數。此時等號兩邊的項目數量必須相同才行，否則會產生錯誤。

■ 等號的兩邊都可以是容器

事實上，只要是可讀取元素的容器，都可以自動解包。甚至等號的左邊也可以是有順序的容器：tuple 或 list（有順序才能依順序做指定），例如：

```
a, b, c = (1, 2, 3)   ← 將 tuple 容器指定到逗號分隔的變數
(d,e,f) = [4, 5, 6]   ← 將 list 容器指定到 tuple 中的變數
[g,h,i] = 'xyz'       ← 將 str 容器指定到 list 中的變數
print(a,b,c,d,e,f,g,h,i)
```

```
1 2 3 4 5 6 x y z
```

等號的左邊如果是容器，那麼也會自動解包，因此寫成 a, b, c、(a, b, c)、或 [a, b, c] 其實都是一樣的，因為它們都拆解（解包）成一個個的獨立變數 a, b, c 了。注意！(d,e,f) = [4,5,6] 並不是去更改左邊 tuple 的內容，而是會將等號二邊都自動解包，因此等同於 d, e, f = 4, 5, 6。

■ 解包時, 等號的兩邊也可以是多層容器

等號的兩邊既然都可以是容器, 那麼當然也可以是多層的容器, 只要兩邊的結構完全相同即可。例如：

```
[(a, b), c] = ([1, 2], 3)   ← 等號兩邊的型別可以不同, 但結構必須相同
print(a, b, c)   輸出  1 2 3
```

這樣做的好處, 是可以用多個易讀的變數來代表右邊容器中的元素, 而不是用難懂的索引編號。底下 2 種寫法的輸出結果都是 **'張天才外號老張,ID:22'**：

```
a = (22, ('張天才', '老張'))
print(a[1][0] + '外號' + a[1][1] + ',ID:' + str(a[0]))
```

使用索引不但難懂, 又容易出錯！

```
(person_id, (name, nick)) = (22, ('張天才', '老張'))
print(name + '外號' + nick + ',ID:' + str(person_id))
```

使用多變數指定, 簡單又易讀

■ 在變數前加 * 來打包 (packing) 多個元素

有時候我們只想用多變數來處理容器中的部份元素, 而剩下的元素則仍以容器的形式處理, 這時就可用「*變數」來表示「多出來的都打包成 list 給這個變數」。例如：

```
x, y, *z = 1, 2, 3, 4, 5
print(x, y, z)   輸出  1 2 [3, 4, 5]   ← 多出來的都打包成 list 給 z
```

如果要打包的是 y, 那麼 y 會依序打包〔2, 3, 4〕, 並留 5 給 z：

```
x, *y, z = 1, 2, 3, 4, 5
print(x, y, z)   輸出  1 [2, 3, 4] 5
```

第 1 個給 x　　然後打包 3 個給 y　　最後 1 個給 z

■ 互換變數的值

在使用多重指定時, 如果將變數放在等號的右邊, 那麼在解包時會先將其值取出來再做指定, 此時該資料就和變數無關了, 因此多重指定也可以用來互換變數的值, 例如:

```
a, b = 1, 2
a, b = (b, a) ← 右邊的 (b, a) 先解包為 2、1, 再指定給 a、b
print(a, b)  輸出  2 1
```

以上如果用傳統寫法, 則通常會執行 3 個敘述: t = a、a = b、b = t, 比較麻煩而且也不直覺。

 TIPS 千萬不可使用 a = b; b = a 來互換, 因為在執行完第一個 a = b 敘述後, a 和 b 就已經相等了, 因此結果會是錯的。

3

Chapter

Python 的流程控制

前面 2 章介紹的各種資料型別都是屬於靜態的, 本章的程式流程控制才是真的可以讓程式動起來的機制。首先我們會介紹「與使用者互動」的文字輸入/輸出技巧, 然後是 if 判斷式, 接著介紹「可不斷重複執行」的 while 及 for 迴圈, 最後則是「防範執行時發生錯誤」的例外處理 (except)。

3-0 文字輸入與輸出的技巧

程式要和人互動, 使用文字輸入與輸出是最基本的方法。

文字輸入

Python 內建的輸入函式 input() 很簡單, 格式及範例如下:

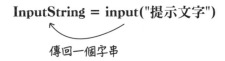

InputString = input("提示文字")

傳回一個字串

```
name = input("請問你是？")
print(name + " 你好！")
```

輸出

請問你是？大雄 ← 輸入：大雄, 然後按 Enter 鍵
大雄 你好！ ← 程式即會顯示這一行

IPython console
Console 1/A
請問你是？

請先用滑鼠在 Spyder 右下的 IPython console 窗格中點一下, 然後才能輸入

如果呼叫 input() 時省略參數, 那就不會顯示提示文字了。另外, 當使用者在輸入時若直接按 Enter 鍵, 則會輸入空字串。

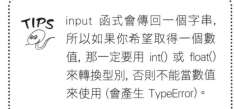

TIPS input 函式會傳回一個字串, 所以如果你希望取得一個數值, 那一定要用 int() 或 float() 來轉換型別, 否則不能當數值來使用 (會產生 TypeError)。

文字輸出

之前我們已使用過 print() 了, 不過那只是 print() 最簡單的形式, 其實 print() 可以傳入多個參數, 其中包含要輸出 (顯示) 的資料以及控制輸出格式的參數:

```
print(資料1, 資料2,..., sep=資料分隔字串, end=結束時要加的字串)
```
　　　　要輸出的資料　　　　　　指定輸出格式

　　上式中, 資料1、資料2、…是多個要顯示的資料, 而 **sep=** 是用來指定要用甚麼字串來分隔資料 (例如: 空兩格 ' ' 或逗號 ',', 未指定此參數時預設為一個空白字元), **end=** 則是指定結束時要加的字串 (未指定此參數時預設為換行字元)。這種在函式呼叫時用等號指定參數值 (例如: sep='l') 的參數傳遞方式叫做指名方式, 在第 4 章會有詳細說明。例如:

```
print('蘋果', '柳丁', '香蕉', sep='、', end='很好吃\n')   # \n 為換行字元
```

蘋果、柳丁、香蕉很好吃 ⟵ *'、' 為分隔字串, '很好吃\n' 為結尾*

　　在指定結尾字串 (end=) 時, 一般會在字串最後加上換行字元 (\n), 否則後續的輸出 (如果有的話) 會接在同一行的後面, 而不會換到下一行開始。

> **TIPS** 字串中凡是以 \ 開頭的都是轉義字元, 而 \n 是換行 (New line) 的轉義字元。有關轉義字元參見第 1 章最後的補充學習。

文字的格式化

　　有時候我們會需要控制資料的輸出格式, 例如：文字要固定長度、如果長度不足要在左邊補空白 (讓右邊對齊)、數值前要加正負號、或是浮點數只保留小數 1 位等等。這時就可以用「**f-字串**」(f-string) 來做格式化, 其方法就是在字串前加一個 f(或 F), 然後將變數或運算式用 {} 插入到欲輸出的字串中, 例如:

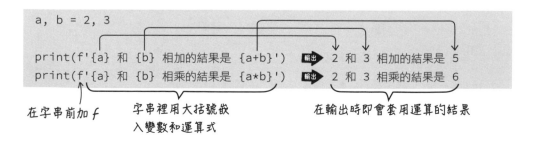

```
a, b = 2, 3

print(f'{a} 和 {b} 相加的結果是 {a+b}')   輸出 2 和 3 相加的結果是 5
print(f'{a} 和 {b} 相乘的結果是 {a*b}')   輸出 2 和 3 相乘的結果是 6
```

在字串前加 f　　字串裡用大括號嵌　　　　在輸出時即會套用運算的結果
　　　　　　　　入變數和運算式

這是相當簡潔的方法。若要進一步控制運算式或變數的輸出格式, 則可在運算式或變數之後加上 **:格式化設定**, 例如:

```
a, b = 2, 3
print(f'{a} 和 {b} 相乘的結果是{a*b:+5.1f}')   輸出 ▶  2 和 3 相乘的結果是 +6.0
```

在運算式之後加 :

+ 號表示要顯示正負號, 5.1 表示長度至少 5 個字元,
小數保留 1 位, 最後的 **f** 表示以浮點數輸出。

運算結果:前面空 1 格
(讓總長度 5 個字), 有
+ 號, 小數 1 位

以上 + 若省略則只會顯示負號, 若改為空白則正數時會以空白顯示。而輸出類型除了 f(浮點數) 外, 常用的還有 d(整數)及 s(字串) 等, 例如 f'{5:2d}' 結果為 ' 5'(以整數輸出, 長度至少 2 個字)。

在本章最後面的補充學習中, 還有更詳細的字串格式化說明。

3-1　if 判斷式

if 判斷式可以在程式中做「**如果...就...**」的判斷, 寫法如下:

if 條件式： ← 注意最後要加 :

　　程式區塊 ← 可以有多行程式, 每行都要向右縮排
　　...

以上就是「當**條件式**為真時就執行**程式區塊**」內的敘述, 否則略過**程式區塊**。例如:

```
if a < 1:  ← if 判斷式
  a += 1
  b = a + 3   ← 程式區塊
print(b)  ← 接下來的程式未縮排,不屬於 if 區塊了
...
```

注意!屬於 if 的程式區塊要「以 4 個空格向右縮排」，表示它們是屬於上一行 (if...:) 的區塊，而其他非區塊內的敘述則「不可縮排」，否則會被誤認為是區塊內的敘述。

如果區塊中只有一行程式，那麼也可併到 if 的冒號之後，例如：

```
if a < 1: a += 1      # 合併為一行的 if
print(a)
```

if...elif...else...

如果想讓 if 多做一點事，例如「**如果...就...否則就...**」，那麼可加上 else：

if 條件式：
　　　程式區塊 ←── 條件為真時要執行的程式
else：　　　　←── 注意 else 最後也要加：
　　　程式區塊 ←── 條件為假時要執行的程式

又如果想做更多的判斷，例如「**如果 x 就 A 否則如果 y 就 B 否則就 C**」，則可再加上代表**否則如果**的 elif：

if 條件_x：　　←── 如果 x
　　　程式區塊_A
elif 條件_y：　←── 否則如果 y
　　　程式區塊_B
else：　　　　←── 否則
　　　程式區塊_C

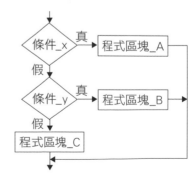

以上 elif 可以視需要加入多個，而 else 如果有的話則要放在最後。例如下面範例用分數來判斷成績等第 (A~E)：

```
a = 70
if a >= 90:      # 如果 >= 90
    grade = 'A'
elif a >= 80:    # 否則如果 >= 80
    grade = 'B'
elif a >= 70:    # 否則如果 >= 70
    grade = 'C'
elif a >= 60:    # 否則如果 >= 60
    grade = 'D'
else:            # 否則
    grade = 'E'
print(f'{a} 分, 等第為 {grade}')
```

輸出

```
70 分, 等第為 C
```

由於以上程式每個區塊都只有一行, 因此都可併到上一行去, 例如：

```
a = 70
if a    >= 90: grade = 'A'
elif a >= 80: grade = 'B'
elif a >= 70: grade = 'C'
elif a >= 60: grade = 'D'
else:          grade = 'E'

print(f'{a} 分, 等第為 {grade}')
```

可加一空行做為視覺區隔 (非必要) ⟶

多層的 if

在 if 區塊內還可做更多的判斷, 我們稱之為多層 (或巢狀) 的 if。例如：

if 條件_x:

    if 條件_y: ⟵ 在 x 為真的狀況下, 再來判斷如果 y 就…

        程式區塊_A

    else: ⟵ 否則…

        程式區塊_B

else:

    程式區塊_C

> if 指令如果只是用來打成績就顯不出它的重要性了！各位可以參考 9-11 頁的程式 9-2 看如何用 if、elif 做股票、虛擬貨幣的多空決策！

請注意, 內層區塊要用更深的縮排, 建議使用 4 的倍數來空格, 例如空 8、12...格, 而且同一區塊的空格數要一樣。

■ 實例：使用 2 層 if 檢查輸入字串

這是一個使用兩層 if 的溫度轉換程式, 首先用 input() 請使用者輸入一個溫度數字 (傳回的是一個字串), 接著用字串的 count('.') 方法 (method) 來檢查字串中有幾個小數點, 若超過 1 個則顯示提示訊息, 否則再用 replace ('.','') 及 isdigit() 方法來檢查這個字串從第 1 個字元開始是否均為數字或小數點? 如果是, 接著再判斷第 0 個字元是否為負號或數字? 如果都符合, 則開始做溫度換算, 如果不是就顯示提示訊息：

```
01 s = input("請輸入溫度：")
02 if s.count('.') > 1:                    # 判斷是否超過 1 個小數點
03     print('只能有一個小數點')
04 elif s[1:].replace('.','').isdigit():   # 判斷除了第一個字元，其餘字元去
                                              除小數點之後是否均為數字
05     if s[0] == '-' or s[0].isdigit():   # 判斷開頭字元是否為負號或數字
06         temp = float(s)                 ← 大括號裡放變數
07         print(f'攝氏 {temp} 度等於華氏 {(temp*9/5)+32 :+5.1f} 度')
08         print(f'華氏 {temp} 度等於攝氏 {(temp-32)*5/9 :+5.1f} 度')
09     else:                       大括號裡放運算式   冒號後面是格式
10         print("只能以數字或負號開頭")
11 else:
12     print("輸入的溫度無法轉換！")
```

執行結果

```
請輸入溫度：a              ← 輸入 a
輸入的溫度無法轉換！        ← 顯示錯誤訊息

請輸入：15.5.2            ← 重新執行, 然後輸入 15.5.2
只能有一個小數點           ← 顯示提示訊息

請輸入溫度：+15           ← 重新執行, 然後輸入 +15
只能以數字或負號開頭        ← 顯示提示訊息

請輸入溫度：-15.5         ← 重新執行, 然後輸入 -15.5
攝氏 -15.5 度等於華氏   +4.1 度  ┐
華氏 -15.5 度等於攝氏 -26.4 度  ┘ ← 轉換成功
```

- 2 先判斷字串中是否超過 1 個小數點

- 4 再判斷除了開頭字元以外的字串是否均為小數點或數字。條件式中會先執行 s[1:].replace('.',''), 它會傳回一個已移除所有小數點的字串, 然後再用這個傳回的字串執行 isdigit() 來判斷是否均為數字。這種 method 串接的用法很簡潔, 也很常用, 一開始可能覺得怪怪的, 請花點時間思考一下, 就會理解了。

- 5 接著判斷開頭字元是否為負號或數字。

- 6~8 若以上第 4、5 行的條件都為真, 則進行換算並顯示結果。

- 9~10 若第 4 行的條件為真, 但第 5 行的條件為假, 則顯示 "只能以數字或負號開頭"。

- 11~12 若第 4 行的條件為假, 則顯示無法轉換。

> **TIPS** 要判斷輸入字串是否為浮點數, 除了以上的方法外, 也可改用後面 3-4 節會介紹的 try... 例外處理方式, 在程式邏輯上會比較簡單易懂。

條件運算式

if...else... 也可做為條件算符, 它有 3 個運算元:

x if 條件 else y

以上的式子就稱為**條件運算式** (Conditional expression), 會先判斷條件, 若為真就傳回 x, 否則傳回 y。底下我們同時列出「傳統寫法」和「條件運算式寫法」來做個比較:

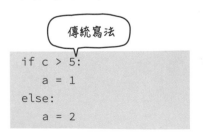

傳統寫法

```
if c > 5:
    a = 1
else:
    a = 2
```

條件運算式:
一行就搞定!

```
a = 1 if c>5 else 2 # 這裡 else 2 就是
         真    假        else a = 2 的意思
```

> **TIPS** 條件算符 if...else 的優先順序是最低的, 因此以上 c>5 會優先運算。

在「x if 條件 else y」中的 x、y 可以是任何的運算式, 例如底下如果價格大於 99 元就打 8 折, 否則打 9 折：

```
price = 100
price = price*0.8 if price > 99 else price*0.9
print(price)      輸出  80.0
```

注意!!! 使用 == 做條件運算時, 最好不要用浮點數, 因為浮點數運算的小數點精度不易拿捏, 例如：

> 小編補充：結果 a 和 b 在小數點 16 位有一細小的差別, 完全出乎我們意料之外, 這一點請特別小心 !!! 很多語言都有這種現象。

一步一腳印

```
In [1]: a = 1.1 * 3

In [2]: b = 3.3 * 1

In [3]: a == b
Out[3]: False

In [4]: a
Out[4]: 3.3000000000000003

In [5]: b
Out[5]: 3.3
```

3-2 while 迴圈：依條件重複執行

如果需要重複執行某項工作, 可利用 while 或 for 迴圈來進行。其中 while 迴圈可依照條件來重複執行, 而 for 迴圈則專門用來走訪容器中的元素。本節先介紹 while 迴圈, 其語法如下：

while 條件式：
　　程式區塊

while 會先對條件式做判斷, 如果條件為真, 就執行接下來的程式區塊, 然後再回到 while 做判斷, 如此一直循環到條件式為假時, 則結束迴圈, 然後繼續往下執行。例如底下的迴圈可算出任何正整數的階乘 (Factorial)：

```
n = int(input('請輸入一個正整數:'))
k = n            # k 和 n 兩個變數名綁到同一個數值上
while(n > 1):
    n = n-1      # 再複習一下，n=n-1 會讓 n 這個變數名綁一個新的數值上
    k = k*n      # 所以現在的 n 和 k 是脫鉤的
print(k)         # 注意!為了聚焦解說 while 迴圈的用法，本程式
                 # 不處理過濾 0、負數、非整數字串的輸入
```

　　以上程式是用 while 來執行固定次數 (n-1 次) 的迴圈。其實 while 更常用在不定次數的迴圈，例如底下「計算非負數平方根」的迴圈:

這裡要用 float 而不是 int 轉型，否則
當使用者輸入有小數點的字串就會錯誤

```
i = float(input('請輸入一個正數:'))
j = 0.0
while j*j < i:
    j = j+0.00001   # 每次將 j 加一個微小的量
print(f'{i} 的平方根是: {j}')
```

　　程式中，j 的初始值 0.0，然後每次迴圈都加一個微小的量，一直加到 j*j 不小於 i 為止，最後再印出 j 的值。這個程式有兩個問題，第一是它不過濾負數和非數字字串，讀者可比照之前溫度換算程式來改良之。第二是當輸入的正數由 10000、100000、1000000 逐次增加時，運算速度明顯慢了下來，這是演算法的問題，也是可以改良的。

使用 break 與 continue

　　break 可用來跳出迴圈，而 continue 則可直接跳到 "下一圈" 的開頭 (略過後面未執行的敘述):

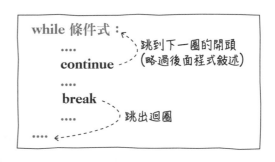

while 條件式:
....
continue ---- 跳到下一圈的開頭
             (略過後面程式敘述)
....
break ----
....   跳出迴圈
....

　　例如底下程式會印出 1 到 10 的整數，我們將 while 的條件式設為永遠 True，然後使用 break 來跳出迴圈，另外再用 continue 來跳過 5 不印:

```
i = 1
while True:       ←-------------------------┐
    if i == 5:          # 若 i==5 就          |
        i += 1          # 先將 i 加 1,        |
        continue        # 然後直接跳到迴圈開頭 ┘
    print(i, end=' ')
    if i == 10:         # 若 i==10 就
        break           # 跳出迴圈 ---┐
    i += 1                            |
print('結束')   ←--------------------┘
```

輸出↓

1 2 3 4 6 7 8 9 10 結束　←　5 跳過不印了

while True！會不會永遠跳不出迴圈啊...

就算不 while True, 如果條件沒設好, 同樣可能變成無窮迴圈喔！

> **TIPS** 如果不幸進入無窮迴圈, 可先在右下方的 IPython 窗格中按一下滑鼠, 然後按 `Ctrl` + `C` 來中斷程式。

while...else...

while 也可以有 else, 它跟 if 的 else 很像, 就是當 while 條件為假時, 就會執行 else 區塊, 然後結束迴圈：

while 條件式：
　　while 區塊
else：
　　else 區塊

...

條件式　真 → while 區塊
　↓假
else 區塊

若區塊中執行 break, 則會直接離開迴圈簡單來說, 就是當 while 正常結束 (條件為假) 時, 就會執行 else 區塊; 若是在 while 區塊中用 break 跳出迴圈, 則不會執行 else 區塊 (因為直接跳出整個 while-else 判斷區塊)。例如底下「要求輸入通關密語」的迴圈 (密語是 '喵喵'), 使用者若不知密語, 也可輸入 'out' 放棄通關:

```python
s = ''
while s != '喵喵':
    if s != '': print('不對喔！')
    s = input('請輸入通關密語：')
    if s == 'out':              # 如果輸入 'out' 則用 break 跳出迴圈
        break
else:
    print('恭喜你過關了')        # 正常結束時才顯示成功訊息
print('再見！')
```

輸入喵喵, 通關成功

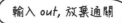
輸入 out, 放棄通關

```
請輸入通關密語：喵喵
恭喜你過關了
再見！
```

```
請輸入通關密語：out
再見！
```

3-3 for 迴圈：走訪容器的每個元素

for 迴圈可將容器中的元素一一讀取出來做處理, 其語法如下:

for 變數 in 容器：
　　程式區塊

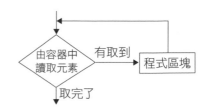

由容器中讀取元素　有取到　→　程式區塊

取完了

```python
s = [0, 1, 2, 3]
for i in s:                # 每次由 s 中讀取一個元素, 並指定給 i
    print(i, end=' ')      # 印出 i 的值並空一格
```

輸出

```
0 1 2 3
```

像以上這種「一一讀取出來」的動作, 就稱為**走訪** (或迭代, Iterate)。凡是**可走訪** (Iterable) 的容器都可用 for 來走訪, 如果是有順序的, 例如字串、串列、tuple 等, 就會依序走訪, 而沒有順序的, 例如集合、字典等, 則是隨機走訪, 但每個元素都只會走訪一次。

底下分別走訪字串、集合、與字典：

```
for a in 'abc':
    print(a, end=' ')
print('in str')         輸出  a b c in str

for a in {0,1,2}:
    print(a, end=' ')
print('in set')         輸出  0 1 2 in set

for a in {'a': 0,'b': 1,'c': 2}:
    print(a, end=' ')
print('in dict')        輸出  a b c in dict
```

以上在走訪字典時, 其實讀取到的是鍵, 若要讀取值、或鍵和值, 則可用字典的 values() 或 items() 等 method, 例如：

```
d = {'a': 0,'b': 1,'c': 2}
for a in d.values():
    print(a, end=' ')
print('in dict.values') 輸出  0 1 2 in dict.values

for a in d.items():
    print(a, end=' ')
print('in dict.items')  輸出  ('a', 0) ('b', 1) ('c', 2) in dict.items
```

用多個變數走訪

以上 d.items() 傳回的是「元素為 tuple」的容器, 因此每次迴圈中 a 都會被指定到一個 tuple, 例如 ('b', 1)。此時可以用索引來讀取 tuple 中的元素, 例如 a[0]、a[1]。不過若想要增加可讀性, 也可利用多重指定的技巧, 用多個變數來承接 tuple 中的元素。底下分別比較這 2 種方法的優劣：

```
d = {'a':0,'b':1,'c':2}
for a in d.items():
    print(a[0], a[1])
```

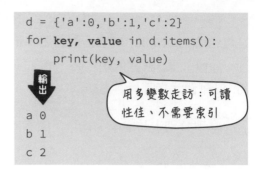

```
a 0
b 1
c 2
```

```
d = {'a':0,'b':1,'c':2}
for key, value in d.items():
    print(key, value)
```

```
a 0
b 1
c 2
```

TIPS 有關 for 的「多變數走訪」，稍後會有更多説明及應用。

使用 range() 來走訪數列

range(m, n) 可以傳回一個指定範圍的數列容器，其參數和索引切片很像，會產生「由 m 到 n 但不包含 n」的數列。若 m 省略則預設為 0；但 n 不可省略，因為不能沒有終止值。例如底下分別是 0~9 及 1~10 的 for 迴圈：

別忘了「有頭無尾！」的口訣！

```
for i in range(10):      # 走訪由 0 到 10 但不包含 10 的數列
    print(i, end=' ')    輸出 0 1 2 3 4 5 6 7 8 9

for i in range(1, 11):   # 走訪由 1 到 11 但不包含 11 的數列
    print(i, end=' ')    輸出 1 2 3 4 5 6 7 8 9 10
```

另外還可再加第 3 個參數來指定遞增量，省略時預設為 1，若指定為負值，則數列是由大到小排列。例如：

```
for i in range(1, 10, 2):    # 只產生 1~9 的奇數數列
    print(i, end=' ')        輸出 1 3 5 7 9
for i in range(9, 0, -2):    # 遞增量為負數時，m 要大於 n
    print(i, end=' ')        輸出 9 7 5 3 1
```

其實 range() 傳回的是一個 range 型別的容器，它是屬於「動態容器」，也就是「它的元素是在每次走訪時動態產生的」，而不是預先產生好的！事實上，

它只儲存了我們所指定的數列範圍, 及目前被走訪的次數 (例如 ragne(1,10,2) 只會儲存 1、10、2 及走訪次數), 因此無論是設定多大的數列, 都不會增加儲存空間。

使用 break、continue、與 for...else...

for 和 while 一樣, 也可使用 break 來跳出迴圈, 或是用 continue 來跳到下一迴圈的開頭。例如底下程式會印出 1~10 但跳過 5：

```
for i in range(1, 20):
    if i == 5:          # 若 i==5 就略過不印
        continue
    print(i, end=' ')
    if i == 10:         # 若 i==10 就跳出迴圈
        break
print('結束')        輸出  1 2 3 4 6 7 8 9 10 結束
```

for 也可以搭配 else, 當 for 走訪完所有的元素後, 會接著執行 else 區塊然後才結束迴圈。說的更明白一點, 就是當 for 正常結束時就會執行 else 區塊, 若是在 for 區塊中用 break 跳出迴圈則不執行 else 區塊。例如底下程式會檢查字串中是否有 k：

```
s = "asxldjf;laszdjf"
for c in s:
    if c == 'k':        # 如果找到第一個 k 就顯示找到訊息, 然後跳出迴圈
        print('找到 k 了')
        break;
else:
    print('沒找到 k') # 如果全部找完仍沒找到, 就顯示沒找到, 然後結束迴圈
```

輸出

沒找到 k

多層的 for 迴圈

迴圈中當然還可以有迴圈, 其實不管是 if、while、或 for 的程式區塊, 都可以再包含下一層的 if、while、或 for, 而且層數並無限制。多層的 for 迴圈可用來走訪多層的容器, 例如：

```
a = [[1,4,3,2], [5,3,6], [4,7,3,8,3], [8,3]]
cnt = 0
for s in a:
    for n in s:
        if n == 3: cnt += 1
print('共有', cnt, '個 3')          輸出   共有 5 個 3
```

另外也可以搭配 range() 做多層的數值運算, 例如底下實例就是用雙層的 for 迴圈來顯示九九乘法表:

實例:九九乘法表

Python 最大的特色,
就是程式非常精簡而且優
美!而右圖的九九乘法表,
只需要簡單的 4 行程式即
可完成:

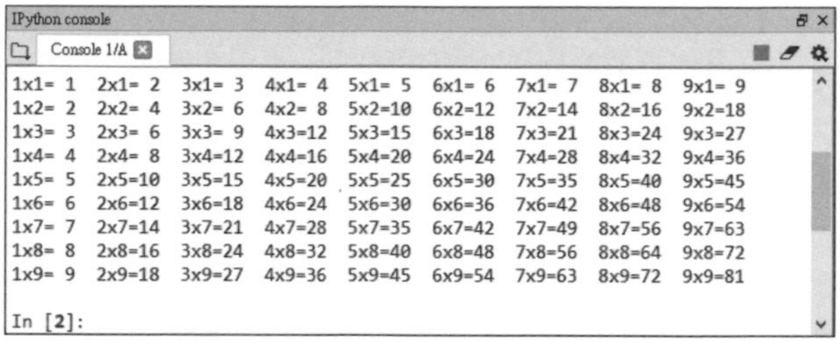

```
IPython console                                                    ⌐ ×
 Console 1/A ⌧                                                  ■ ⏺ ✿
1x1= 1  2x1= 2  3x1= 3  4x1= 4  5x1= 5  6x1= 6  7x1= 7  8x1= 8  9x1= 9  ▲
1x2= 2  2x2= 4  3x2= 6  4x2= 8  5x2=10  6x2=12  7x2=14  8x2=16  9x2=18
1x3= 3  2x3= 6  3x3= 9  4x3=12  5x3=15  6x3=18  7x3=21  8x3=24  9x3=27
1x4= 4  2x4= 8  3x4=12  4x4=16  5x4=20  6x4=24  7x4=28  8x4=32  9x4=36
1x5= 5  2x5=10  3x5=15  4x5=20  5x5=25  6x5=30  7x5=35  8x5=40  9x5=45
1x6= 6  2x6=12  3x6=18  4x6=24  5x6=30  6x6=36  7x6=42  8x6=48  9x6=54
1x7= 7  2x7=14  3x7=21  4x7=28  5x7=35  6x7=42  7x7=49  8x7=56  9x7=63
1x8= 8  2x8=16  3x8=24  4x8=32  5x8=40  6x8=48  7x8=56  8x8=64  9x8=72
1x9= 9  2x9=18  3x9=27  4x9=36  5x9=45  6x9=54  7x9=63  8x9=72  9x9=81
In [2]:
```

```
01 for i in range(1, 10):      # 外層迴圈 i 由 1 到 9
02     for j in range(1, 10):  # 內層迴圈 j 由 1 到 9
03         print(f'{j}x{i}={j*i:2d}', end='  ')
04     print()
```

程式說明
....

- 1   外層迴圈 i 由 1 跑到 9。

- 2   內層迴圈 j 由 1 跑到 9。當外層 i 為 1 時, 內層 j 會由 1 跑到 9, 然後
       外層 i 變成 2, 內層 j 再由 1 跑到 9,...以此類推。

- 3   輸出 'jxi=m ' (例如 '2x1= 2 '), 其中 m 為 j*i。{:2d} 表示要輸出 2
       位的整數, 而 end=' ' 是指定輸出後要再輸出 2 個空格, 而不是預設的
       換行字元。

- 4   內層迴圈每跑完 9 次之後, 會顯示出九九乘法表的一橫列, 接著執行本
       行 print() 來輸出換行字元, 然後再回到外層迴圈的開頭, 繼續輸出下一
       行的乘法表。

for 的多變數走訪

「for 變數 in 容器」的運作，其實就是每次從容器中取出一個元素指定給變數，所以也是一種指定運算，也因此在上一章**補充學習**中介紹的「多重指定」及「自動解包」都可以用在 for 中。而這樣做的好處，就是可以用多變數來讓程式更簡單、直覺、易懂，而不需使用難懂的索引編號。例如底下解析「鍵為編號, 值為 (姓, 名)」的字典：

```
person = {22:('張', '天才'), 23:('王', '子帥'), 24:('陳', '美美')}
for person_id, (lastname, firstname) in person.items():
    print(str(person_id) + '號-' +lastname + firstname)
```

```
22號-張天才
23號-王子帥
24號-陳美美
```

多變數走訪是一個非常實用的功能，底下再來看 2 個搭配內建函式使用的例子：

■ 用 enumerate() 產生元素有序號的容器

內建函式「enumerate (容器, 序號起始值)」可傳回一個將元素加了序號的新容器 (例如原來的第 0 個元素 'a' 會變成 (**0**, 'a')，第 1 個元素 'b' 會變成 (**1**, 'b')...)，序號起始值若省略則預設為 0。它會傳回 enumerate 型別的容器，可直接用 for 來走訪，或是先用 list()、tuple() 等建立容器再另做處理。例如：

```
drinks = ('紅茶', '咖啡', '果汁')
print(list(enumerate(drinks, 5)))     # 先轉為 list 再輸出內容
                          輸出 [(5, '紅茶'), (6, '咖啡'), (7, '果汁')]
for sn, drink in enumerate(drinks):   # 用 for 走訪
    print(sn, drink, end=' ')                            由 5 開始加序號
                          輸出 0 紅茶 1 咖啡 2 果汁  ← 由 0 開始加序號
```

■ 用 zip() 同時走訪多個容器

內建函式 zip() 可接受多個容器做為參數，然後每次讀取這些容器中的 1 個元素，並打包成 zip 容器傳回。zip 會一直走訪到有任何一個容器讀完即停止。例如：

```
drinks = ('紅茶', '咖啡', '果汁')
prices = (35, 50, 65)
matchs = ('餅干', '蛋糕', '三明治', '鬆餅')    # 鬆餅不會被 zip() 走訪

for drink, price, match in zip(drinks, prices, matchs):
    print(drink, price, '元, 建議甜點：'+match)
```

```
紅茶 35 元, 建議甜點：餅干
咖啡 50 元, 建議甜點：蛋糕
果汁 65 元, 建議甜點：三明治
```

for 的容器生成式

我們可以在 [ ] 和 { } 裡頭置入一個 for 迴圈, 從一個容器取出元素加以運算後, 自動生成串列、集合、或字典等容器, 而不用手動一一填入容器的元素。生成串列的就稱為**串列生成式** (List Comprehensions), 生成字典的就叫做**字典生成器**, 其他以此類推。各種生成式的語法如下：

從這個容器中 … 取出元素 … 運算後產生新元素

串列生成式：**[運算式 for 變數 in 容器]** ← 用中括號
集合生成式：**{ 運算式 for 變數 in 容器 }** ← 用大括號
字典生成式：**{ 運算式_k: 運算式_v for 變數 in 容器 }** ← 注意裡頭有：

在以上的**運算式**中可以使用 for 裡的**變數**做運算, 而其運算結果就是所生成容器的一個元素, for 跑了幾圈, 容器就會有幾個生成的元素。例如下面程式可產生 1~5 平方的串列、集合、與字典：

```
print([i*i for i in range(1, 6)])        輸出  [1, 4, 9, 16, 25]    # 串列
print({i*i for i in range(1, 6)})        輸出  {1, 4, 9, 16, 25}    # 集合
print({i: i*i for i in range(1, 6)})     輸出  {1: 1, 2: 4, 3: 9, 4: 16,
                                               5: 25}  # 字典
```

除了用 range() 外, 也可以用其他容器哦！

如果將 for 生成式放在小括號中, 並不會產生 tuple, 而是會建立一個產生器 (generator), 它和 range() 類似, 都是一種動態容器, 也就是在需要元素時才會動態產生出元素來。例如：

```
a = (i*i for i in range(1, 6))  ←── 生成式使用小括號, 會生成一個 generator
print(type(a))  輸出  <class 'generator'>  ←── 它是 generator 型別
print(tuple(a))  輸出  (1, 4, 9, 16, 25)  ←── tuple() 會取用 generator 的
print(tuple(a))  輸出  ()↙                      元素來建立一個 tuple

        generator 中沒元素了, 因為只能用一次
```

TIPS 動態容器中的每個元素只會產生一次, 因此用完就變空的容器了, 而無法重複
使用。

　　在生成式中還可以加上 if 來做篩選, 例如 [運算式 for 變數 in 容器 if 條件式], 例如底下的 1~10 偶數平方串列：

```
s = [i*i for i in range(1, 11) if i%2 == 0]
print(s)  輸出  [4, 16, 36, 64, 100]
```

　　其實在 for 之後可以加上任意數量的 for 或 if, 依由左而右的順序, 形成由外而內的多層巢狀結構。例如底下將二維的矩陣轉成一維, 並去除 4：

```
a = [[1,2,3], [4,5,6], [7,8,9]]
print([e2 for e1 in a for e2 in e1 if e2 != 4])
            外層 for   內層 for    最內層 if
```

輸
出
⬇

```
[1, 2, 3, 5, 6, 7, 8, 9]
```

↓　相當於

```
a = [[1,2,3], [4,5,6], [7,8,9]]
b = []
for e1 in a:
    for e2 in e1:
        if e2 != 4:
            b.append(e2)  # 將 e2 附加到串列 b 中
print(b)
```

3-4 例外處理

Python 一開始執行程式時, 會先全面檢查語法, 如果是**語法錯誤** (Syntax Error), 例如 if 之後忘了加冒號、或是 print 沒加小括號 (例如 print 1) 等, 那麼只要修正語法即可。這種情況, 我們學習至今應該已經很熟悉了。

如果語法沒問題, 但在執行過程中發生系統無法處理的誤錯, 則稱為**執行期錯誤** (Runtime Error), 例如: 用 int() 轉換非整數的字串、用索引讀取不存在的元素、要開啟的檔案不存在、或做了除以 0 的計算等等, 此時系統會產生一個**例外** (Exception), 如果此例外沒有被處理, 那麼例外就會一層層往上送給呼叫它的程式, 直到有程式出面處理為止; 如果送到最上層都沒有被處理, 那麼就會終止程式並顯示錯誤訊息。例如:

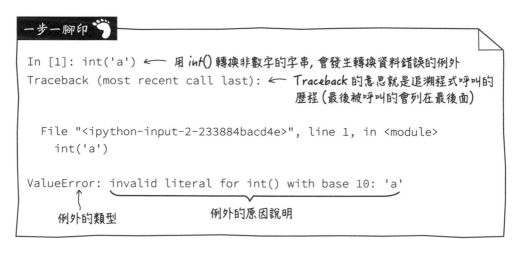

一步一腳印

```
In [1]: int('a')   ← 用 int() 轉換非數字的字串, 會發生轉換資料錯誤的例外
Traceback (most recent call last):   ← Traceback 的意思就是追溯程式呼叫的
                                        歷程 (最後被呼叫的會列在最後面)

  File "<ipython-input-2-233884bacd4e>", line 1, in <module>
    int('a')

ValueError: invalid literal for int() with base 10: 'a'
         ↑                    例外的原因說明
      例外的類型
```

為了避免程式因發生例外而被終止, 我們可以在有可能出錯的地方, 用 try 來捕捉例外並加以處理。其基本語法如下:

try：

> **可能發生例外的區塊**

except：

> **例外處理區塊**

```
        ┌─────────────┐  是
        │ 執行 try 區塊 ├──────┐
        │ 發生例外?    │      │
        └──────┬──────┘   ┌──┴────────┐
            否 │          │ 例外處理區塊 │
               │          └──┬────────┘
               ◄─────────────┘
```

當 try 區塊中的程式發生例外時, 就會直接跳到 except 區塊去進行處理。例如:

```
s = 'a'
try:
    i = int(s)        ← 發生 ValueError 例外, 直接跳到 except 區塊去
    print('沒發生例外')  ← 因前面發生例外, 這行不會被執行
except:
    print('發生例外了！')
print('程式結束')
```

還是覺得很抽象嗎？請參考 10-6 頁的程式 10-0 就會有比較紮實的感覺了。

輸出

發生例外了！ ← 在 except 中印出的訊息 (表示有處理了)
程式結束 ← except 處理完, 接下來就回歸主程式, 印出 '程式結束'

捕捉特定的例外

我們也可以用：

except 特定例外類型 as 變數名稱：

來捕捉特定的例外類型, 並用 as 後的變數來取得例外訊息 (「as 變數名稱」若不需要可以省略)。except 可以捕捉多種例外類型, 例如底下程式我們檢查了 ValueError、ZeroDivisionError 以及二者以外的其他錯誤。程式一開始用一個 while True 迴圈不斷要求使用者輸入除數, 直到輸入正確為止：

```
while True:
    s = input('請輸入100的除數：')
    try:
        i = 100 / float(s)              # 將輸入字串轉為 float 做為除數
        print('100 除', s, '=', i)
        break                           # 若沒發生例外, 則跳離迴圈
    except ValueError as e:  ← 捕捉值錯誤的例外, 並將例外存到 e
        print('發生 ValueError 例外：', e)  # 看看 e 的內容
    except ZeroDivisionError:  ← 捕捉除以零的例外, 省略 as
        print('發生 ZeroDivisionError 例外')
    except:  ← 還可用空的 except: 來捕捉所有其他的例外, 但必須放在最後
        print('其他例外')
    print('進入下一迴圈')    # 抓到不正常的輸入, 所以進入下一迴圈要求再輸入
print('程式正常結束')
```

請輸入100的除數：a　←── 輸入 a
發生 ValueError 例外：could not convert string to float: 'a'
進入下一迴圈

　　　　　　　　　　e 的訊息內容

請輸入100的除數：0　←── 輸入 0
發生 ZeroDivisionError 例外
進入下一迴圈

你怎知道有 ValueError 這種東西呢？

是內建的啦！Python 有近 30 個內建的例外，詳見官網：docs.python.org/3/library/exceptions.html

請輸入100的除數：5　←── 輸入 5
100 除 5 = 20.0
程式正常結束

　　以上空的「except:」要放在所有 except 的最後面，可以捕捉前面都沒捉到的例外；若不需要也可省略，但這樣一來，若發生沒有捕捉到的例外，則程式就會因例外未處理而結束。如果空的「except:」也想用變數取得例外，可改成「except BaseException as e:」，其中 BaseException 代表通用例外。

TIPS 也可以將多個例外放在 tuple 中來一次捕捉，例如：「except (ValueError, NameError, KeyError) as e:」。

try...except...else...finally...

　　在 try...except... 的後面還可再加上 else... 和 finally...：

try
　　可能發生例外的區塊
except 例外類型_A as e：
　　發生「例外類型_A」時要執行的區塊
except：
　　發生前面都未捕捉到的例外時，要執行的區塊
else：
　　未發生例外時要執行的區塊
finally：
　　無論如何都會執行的區塊

　　使用 else 格式時, 我們在上一個程式中的 try 區塊最後兩行的 print(...) 和 break 可以確定不會發生例外, 因此應該移到 else 區塊比較好, 表示未發生例外才執行此程式 (參見底下範例的 else: 區塊)。

　　而 finally 則是無論是否發生例外, 最後都會執行的收尾區塊, 例如將未儲存的資料存檔、或是將開啟的檔案關閉等。那為什麼要用 finally 而不等整個 try 結束之後, 再做收尾工作呢？其差異就是**當例外沒有被 except 捕捉時**, 如果有 finally 區塊, 就會先執行該區塊然後結束程式, 反之如果沒有 finally 區塊, 則會直接結束程式。例如底下程式無論發任何例外, 或是例外有沒有被捕捉到, 都一定會將使用者輸入的值顯示出來：

```
while True:
    s = input('請輸入100的除數：')
    try:
        i = 100 / float(s)
    except ValueError:                # 只捕捉 ValueError 的例外
        print('發生 ValueError 例外')
    else:                             # 未發生例外時要執行的區塊
        print('100 除', s, '=', i)
        break
    finally:                          # 不管是否發生例外都會執行的區塊
        print('你輸入的值是', s)
    print('進入下一迴圈')
print('程式正常結束')
```

輸出

請輸入100的除數：0 ⟵ 輸入 0, 會發生除以零的例外
你輸入的值是 0 ⟵ 因例外沒被捕捉到, 所以會先執行 finally 區塊印出此訊息
Traceback (most recent call last): ⟵ 然後一層層往上傳, 由 Python 來顯示
　　　　　　　　　　　　　　　　　　　　錯誤訊息並結束程式 (非正常結束程式)

```
  File "<ipython-input-18-82300098aeae>", line 1, in <module>
  .....

  File "D:/0Book/FT700/範例/untitled3.py", line 16, in <module>
    i = 100 / float(s)

ZeroDivisionError: float division by zero
```

補充學習

字串的 3 種格式化功能

Python 提供了 3 種好用的格式化功能, 由新到舊分別是「f-字串」、「str.format() 方法」、「% 算符」及, 底下分別介紹, 讀者可以視個人喜好擇一使用。

■ 方法 1：使用 f- 字串

由 Python 3.6 版開始, 新增了一個非常簡潔的字串格式化方法：**f-字串** (f-string), 就是在字串前面加上一個 f (或 F), 然後再將變數或運算式用 {} 插入到欲輸出的字串中。基本用法在第 3-0 節已介紹過了, 例如：

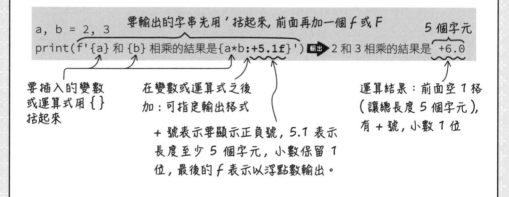

TIPS 字串中若有 { 或 }, 須改成 {{、}} 來表示, 例如 f'{{Hi,{"JJ"}.}}' 執行結果為 {Hi,JJ.}。

Python 會先計算 {} 中的運算式, 然後再依照 :spec 指定的格式輸出 (若省略 :spec 則使用預設格式)。:spec 的語法如下：

```
:[align][sign][#][0][width][,][.precision][type]
```

其中 [width]、[.precision]、[type] 已介紹過了 (見上例), width 表示最小寬度 (例如 5)、.precision 表示小數位數 (此處須將 type 指定為 f, 例如 .1f, 若未指定 f 則是在指定所有的位數)、而 type 則是顯示類型 (例如 f)。其他的語法項目說明如下:

- **align**: 指定對齊方式,「<、>、ˆ、=」分別表示靠左、靠右、置中、及分散 (正負號在左, 數值在右, 中間預設填 0)。省略時數值預設靠右(>), 而字串預設靠左(<)。

  在有指定對齊方式時, 還可在最前面額外指定填充字元, 例如: f'{-5:$=5d}' 結果為 -$$$5 (寬度 5 分散對齊並以 $ 填充)。

- **sign**: 設定正負號的 3 種顯示方式:「+、-、空白字元」分別表示一律加正負號、不加正號(只加負號)、正號時加一空白。省略時預設為 - (不加正號只加負號)。例如: f'{2:+d},{2: d}' 結果為 +2, 2 (第一個要加正號, 第二個留一空白)。

- **#**: 設定若 type 設為 2、8、16 進位時, 要在前面加上 0b、0o、或 0x。

- **0**: 設定當 [width] 指定的寬度比實際寬度大時, 要在左邊填充的字元 (若省略則預設填空白)。例如: f'{59.2:06.2f}' 結果為 **0**59.20 (指定寬度為 6, 因此左邊補了一個 0)。

- **,**: 設定要顯示千位符號, 例如: f'{1234567:,d}' 結果為 1,234,567。

- **type**: 代表顯示類型, 包括 s、d、f…等。下表依照要顯示資料的型別, 列出其適用的顯示類型:

來源資料型別	適用的顯示類型
字串	只能用 s(字串) 或省略。
整數	d(10 進位)、b(2 進位)、o(8 進位)、x(16 進位, 用小寫 a-f)、X(16 進位, 用大寫 A~F)、c(當成 Unicode 轉為字元)。省略時預設為 d。
浮點數	f(浮點數)、e(科學記號, 用小寫 e)、E(科學記號, 用大寫 E)、g(自動視狀況選用 f 或 e)、G(自動視狀況選用 F 或 E)、%(以百分比顯示)。省略時預設為 g。

底下來看幾個範例:

程式	執行結果	說明
f'{"a":<3}{"a":>3}{"a":^3}'	a | a| a	字串的靠左、靠右、置中對齊
f'{0.98765:.3e}'	9.877e-01	以科學記號顯示
f'{0.98765:+.2%}'	+98.77%	以百分比顯示
f'{42:d},{42:b},{42:#X}'	42, 101010, 0x2A	以 10、2、16 進位顯示

■ 方法 2：使用 format() 方法

第 2 種方式是使用字串的 format() 方法, 來將 format() 中的參數依序代入字串中的 {}, 另外也可用 {n} 來指定要代入第 n 個, 或直接指定欲代入的參數名稱, 例如：

運算式	執行結果	說明
'1+{}={}'.format(2, 3)	1+2=3	將字串中的 {} 依序換成參數的值 (2、3)
'{1}-1={0}'.format(2, 3)	3-1=2	用 {n} 指定要代入第 n 個參數 (由 0 算起)
'{b}-1={a}'.format(a=2, b=3)	3-1=2	直接指定 a 代入 2, b 代入 3
'{0[1]},{0[0]}'.format((1,2))	2,1	用 {n[i]} 指定要代入第 n 個參數的第 i 個元素

以上在 {} 中可以指定參數的序號或名稱, 若參數為 list、tuple、或 dict 則可再用 [] 指定元素。如果是空的 {}, 則會依參數的順序來代入, 此時全部的 {} 都必須是空的才行。

在 {} 中除了可以指定參數外, 同樣可用 :spec 來指定輸出格式, 其語法和 f-字串完全一樣, 例如：

程式	執行結果	說明
'{0:<3}{0:>3}{0:^3}'.format('a')	a | a| a	字串的靠左、靠右、置中對齊
'{:.3e}'.format(0.98765)	9.877e-01	以科學記號顯示
'{:+.2%}'.format(0.98765)	+98.77%	以百分比顯示
'{0:d},{0:b},{0:#X}'.format(42)	42,101010,0x2A	以 10、2、16 進位顯示

TIPS Python 另外還有一個使用相同格式化語法的內建函式 format(運算式, spec), 但每次只能格式化一筆資料, 例如：format(5,"03d") 則傳回 '005'。

■ 方法 3：% 算符

使用 % 算符的方式為「字串 % 資料」，在字串中要用 % 來標示資料插入的位置及格式，而後面的資料若有多筆則要使用 tuple 裝起來。例如：

```
print("%s:%6.2f" % ('價格', 59.2))   輸出 價格: 59.20
```

第 1 個元素以「字串」格式取代 %s　　　第 2 個元素以「小數 2 位的浮點數」格式取代 %6.2f

在字串中以 % 開頭的 %s、%6.2f 代表格式化參數，會依序被 % 算符之後的 tuple 元素取代。常用的格式化參數如下：

參數	說明
%d	填入整數，可加數字，例如 %5d 表示至少要輸出 5 個字元(不足則左側補空白)，若 %05d 則不足是補 0
%f	填入浮點數，可加數字(同整數)，另外還可指定小數位數(不足右邊補 0)，例如前面程式的 %6.2f，表示總長度至少 6 字元而且小數要 2 位
%s	填入字串，同樣可加數字，例如 %5s 表示至少要輸出 5 個字元(不足則左側補空白)

> **TIPS** 此種格式化跟 C/C++ 的 printf() 很像，因此非常適合熟悉 printf() 的讀者。

3 種方法耶！要使用哪種好啊？

如果確定只會用 Python 3.6 以上的版本，建議選最新的方法 1，否則選方法 2。

本書範例均使用方法 1。不過方法 3 也有不少人在用，尤其是較舊的程式，因此也要看的懂才好。

MEMO

_____

_____

_____

_____

_____

_____

_____

4

Chapter

函式 Function

在第 1 章，我們知道使用變數的理由是為了要重複使用同一份資料。同樣的，使用**函式 (Function)** 的理由是為了要重複使用同一段程式。我們可以將**需要重複使用的程式片段**賦予一個**函式名稱**，然後像變數一樣，呼叫這個函式名稱來重複使用這個程式片段。

4-0 設計自己的函式

到目前為止，我們都一直在使用 Python 內建的函式，現在，我們就來看看如何設計自己的函式。所謂設計函式就是在程式中定義函式。定義函式要使用 def，語法如下：

> **def 函式名稱(參數1, 參數2, ...):**
>   ....
>   **程式區塊**
>   ....

其中，函式名稱的命名規則就跟變數一樣，而參數可以有多個，也可以無參數，若無參數仍須保留小括號。

Python 在執行程式時，會依順序先看到程式中 def 所定義的函式，它會將內縮的程式區塊儲存在記憶體中、用函式名綁定，然後繼續往下執行，直到主程式呼叫函式時才會真正執行函式。另外，在本書中，我們會在函式名後面加上()，例如 foo()，來提醒這是一個函式名，而非一般的變數名。但是，其實函式名和變數名是同樣位階的，因為前者是把一個名稱綁到 (bind) 一個程式區塊，而後者是把一個名稱綁到 (bind) 資料上，也就是說如果它們的名稱一樣，是會互相被取代的 (我們在第 1 章就看過 print() 函式被 print 變數取代的例子了)，所以要小心二者不要重複同一個名稱！

> **TIPS** 請注意，自訂函式跟變數一樣，必須先定義然後才能呼叫使用，否則會出現 "NameError: name 'xxx' is not defined" 的錯誤。

底下來看看函式沒參數和有參數的真實例子：

```
def hello():          ← 定義沒有參數的函式 hello, 最後別忘了加 ":"
    print('Hello!')   ← 函式的內容

def sayHi(name, title): ← 此函式有 2 個參數 (代表姓名和頭銜)
    print(name + title + ' 你好!') ← 函式的內容

hello()                    輸出 Hello!
sayHi('王小明', '同學')    輸出 王小明同學 你好!
```

4-1 參數的傳遞與傳回值

Python 的函式定義很簡單, 但是在呼叫時的參數傳遞就比較有點學問。

位置參數法與指名參數法

傳遞參數值, 一般是依照參數定義的順序來傳遞, 例如上例中呼叫 sayHi() 時要先放 name 的值再放 title 的值, 這種依照位置順序擺放參數值的方式我們稱為**位置參數法** (positional parameters)。

不過我們也可以直接用參數的名稱來指定參數值, 這樣就不用依照順序了, 此方式稱為**指名參數法** (named parameters) 或**關鍵字參數法** (keyword parameters), 例如:

呼叫函式時的參數值傳遞方式

```
sayHi('王小明', title='同學')      ← 第 2 個參數值用名稱指定
sayHi(title='同學', name='王小明')  ← 全部參數值都用名稱指定, 可以不照順序
sayHi(title='同學', '王小明')      ← 錯誤了! 因為'王小明'並未指定參數名, 所以
                                     不是指名參數而是位置參數, 要放在前面才行
```

請注意, 我們可以把位置參數和指名參數混著用, 但這時位置參數必須在指名參數的前面, 這樣 Python 才有辦法計算位置, 因此上例第 3 行會發生 SyntaxError: positional argument follows keyword argument 的錯誤。

我們怎麼知道參數名？

指名參數看起來不錯，問題是我們怎麼知道函式的參數名稱呢？如果是自己設計的函式，我們當然知道參數名是甚麼，但如果是 Python 內建函式或第三方 (third party) 提供的函式，那除了到官網去查詢之外，Python 提供了一個叫 help() 的函式，你只要用 **help (函式名)** 就可以查得函式的參數名和相關的說明。

> 除了 help(函式名) 之外，也可使用第 0-3 節介紹的 3 種方法來得知函式的參數資訊：使用輔助說明窗格、在 IPython 窗格中執行「? 函式名」、或使用 Spyder 的智慧輔助輸入功能。

```
In [1]: help(print)
Help on built-in function print in module builtins:

print(...)
    print(value, ..., sep=' ', end='\n', file=sys.stdout, flush=False)
```

就如之前學過的 sep 和 end 都必須是指名參數

這樣表示可以傳入多個 value (至少一個)

```
    Prints the values to a stream, or to sys.stdout by default.
    Optional keyword arguments:
     file:  a file-like object (stream); defaults to the current sys.
stdout.
    sep:   string inserted between values, default a space.
    end:   string appended after the last value, default a newline.
    flush: whether to forcibly flush the stream.

In [2]: help(len)
Help on built-in function len in module builtins:

len(obj, /)
    Return the number of items in a container.
```

/ 表示不接受指名參數

> 倒數第 2 行 len(obj, /) 的那個 / 參數是甚麼？

> 那不是參數，那個 / 符號是表示此函式只接受位置參數，不接受指名參數。

指定參數的預設值

　　在定義函式時, 可以用「參數=預設值」的方式來指定參數的預設值, 這樣在呼叫函式時若省略該參數, 參數值就會使用預設值。例如底下計算體積的函式, 若省略第 3 個深度參數則是計算面積:

```
def calc(w, h, d=1):    ← 深度若省略, 預設為 1
    return w * h * d

print(calc(3, 4))        # 算面積 輸出▶ 12
print(calc(3, 4, 5))     # 算體積 輸出▶ 60
```

　　有預設值的參數必須定義在最後, 這樣才不會影響到其他參數的位置。例如「def calc(w, d=1, h):」是錯的, 因為呼叫 calc(3, 4) 時, 會無法確定 4 是對應到 d 還是 h。另外, 如果有多個預設值參數, 而我們只想指定較後面的預設值參數時 (略過中間的預設值參數), 則可以用指名 (關鍵字) 參數法來指定, 例如:

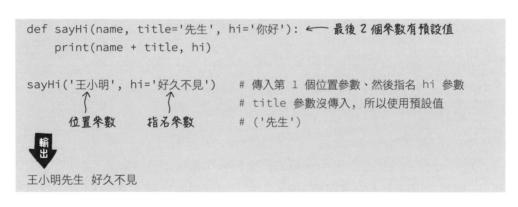

```
def sayHi(name, title='先生', hi='你好'):   ← 最後 2 個參數有預設值
    print(name + title, hi)

sayHi('王小明', hi='好久不見')    # 傳入第 1 個位置參數、然後指名 hi 參數
                                  # title 參數沒傳入, 所以使用預設值
    位置參數      指名參數         # ('先生')

輸出
▼

王小明先生 好久不見
```

澄清一個問題, 當我們定義函式時, 如果寫 '參數 = 參數值' 代表的是參數的預設值。當呼叫函式時, 如果寫 '參數 = 參數值' 代表的是使用指名參數法。

使用 return 來傳回物件

在函式中可以用 **return xxx** 來結束函式並傳回 xxx 物件, 若 xxx 省略則傳回 None。例如底下計算矩形面積的函式:

```
def calc(w, h):        # w,h 代表寬、高
    if(w<=0 or h<=0):
        return  ←── 結束函式, 無傳回值
    return w*h  ←── 結束函式並傳回面積

print(calc(3, 4))  輸出  12
print(calc(3,-4))  輸出  None  ←── 函式無傳回值時, 會傳回 None
```

當函式沒有傳回值時 (無論是否使用 return), 都會傳回 None 來表示未指定傳回值。另外, return 也可以傳回容器, 甚至是多維的容器, 例如:

```
def calc(w, h):
    return ((w+h)*2, w*h)      # 傳回 (周長, 面積) 的 tuple

print(calc(3,4))   # (14, 12)  ←── 傳回值是一個 tuple
```

> **TIPS** 以上的 return ((w+h)*2, w*h) 也可以不加小括號: return (w+h)*2, w*h, 此時會把用逗號分隔的資料自動打包為 tuple, 因此結果是一樣的。

在第 2 章末的補充學習中介紹的「變數多重指定」及「容器自動解包與打包」, 也都適用於函式的傳回值上, 例如底下函式傳回一個 2 維串列 [(周長, 面積), 形狀]:

```
def calc(w, h):
    return [((w+h)*2, w*h), '正方形' if w==h else '長方形']

a = calc(4,5)  ←── 用一個變數名 來接收傳回值
print(a)                  輸出  [(18, 20), '長方形']
((a,b),c) = calc(4,5)  ←── 用 2 維 tuple 的變數來接收傳回值
print(a, b, c)            輸出  18 20 長方形
```

函式和變數、容器一樣都是物件

在 Python 中, 所有東西都是物件, 不只各種資料是物件, 連函式也不例外, 例如底下的 calc() 函式, 我們可以用另一個名稱 a 把它綁到 calc() 上：

```
def calc(w, h):          # 定義計算面積的函式
    return w * h

a = calc                 # 將 a 綁定到函式物件
print(a(2, 3))           # 用 a() 一樣可以呼叫到 calc() 函式    輸出  6
```

因為 Python 中所有的東西都是物件, 所以函式就和其他物件一樣, 沒什麼特別, 也沒什麼限制, 所以有 "Function is a first class object" 之說。所謂 first class 指的是相對於 second class 而言, 因為一般受岐視的族群會抗議說被當成二等公民對待, 而一等公民就是一般人, 享有一般公民的正常權利義務, 人人平等不受歧視 (限制), 所以 "Function is a first class object" 就是說函式是一般的物件, 任何可以放物件的地方, 例如運算式、參數、傳回值..., 都可以把函式物件放進去。

把函式當成參數來傳遞

即然 calc() 也是物件, 自然也可以當成參數來傳遞 (或是當成傳回值), 例如在底下的 calcAll (容器_A, 函式_B) 函式中, 可走訪**容器_A** 並一一呼叫**函式_B** 來取得每個元素的面積：

```
s = [(3, 4), (2, 4), (5, 3)]    # s 為包含多組（寬，高）的容器

def calc(w, h):                  # calc()將被當成參數傳入 calcAll()
    return w * h

def calcAll(conta, func):  ← 參數為容器(例如 s) 及函式物件(例如 calc)
    for r in conta:                      # 走訪容器
        print(func(r[0], r[1]), end=' ')   # 以元素的寬、高為參數呼叫
                                           func 函式
calcAll(s, calc)  ← 把容器 s 及函式 calc 傳入 calcAll()
```

輸出

12 8 15

> 這個程式的概念就是把一個容器 _A 和一個函式 _B 傳入另一個函式, 然後在函式中用 for 迴圈一一取出容器 _A 中的元素（為一個 tuple）交給函式 _B 來處理。

4-2 不定數目的參數 *args 和 **kwargs

用 *args 接收不定數目的位置參數

在定義函式時, 可以用「***args**」來接收不定數目的位置參數, 其中 arg 代表 **argument**, 加 s 表示多數 (雖然也可以用別的參數名, 但習慣上我們都用 args 這個參數名), 在函式被呼叫時, 所有從 *args 位置 (含) 開始所對應的參數會被打包成 tuple 指定給 args 參數。例如:

```
def prnSum(name, *args):    # 不定數目參數通常會以 args 為名
    print(name, args, '=', sum(args))

prnSum('加總', 1, 2, 3, 4)  輸出  加總 (1, 2, 3, 4) = 10
```

這 4 個參數會打包成 tuple 指定給 args

argument v.s. parameter

在程式語言中, parameter (參數) 指的是定義函式時的形式變數, 它的數值未定, 可以說是佔位置用的 (place holder), 必須等到程式呼叫時真正傳入參數值, 這個參數值叫做 argument (引數), 這時才會把參數值填入參數的位置, 之前提到的位置參數法、指名參數法、預設參數法都是引數如何代入參數位置的方法。

在呼叫函式時, 所有定義在「*參數」前面的參數都不可省略, 而定義在「*參數」後面的參數則只能是指名參數或 **kwargs (見後文), 例如:

```
def prnSum(name, pre='>', *args, post='#'):
    print(name, pre, args, '=', sum(args), post)
prnSum('加總', ':', 1, 2, 3, 4, post='元')  輸出  加總 : (1, 2, 3, 4) = 10 元
```

前 2 個參數不可省略   post 要以關鍵字指定(指名)

以上 pre 參數即使有預設值也不可省略, 而 post 則要以關鍵字指定 (或者也可以省略, 因為有預設值)。

從上面的例子, 我們可以看出到底是哪些位置參數會打包成 tuple 給 args 呢？前面我們說過是從 *args 位置 (含) 開始所對應的參數, 更明白的說是從 *args 位置 (含) 開始往右一直到最後或是碰到指名參數或 **kwargs (後述) 才停止。所以上例中, 如果把參數中的 1, 2, 3, 4 改成 1, 2, 3, 4, 5, 6, 7, prnSum() 也會自動幫我們做加總, 這就是不定數目參數的特色！

使用 **kwargs 來接收不定數目的指名參數　　(kw 代表 keyword)

除了用「*args」接收不定數目的位置參數之外, 還可用「**kwargs」來接收不定數目的**指名參數**, 在呼叫時對應的參數會被打包成 dict 再指定給 kwargs (因為指名參數的格式 '參數名=參數值', 符合 dict 的格式), 一樣的, 你也可以使用別的參數名, 但習慣上是使用 kwargs。 例如：

```
def prnPrice(name, **kwargs):    ← 不定數目的關鍵字 (指名) 參數
    print(name, kwargs)             通常會以 kwargs 為名

prnPrice('飲料', 紅茶=40, 咖啡=70, 果汁=85)   ← 呼叫時使用指名參數法
```

輸出

所有關鍵字參數被打包成dict

```
飲料 {'紅茶': 40, '咖啡': 70, '果汁': 85}   ← 以 dict 的形式印出來了
```

如果同時使用位置參數、「*參數」及「**參數」, 則必須符合這個順序：位置參數、「*參數」、「**參數」。

在呼叫函式時, 可用 *、** 將容器解包

除了定義函式時使用 * 和 ** 參數, 如果在呼叫函式時使用 * 及 **, 則作用完全相反, 會由打包 (packing) 變成解包 (unpacking)：

● 「*容器」會解包成「元素1, 元素2, ...」。

● 「**字典」會解包成「鍵1 = 值1, 鍵2 = 值2, ...」。

前面無關鍵字的位置參數會打包成 *tuple* 給 args　　　　　　後面有關鍵字的指名參數打包成 *dict* 給 kwargs

```
def prnPrice(name, *args, **kwargs):
    print(name, args, ':', kwargs, sep='')

dscnt = ('早餐 8 折', '消夜 9 折')
drink = {'紅茶': 40, '咖啡': 70, '果汁': 85}
prnPrice('飲料', *dscnt, **drink)
```

② 會將 drink 的 *dict* 解包成紅茶=40, 咖啡=70, 果汁=85 3 個指名參數

輸出　呼叫函式時, ① 會將 dscnt 的 *tuple* 解包成 '早餐8折', '消夜9折' 2 個位置參數

```
飲料('早餐 8 折', '消夜 9 折'):{'紅茶': 40, '咖啡': 70, '果汁': 85}
```

4-3　lambda 匿名函式

　　函式如果很簡短, 只需要**參數列**和**傳回值** (例如之前的 calc), 那麼就可以簡寫成一個 **lamdba 運算式**, lambda 的語法如下：

lambda 參數1, 參數2, ... : 傳回值

在**傳回值**中可使用前面的各參數來做運算, 例如：

```
lambda w, h: w*h
```
　　參數　傳回值

它會等同於
右邊函式

```
def calc(w, h):
    return w*h
```

　　lambda 運算式會產生一個函式物件, 就跟一般的函式物件相同, 因此很適合用在需要以函式物件為參數的場合, 例如將前 3 頁呼叫 calcAll(s, calc) 的範例改成：

```
s = [(3, 4), (2, 4), (5, 3)]  # s 為包含多組（寬, 高）的容器

def calcAll(rects, func):      # 參數為：容器(例如 s) 及函式物件
    for r in rects:                      # 走訪容器
        print(func(r[0], r[1]), end=' ')  # 以元素的寬、高為參數呼叫 func 函式

calcAll(s, lambda w, h: w*h)   輸出 12 8 15
```

產生一個函式物件, 參數為 w, h, 傳回值為 w*h

以上 lambda 運算式由於不需要替函式取名, 因此也稱為 **匿名函式**。不過在必要時還是可以給它綁定一個名字, 例如:

```
calc = lambda w, h: w*h    # 等同於使用傳統方式定義 calc
print(calc(3, 4))          # 同樣可以當成函式來呼叫  輸出  12
```

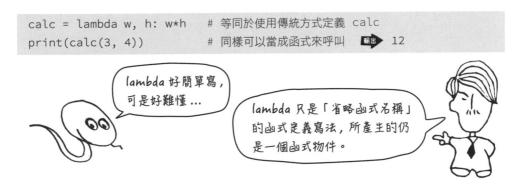

lambda 好簡單寫, 可是好難懂…

lambda 只是「省略函式名稱」的函式定義寫法, 所產生的仍是一個函式物件。

lambda 最常用在需要一一處理容器中元素的場合, 例如前面的 calcAll() 範例, 就是用 lambda 來計算容器中每一個矩形的面積。lambda 決定了每個元素的計算方式, 例如底下增加計算每個矩形的周長:

```
calcAll(s, lambda w, h: w*h)      # 計算面積
calcAll(s, lambda w, h: (w+h)*2)  # 計算周長  輸出  14 12 16
```

將原來計算面積 w*h 改成 (w+h)*2, 就變成計算周長了

另外例如內建函式 sorted() 也可多加一個「key=函式物件」參數, 那麼 sorted() 就會將容器的元素一一傳給此函式, 而此函式則須傳回該元素用來排序的值, 例如:

```
s = [(3, 4), (2, 2), (5, 3)]
print(sorted(s, key=lambda e: e[1]))  ← 用每個元素的第 1 個(由 0 算起)
↓                                         子元素來排序
(2, 2), (5, 3), (3, 4)  ← 傳回的結果是依 2、3、4 的順序排列
```

TIPS sorted() 不會改變 s 的內容。若要將 s 就地排序, 可改為呼叫串列的 method, 例如: s.sort(key=lambda e: e[1])。

TIPS 程式設計最重要的是 "講清楚說明白" (explicit is better than implicit—From The Zen of Python), 使用 lambda 雖然很簡短, 但寫得太怪異的時候會不易看懂 (不管是別人或自己), 所以建議使用 lambda 函式時儘量簡單直白就好。

4-4 變數的有效範圍 Scope Rule

變數的 Scope Rule (**有效範圍**) 在程式設計當中是十分重要的, 對於 Scope rule 的不了解, 往往是程式 Bug 的來源。

Python 的變數分為**全域變數** (Global variable) 及**區域變數** (Local variable) 二種。最上層程式 (也就是我們寫的主程式) 建立的變數是**全域變數**, 其有效範圍涵蓋全程式, 因此程式全區都可以讀取。在函式中建立的變數則為**區域變數**, 只有在該函式中才能存取, 而函式的參數, 也同樣是屬於區域變數。

底下來看範例:

```
a = b = c = 1        ← 建立 a、b、c 三個全域變數

def test(b):          ← 參數 b 為區域變數
    a = 2             ← 建立區域變數 a
    print(a, b, c)    ← 輸出區域變數 a、b 及全域變數 c

test(3)    輸出 2 3 1 ← 呼叫 test(), 在函式中會輸出區域變數 a、b 及全域變數 c
print(a, b, c)  輸出 1 1 1 ← 輸出全域變數 a、b、c
```

這個範例要這樣解讀: 首先程式建立了 a、b、c 三個全域變數 (因為在最上層), 所以最後一行的 print(a, b, c) 也是在最上層, 所以就會輸出 1 1 1 三個全域變數的值。接著來看 test() 函式, 我們在 def test() 時, 建立了 a 和 b 兩個區域變數, 因此 test() 函式執行時所看到的 (稱為 test() 內的 scope) 是區域變數 a、b 而不是最上層的全域變數 a、b (你可以說區域變數 a、b 遮蓋掉同名的全域變數 a、b), 而全域變數 c 則可以在 test() 函式中被讀取 (未被遮蓋)。所以 test() 內的 print(a, b, c) 前兩個參數 a, b 是區域變數, 而最後一個 c 是全域變數。程式倒數第 2 行呼叫 test(3) 時, 3 被當成參數值傳給參數 b, 而 a 是 test() 內的區域變數, 其值為 2, 只有 c 是全域變數, 其值為 1。所以這時 test(3) 內的 print(a, b, c) 輸出的是 2 3 1 和最後的 print(a, b, c) 輸出 1 1 1 不一樣。

LEGB 規則

Python 的 scope rule 是依照 LEGB 的順序來尋找名稱 (name) 的 (包含變數和函式名)：

Local ⟶ **Enclosing** ⟶ **Global** ⟶ **Built-ins**

也就是說如果 Python 在函式內要用到一個名稱, 它會先在 Local (該函式內) 尋找看該名稱是否已建立, 如果找不到, 而且還有外一層函式 (Enclosing) 的話, 則往外一層的函式找, 如果還找不到的話就到 Global (就是主程式) 找, 如果找不到的話, 就看看 Python 的內建變數或內建函式是否有該名稱？在 LEGB 這個尋找過程中, 只要找到所要的名稱了, 就停住不會再往外找。

另外, 從 LEGB 規則我們可以很清楚的看到, Python 尋找名稱只會往外找, 它不會往內找, 例如執行最上層 (Global) 的程式時, 當 Python 看到一個變數名, 它馬上會查看同層有沒有建立這個變數 (而且要在該敘述之前就要建立, 之後也不行), 如果沒有, 則往 Built-in 的變數和函式名查找, 它不會往內到各函式內去尋找的！

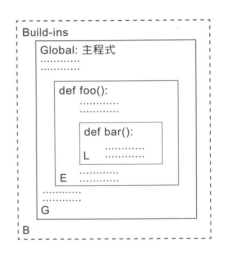

global 宣告: 在函式中變更全域變數值

現在有個詭異的情形, 在上列程式中, 我們說 c 是全域變數, 在 test() 函式內可以被看到, 那如果我們想在函式內把它改掉, 例如: 33 呢? 現在問題來了, 這不就和變數 a 的情況一樣了嗎? 因為 a = 2 對 Python 而言是: 先建立一個整數物件 2, 然後建立一個變數名 a, 最後把 a 綁定到 2 上面 (參考第 1 章), 所以這個 a 是在函式內建立的區域變數, 而不是全域變數的那個 a。同理, 你本來是想在 test() 中更改全域變數 c 的值, 例如 c = 33, 但這並不是你想的那樣, 它變成是在 test() 中建立了一個區域變數 c = 33 了！

那怎樣才能在函式中變更全域變數的值 (而不是建立新的同名區域變數) 呢? 這時必須在函式內用 global 來宣告說要使用全域變數, 例如:

```
a = b = c = 1

def test(b):
    global c          ← 在定義函式時,指明要使用全域變數 c
    a = 2             ← 這時的 a 並非上層的全域變數, 而是新建立的區域變數
    c = 33            ← 因為已經宣告了 global c, 所以這個 c 是指上層的
                         全域變數, 而非新建一個區域變數
    print(a, b, c)    ← 輸出區域變數 a、b 及全域變數 c

test(3)          輸出  2 3 33 ← 呼叫 test(3)會輸出區域變數 a、b 及全域變數 c
print(a, b, c)   輸出  1 1 33 ← 全域變數 c 的值被改為 33 了
```

容器物件的 scope rule

如果變數名是綁定到像 list 這種「元素可更改」的容器, 那麼無論在一般程式或函式中, 都可以透過變數名 (容器名) 來更改容器的元素, 例如:

```
s = [1, 2, 3]         # 在最上層程式中建立串列 s        全域串列名 s →  1 2 3
t = [4, 5, 6]         # 在最上層程式中建立串列 t        區域串列名 a ↗

def test(a):          ← 若以 test(s) 呼叫時, 參數 a 會綁定到傳入的串列 s
    a[0] = 'aaa'      ← 透過區域變數(參數) a 更改串列 s 的元素
    t[0] = 'ttt'      ← 在函式內透過全域變數 t 直接更改串列 t 的元素
    s = [7, 8, 9]     ← 建立一個同名區域變數 s 並綁定到一個新串列
    s[0] = 'sss'      ← 更改區域變數 s 所綁的串列元素, 不影響全域串列 s、t
    print(a, t)       ← 輸出全域串列 s、t 的內容

test(s)       # 呼叫 test 並傳入串列 s     輸出  ['aaa', 2, 3] ['ttt', 5, 6]
print(s, t)   # 輸出串列 s、t 的內容          輸出  ['aaa', 2, 3] ['ttt', 5, 6]
```

以上全域串列 s、t 的第 0 個元素在 test() 中都被更改了, 其中串列 s 是透過參數 a 被更改, 而串列 t 因為是全域變數而直接被更改。另外在函式內又定義了一個同名的**區域變數串列 s**, 因此函式中 s[0] = 'sss' 會更改到區域串列, 而不是**全域串列 s**。

補充學習

函式的文件字串

我們可以在函式區塊的第一行, 加上**文件字串** (docstring) 來說明函式的功能及用法, 這個文件會被存入函式的程式編碼中, 未來若用 Python 內建函式 help() 來查看函式說明, 就會連同文件字串一起顯示, 例如:

```
def calc(w, h, d=1):
    '計算體積, 若 d 省略則可計算面積'  ← 說明字串必須加在第一行
    return w * h * d

help(calc)  ← 用 help() 查看函式的參數定義及文件字串
```

```
Help on function calc in module __main__:

calc(w, h, d=1)  ← 函式的參數定義
    計算體積, 若 d 省略則可計算面積  ← 文件字串
```

函式說明用註解寫不就好了? 為何要用文件字串啊!

函式很可能是放在別的檔案中, 例如內建函式或別人寫好的函式, 這時文件字串就很有用, 只要在 IPython 中鍵入 help(函式名稱) 不必看函式原始碼的註解, 就可查看說明了。

文件字串其實是儲存在函式的 __doc__ 屬性中, 因此也可以用例如 calc.__doc__ 來讀取。

Python 的心理學!!!

初學 Python 最有趣的是, 因為變數不用事先宣告, 所以常會發生讓人疑惑的狀況, 例如在看別人的程式時, 突然出現一個奇怪的變數, 例如:

```
my_level = game_level('John')
```

其中 game_level() 是程式中已 def 過的函式, 所以不會奇怪, 但 my_level 是突然跑出來的一個變數, 它怎麼來的呢? 前前後後都找不到線索! 其實它就只是一個名牌, 用來綁住 game_level() 函式的傳回值而已。因為變數不用事先宣告, 隨手可以新創一個來用, 往往會突然讓人摸不著頭緒, 這尤其是學過其他 "需要事先宣告變數型別" 的靜態程式語言 (例如 C/C++、Java 等) 的人的心理障礙!

不只是心理學!!!

變數的值其實是取決於等號右邊的資料, 如果等號右邊是一個函式, 那麼就必須先了解該函式會傳回什麼資料, 才能知道變數會綁定到什麼樣的資料上。例如底下的 AI 深度學習程式:

> 這裡只是用來示範, 有些地方看不懂沒關係, 也不用跟著操作喔!(from... import... 將在第 5 章介紹)

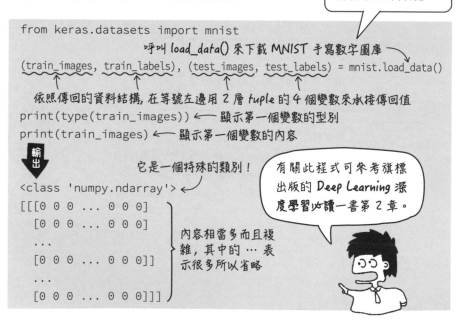

```
from keras.datasets import mnist
```
呼叫 load_data() 來下載 MNIST 手寫數字圖庫
```
(train_images, train_labels), (test_images, test_labels) = mnist.load_data()
```
依照傳回的資料結構, 在等號左邊用 2 層 tuple 的 4 個變數來承接傳回值
```
print(type(train_images))  ← 顯示第一個變數的型別
print(train_images)  ← 顯示第一個變數的內容
```
輸出

它是一個特殊的類別!
```
<class 'numpy.ndarray'>
[[[0 0 0 ... 0 0 0]
  [0 0 0 ... 0 0 0]
  ...
  [0 0 0 ... 0 0 0]]
 ...
  [0 0 0 ... 0 0 0]]]
```
內容相當多而且複雜, 其中的 … 表示很多所以省略

有關此程式可參考旗標出版的 Deep Learning 深度學習必讀一書第 2 章。

令人驚訝的是, train_image 不是表面上看到的那麼簡單。所以變數的結構是由等號右邊的敘述所決定, 而變數本身只是一個 "標籤名字" 而已。

5 Chapter

Python 最強功能：內建函式庫與第三方套件

TIPS 本書各章程式可能因為網頁、軟體、套件版本更動, 而導致有不同的執行結果, 此時請視狀況做適當變通。如遇到程式無法順利執行, 也請依實際變動調整程式, 或到本書專屬網頁 (參見 0-2 頁) 查看是否有更新資訊。

恭喜各位耐心的一路學習到這裡，我們馬上就要加速前進，開始探索 Python 最有趣、好玩的部份了！

Python 最強的功能，就是它不但內建了龐大而且應用廣泛的**標準函式庫**，更有數以千計、由 Python 愛好者所開發的免費**第三方套件**，在這些函式庫及套件中，提供了各式各樣的方法 (method) 與函式 (function) 供我們使用，所以我們學會了 1 到 4 章的 Python 基本程式能力之後，接著就是學習使用各種套件，讓自己站在巨人的肩膀上，馬上就能用 Python 來做出各式各樣強大且有趣的事情來！但是，要使用各種套件之前，我們首先必須了解何謂**物件** (object) 何謂**類別** (class)。

5-0 物件 (object) 與類別 (class)

在 Python 中，所有的東西都是物件！不只資料是物件，就連函式也是物件。而寫 Python 程式就是在操作這些物件來得到想要的結果。

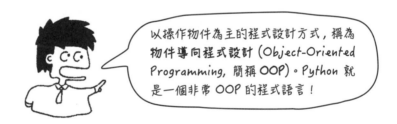

以操作物件為主的程式設計方式，稱為物件導向程式設計 (Object-Oriented Programming, 簡稱 OOP)。Python 就是一個非常 OOP 的程式語言！

其實，我們自一開始就一直在使用物件與類別了，所以底下要介紹物件與類別的三大特點，你應該不陌生，而且很快可以進入狀況：

1 物件 (Object) 是由類別 (Class) 產生的。

2 類別規劃了物件的資料儲存方式，這些儲存的資料就稱為物件的**屬性** (attribute)。

3 類別規劃了物件的操作方式，這些操作方式就稱為物件的**方法** (method)。

所謂『**物件** (object) 是由 **類別** (class) 產生的』是甚麼意思呢? 基本上**類別就像是物件的設計藍圖**。有了類別 (藍圖), 我們就可用它來產生 (建立) 物件, 同一個類別所產生的物件都具有相同的屬性及操作方法, 就像是同一個模子 (藍圖) 印出來的。例如車廠設計好某一車型的藍圖 (類別), 然後依此藍圖生產車子 (物件), 生產出來的車子, 規格和操作方法都一樣。

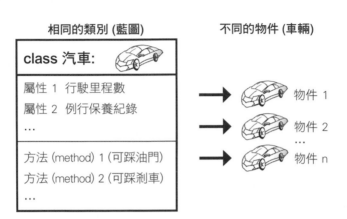

雖然是同一型號 (類別) 的汽車, 但每部汽車都是不一樣的, 每部汽車都是一個獨立的物件, 出廠時都會賦予一個獨立的車體編號。你馬上可以想到, 每輛汽車 (物件) 出廠銷售後, 其行駛公里數、保養歷史、操駕方式…都不相同, 是的, 所以相同類別的不同物件其屬性值可能不一樣。

TIPS Python 將內建的基礎類別稱為**型別** (type), 例如 int、list、tuple、str…, 這些**型別其實就是類別**, 因此我們也可以說 3 是 int 類別, 用 type(3) 檢查也是傳回 **<class 'int'>**。

我們都知道:list、tuple、dict、set…都各有專屬的儲存方式, 也各有專屬的操作 method, 這些 Python 內建的類別 (型別), 我們都很熟悉了! 但其實, Python 還有更多現成的類別可供我們使用。對於初學者, 我們建議先學習如何使用現成的類別, 等到熟悉使用之後, 再來自己設計類別, 這樣會更踏實, 更有效率! 所以本章我們就開始探索 Python 各式各樣精彩的現成類別與物件吧!

5-1 用現成類別與物件讓程式起飛！

現在, 我們二話不說, 先來看個實例：

```
from tkinter import Tk    ← 從標準函式庫的 tkinter 套件匯入 Tk 類別
win = Tk()                ← 用 Tk() 類別來建立視窗物件 win
win.mainloop()            ← 用 win 的 mainloop() 方法來顯示視窗,
                            並進入等待使用者操作的迴圈
```

輸出

> 看不到視窗？請把桌面上的其他的視窗縮小（包含 Spyder）就可以看到了。

哇！只用 3 行程式就顯示一個視窗!!!是不是很神奇？這就是現成類別好用之處！在這 3 行程式中, 我們先用 import 指令從 tkinter 套件中匯入 Tk 類別, 然後用 win = Tk() 建立一個 Tk 類別的物件, 再用物件的方法來開啟視窗。

> 關於 import 的語法, 後文會有詳細說明

模組、套件、函式庫、與第三方套件

模組 (module) 就是儲存程式的檔案, 也就是我們一般所說的程式檔。若將幾個模組集合起來放在資料夾中, 則可以組成**套件** (package)。所以就程式儲存的角度來看, 模組與套件也就是儲存程式的檔案與資料夾。

而前面提到的 Python **標準函式庫**及各種**第三方套件**, 其實就是官方以及第三方 (非官方) 將已經寫好的各種類別、函式等儲存到模組或套件中, 以供我們在需要時將之匯入 (import) 到程式中使用。

> 如果想知道更多 Python 標準函式庫及第三方套件的功能, 可參考旗標出版的「**Python 函式庫語法範例字典**」一書。書中收錄了所有常用的函式及模組功能, 並依用途分門別類, 提供詳細的說明及豐富的語法範例, 因此無論是用來學習功能或查閱用法都非常方便實用。

用類別建立物件

所以, 用類別建立物件的語法就是：

物件名 = 類別名()

在前面範例中的「win = Tk()」, 等號左邊的 win 就是物件名, 這個物件名和我們之前學到的變數名、函式名完全一樣, 它就是一個標籤, 它被綁 (bind) 在一個 Tk 類別的物件上, 以後我們只要指名 win 就可以使用這個物件了。

Python 習慣上用大寫做為類別名稱的開頭, 例如 Tk (但也有人不用大寫), 而物件名則和一般變數名、函式名一樣用小寫開頭, 例如 win。

從現在開始要養成一個很有用的習慣, 只要看到等號右邊是大寫開頭, 不管你看不看得懂是甚麼意思, 就馬上要聯想到這可能是用類別建立物件的敘述。

使用物件

建立物件之後, 我們可以用：

物件.xxx

來使用物件, 你可以把句點 . 想成是「的」, 因此「物件.方法」就是「物件**的方法**)」,「物件.屬性」就是「物件**的屬性**」。例如, 建立 win 物件後, 我們就可以用：

```
win.mainloop()
```

來使用 win 物件。mainloop() 是 Tk 類別的方法, 它可以顯示 Tk 類別的物件 (例如 win), 並等候使用者的操作 (例如對視窗做放大、縮小、關閉、調整大小等動作)。

再看另外一個例子：

匯入 requests 套件 (可用來讀取網頁資料)

```
import requests
from bs4 import BeautifulSoup
page = requests.get('http://www.flag.com.tw')
soup = BeautifulSoup(page.text, "html.parser")
print(soup.title)

輸出

<title>旗標科技</title>
```

從 bs4 套件匯入 BeautifulSoup 類別 (可用來解析網頁資料)

用 request 的 get() 讀取網頁資料

建立 BeautifulSoup 類別的物件, 叫做 soup, 建立時有加入參數

看看 soup 的 title 屬性內容

soup 的 title 屬性內容

這個程式先到 www.flag.com.tw 網站取得網頁資料 (細節參見 5-3 節)，接著在程式第 4 行用 BeautifulSoup 類別建立一個叫做 soup 的物件，然後我們用 soup.title 查看其屬性值為 <title> 旗標科技 </title>。

從以上兩個例子，我們看到如何用類別建立物件，第一次用 Tk() 不加參數，第 2 次用 BeautifulSoup() 則加了參數，然後也看到了用 win.mainloop() 來呼叫 win 物件的方法，以及用 soup.title 來取用 soup 物件的屬性。所以總結是：

功能	程式寫法	備註
建立物件	物件名 = 類別名()	類別名都以大寫開頭，() 內可能會加參數
呼叫物件的 method	物件名 .method()	物件名的方法，( ) 內可能會加參數
取用物件的屬性	物件名.屬性	物件名的屬性
更改物件的屬性	物件名.屬性 = 屬性值	注意! 若無此屬性則會建立一個新的

requests 及 BeautifulSoup 套件本章稍後即會介紹。

5-2 用 import 來匯入外部資源

前一節我們用 import 指令從 tkinter、requests、bs4 這些套件中匯入 Tk、get、BeautifulSoup 這些類別或函式。其實 import 很有彈性，它可以匯入任何**有名字的程式單元**，包括變數、函式、類別、模組、及套件。底下先來看看 Python 函式庫或第三方套件的程式儲存架構，可分為 2 種：

● **模組** (module)：模組基本上就是一般的程式檔 (.py 檔)。在模組中可以定義各種變數、函式、或類別，例如我們自己寫了很多的函式，那麼就可以將之儲存到模組中，等需要時再匯入使用。

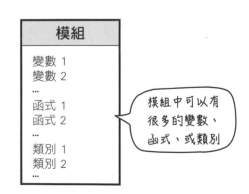

模組
變數 1
變數 2
...
函式 1
函式 2
...
類別 1
類別 2
...

模組中可以有很多的變數、函式、或類別

- **套件** (package)：如果功能較多或較複雜，則可將之分門別類儲存到多個模組中，然後將這些模組存放在一個資料夾裡，這個資料夾就稱為套件。在套件中可以包含多個模組，而且必須有一個名為 __init__.py 的模組 (裡面可以有程式或是空的)。另外套件也可以是巢狀的，也就是套件中還有子套件。

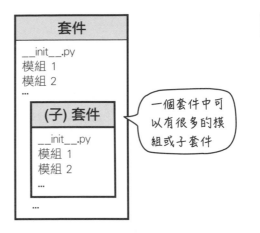

在使用 import xxx 時，其實就是將 xxx 匯入到程式中使用，因此程式中會多出一個 xxx 物件可以使用。xxx 可以是變數、函式、類別、模組、或套件：

- 如果 xxx 是變數、函式、或類別，那麼就可以直接使用，例如 xxx 為函式時，就可以呼叫 xxx()。

- 如果 xxx 是模組，則會將該模組中所有定義的變數、函式、類別等，都加到 xxx 物件的名稱空間中，因此就可以用 xxx.yyy 的寫法來存取模組中的 yyy (變數、函式、或類別) 了。

- 如果 xxx 是套件，則和匯入模組類似，但匯入的是套件中的 __init__.py 模組，細節後述。

　　Python 在執行 import xxx 時，會先在目前程式所在的資料夾中尋找 xxx，若找不到則會到儲存內建函式庫及第三方套件的資料夾中尋找，若都找不到則顯示錯誤訊息。因此如果 xxx 不是最上層的模組或套件，則要改用 from ppp import xxx 的寫法，其中 ppp 是最上層的模組或套件。如果套件有多層則要用 . 來串接，例如 from ppp.qqq import xxx 會從 ppp 套件中的 qqq 模組 (或子套件) 來匯入 xxx。

　　底下來看例子，假設目前程式所在的資料夾中有一個 mdu.py 模組，其內容如右：(可參考範例 ch05\mdu.py)

mdu.py
var = 1
fun()

那麼底下用法都是正確的：

import 敘述	匯入的資源	匯入的物件名稱	匯入後的使用方式
import mdu	mdu.py 模組	mdu	mdu.var、mdu.fun()
from mdu import fun	mdu.py 的 fun()	fun	fun()
from mdu import *	mdu.py 的所有東西	var、fun	var、fun()

 TIPS 在上表中, **import mdu** 是匯入整個 mdu 模組, 如果要取用其中的函式 fun() 或變數 var, 必須用 mdu.fun() 或 mdu.var。至於 **from mdu import fun** 則是直接匯入 mdu 模組內的 fun, 這時 fun 已在主模組了, 所以直接用 fun() 就可以了。同樣的, **from mdu import *** 是從 mdu 內把所有的物件都匯進來了, 所以也是直接取用就可以了。另外請注意, 在 import 模組時, 不需要 (也不可以) 加 .py 副檔名。

再假設目前的資料夾中還有一個 pkg 套件 (資料夾), 其內容如右：(可參考範例 ch05\pkg\)

```
pkg (資料夾)

  __init__.py        mdp.py

  i_var              var
  i_fun()            fun()
```

那麼底下用法也都是正確的：

import 敘述	匯入的資源	匯入的物件名稱	匯入後的使用方式
import pkg	pkg_init_.py	pkg	pkg.i_var、pkg.i_fun()
from pkg import mdp	pkg\mdp.py	mdp	mdp.var、mdp.fun()
from pkg.mdp import fun	pkg\mdp.py 的 fun()	fun	fun()

有二點值得注意, 第一是在使用 import pkg 匯入套件時, 其實只匯入套件中的 __init__ 模組, 而不會匯入套件中的其他模組。因此若要使用 pkg 的 mdp 模組, 還必須另外用 from pkg import mdp 來匯入。

 TIPS Python 也允許我們用 from pkg import * 來匯入套件中的多個模組, 但實際上會匯入哪些模組, 是由套件中 __init__.py 的 __all__ 變數所指定, 若未指定則只會匯入 __init__ .py 模組。因此請務必參照套件的說明來使用。

　　第二是 pkg 套件中 mdp 模組的 var、fun 名稱, 和目前資料夾中 mdu 模組內的變數、函式重複了! 不過因為它們所在的模組不同, 因此並不會發生衝突:

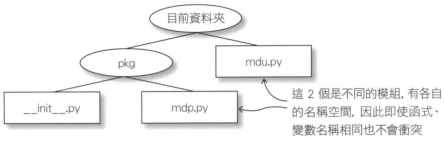

這 2 個是不同的模組, 有各自的名稱空間, 因此即使函式、變數名稱相同也不會衝突

但如果我們同時將它們以原始名稱匯入, 就可能發生衝突了, 例如:

```
from mdu import fun
from pkg.mdp import fun    ← fun 名稱衝突了! 後者會蓋掉前者
```

這時我們可以用 as 來自訂匯入物件的名稱, 例如:

```
from mdu import fun
from pkg.mdp import fun as fun2   ← 換個名稱即可避免衝突
```

as 除了可以用來避免名稱衝突外, 也常用來縮短名稱以方便使用, 例如 from bs4 import BeautifulSoup as bs, 就可用 bs 來取代長長的 BeautifulSoup 了。

 TIPS　import 也可以同時匯入以多個以逗號分隔的物件, 並視需要分別以 as 自訂名稱, 例如 from mdu import var as v, fun as f。

Spyder 好用的「開啟原始檔」功能

在 Spyder 中按住 `Ctrl` 鍵然後用滑鼠在 from ppp import xxx 的 ppp 或 xxx 上按一下, 可以立即開啟相關檔案供您檢視, 此時也可在工具列的下方看到該檔案的所在路徑。

不過如果點選的是套件名稱, 則實際上會開啟套件中的 __init__.py 檔, 您可依據該檔的所在路徑, 再用檔案總管或 Spyder 右上方的**檔案瀏覽** (File Explorer) 窗格來檢視整個套件的內容。

5-3 用 requests 套件存取網路 Web 資源

我們可以用 Python 自動在網路收集資料或與網站互動。requests 就是一個可以存取 Web 資源的套件，使用 requests 我們就可以用簡單幾行程式來達成網路探索的目的。

當我們使用瀏覽器來瀏覽網站時，其實瀏覽器都是以 HTTP 協定來與網站伺服器做溝通，其溝通方式很簡單：

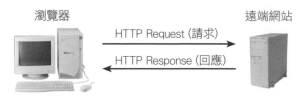

瀏覽器　　　　　　　　　　　　　　　　遠端網站

HTTP Request (請求)

HTTP Response (回應)

例如當我們用瀏覽器來瀏覽旗標網站 www.flag.com.tw 時，瀏覽器會先向旗標網站發出 HTTP Request，而旗標網站在收到請求後會進行處理，然後將請求的網頁原始碼以 HTTP Response 傳回給瀏覽器。接著瀏覽器會分析網頁原始碼中的內容，然後再以同樣方法一一向旗標網站要求讀取網頁中的圖片、動畫等資料，並將讀取到的網頁內容顯示出來供我們瀏覽。

以 GET 讀取網頁資料

如果要用 Python 來存取網站資源，可先用 requests 套件來發出 HTTP Request，然後等待並接收網站傳回的 HTTP Response 資料。發出 HTTP Request 的方法有很多種，底下先示範最常用的 GET (讀取資源) 方法：

> Anaconda 已經預先幫我們安裝好 requests 套件了，不需額外安裝就可以 import (本書安裝版本為 2.18.4)

5-0.py

```
import requests    ← 匯入 requests 套件
r = requests.get('http://www.flag.com.tw')  ← 向旗標網站發出 GET 請求，
                                              並將回應物件儲存到 r
if r.status_code == 200:        # 回應的狀態碼若為 200 表示 OK
    print(r.text)               # 將回應的文字 (網頁原始碼) 印出來
else:
    print(r.status_code, r.reason) # 若發生錯誤 (狀態碼不是 200)，
                                   # 則印出狀態碼及錯誤原因
```

輸出

接下頁

```
<!doctype html>
<html>
    <head>
    <meta charset="utf-8">
    ...
    <title>旗標科技</title>
    <link rel="stylesheet" ...>
    ...
    </head>
    <body class="homepage">
        ...
    </body>
</html>
```

由於內容很多, 只列出
主要的網頁標籤結構

以上 requests.**get(網址)** 傳回的是一個 Response 物件, 我們可用其 status_code 屬性來查看回應的 HTTP 狀態碼, 若為 200 (或 requests.codes. ok) 表示請求成功, 其他常見的還有 404 表示請求失敗 (找不到請求的資源)。 當請求失敗時, 可用 reason 屬性來查看原因, 例如傳回 404 時的 reason 屬性 值會是 'Not Found'。

> **TIPS** 相關狀態碼的説明可到維基百科 (zh.wikipedia.org) 以 'HTTP狀態碼' 搜尋。

若請求成功, 則可由回應物件的 text 屬性來取得傳回的 HTML 原始碼, 然後就可再用後面會介紹的 BeautifulSoup 套件或 re (常規表達式) 等工具來 做進一步的分析及處理。

另外我們也可以在 HTTP 請求中以 headers 參數來加入標頭參數, 或是以 params 參數在網址之後加上 ? 開頭的網址參數, 例如:

這是一個提供 HTTP 測試服務的網站, 會
傳回我們傳送給它的 HTTP Request 資訊

5-1.py
```python
import requests
url = 'https://httpbin.org/get'  ←  HTTP 測試服務網站的網址,
                                     GET 方法在網址後要加 /get
hd = {'user-key': '7ADGS9S'}     ← 標頭參數(以字典儲存)
pm = {'id': 1023, 'name': 'joe'} ← 網址參數(以字典儲存)
```

接下頁

```
r = requests.get(url, headers = hd, params = pm)    ← 加入 headers 及
                                                       params 參數

print(r.text)    ← 將回應的文字 (text 屬性) 印出來
```

輸出↓

```
{
  "args": {
    "id": "1023",         ⎫
    "name": "joe"         ⎬ 這是我們加的網址參數
  },                      ⎭
  "headers": {
    "Accept": "*/*",
    "Accept-Encoding": "gzip, deflate",
                                              ⎫ 這些是 requests 預設
    "Connection": "close",                    ⎬ 會加入的標頭參數
    "Host": "httpbin.org",
    "User-Agent": "python-requests/2.18.4",   ⎭
    "User-Key": "7ADGS9S"    ← 這是我們加的自訂標頭參數
  },
  "origin": "220.135.49.167",
  "url": "https://httpbin.org/get?id=1023&name=joe"
}
```

requests 會將網址參數加在 HTTP
Request 網址的後面，其格式為
url?name1=val1&name2=val2&...

你也可以不使用 get() 的 params
參數來指定網址參數，而改為直
接將網址參數以 ? 加在網址的後
面。這 2 種方法都可以，哪種方
便就用哪種。

以 POST 送出資料

POST 也是常用的 HTTP Request 方法, 主要用來送出資料, 例如申請會
員時送出填寫好的表單資料, 或是上傳圖片、文件等資料。要上傳的資料, 可以
用 data 參數指定, 例如：

5-2.py

```
import requests
url = 'http://httpbin.org/post' # 使用測試服務網站, POST 方法網址要加 /post
r = requests.post(url, data = 'Hello')    ← 送出字串資料
print(r.text)
                                                     送出字典資料
r = requests.post(url, data = {'id':'123', 'name':'Joe'})    ←
```

接下頁

```
print(r.text)
```

輸出

```
{
  "args": {},
  "data": "Hello",   ← 字串會以 data 格式送出
  "files": {},
  "form": {},
  ...
}

{
  "args": {},
  "data": "",
  "files": {},
  "form": {
    "id": "123",
    "name": "Joe"
  },
  ...
}
```

字典則會以 form (表單) 格式送出

以其他方法送出 HTTP 請求

除了最常用的 GET 及 POST 外, HTTP 通訊協定中還有許多不同用途的 method, 右表將較常用 method 都列出, 並以存取網站中的 a.txt 檔為例來說明其用途:

方法	以存取網站中 a.txt 的內容為例
GET	讀取網站中 a.txt 的內容
POST	以上傳的資料來新增一個名為 a.txt 的檔案
PUT	以上傳的資料來複蓋 a.txt, 若 a.txt 不存在則新增一個
PATCH	以上傳的資料來更改 a.txt 中的部份內容
DELETE	刪除 a.txt

PUT、PATCH 的用法和 POST 類似, 都可以上傳資料, 而 DELETE 的用法則和 GET 類似, 不用上傳資料。其實這些 method 都必須配合網站的要求來使用, 因此底下只提供幾個簡單的範例供參考:

```
5-3.py
import requests
r = requests.put('https://httpbin.org/put', data = {'key':'abc'})
print(r.text)
r = requests.patch('https://httpbin.org/patch', data = {'key':'xyz'})
print(r.text)
r = requests.delete('https://httpbin.org/delete')
print(r.text)
```

輸出

```
{ ...
  "form": {
    "key": "abc"    ← put 的傳回結果
  }, ...
}
{ ...
  "form": {
    "key": "xyz"    ← patch 的傳回結果
  }, ...
}
{ ...
  "form": {},       ← delete 的傳回結果
  ...
}
```

5-4 用 BeautifulSoup 套件解析網頁內容

　　使用上一節的 requests 套件可以輕鬆取得網頁原始碼, 而 BeautifulSoup 套件則可解析網頁原始碼中的 HTML 標籤 (Tag), 幫我們篩選出需要的內容。如果將網頁原始碼比喻成一堆凌亂的書籍, 透過 BeautifulSoup 則可將書籍分門別類地整理好放在書櫃中, 這樣要找資料時, 就可以依據整理規則 (HTML 標籤及屬性) 找到對應的資料。

建立 BeautifulSoup 物件來解析網頁

　　Anaconda 已經預先安裝好 BeautifulSoup 套件了 (本書安裝版本為 4.6.0), 我們只要直接 import 即可使用。不過 BeautifulSoup 的套件名稱為 bs4, 因此底下是由 bs4 套件中匯入 BeautifulSoup 類別：

```
from bs4 import BeautifulSoup  ← 由 bs4 套件中匯入 BeautifulSoup 類別
```

匯入之後, 即可用 BeautifulSoup 類別來建立物件, 此時必須傳入 2 個參數：

```
物件 = BeautifulSoup('網頁原始碼資料', '解析器名稱')
```

其中的解析器有多種選擇, 例如：html.parser、lxml、html5lib 等, 官方推薦使用解析速度較快的 lxml。為了方便示範, 我們特別製作了一個簡化版的網頁原始碼並儲存為字串, 讀者可把它想像成是由網站讀取回來的網頁：

5-4.py

```
01 page = """  ← 將簡化的網頁原始碼儲存
02 <html>          在名為 page 的字串中
03    <head><title>旗標科技</title></head>
04    <body>
05      <div class="section" id="main">
06        <img alt="旗標圖示" src="http://flag.tw/logo.png">
07        <p>產品類別</p>
08        <button id="books"><h4 class="bk">圖書</h4></button>
09        <button id="maker"><h4 class="pk">創客</h4></button>
10        <button id="teach"><h4 class="pk">教具</h4></button>
11      </div>
12      <div class="section" id="footer">
13        <p>杭州南路一段15-1號19樓</p>
14        <a href="http://flag.tw/contact">聯絡我們</a>
15      </div>
16    </body>
17 </html>
18 """
19
20 from bs4 import BeautifulSoup
21 bs = BeautifulSoup(page, 'lxml')
```

> 這裡的 class 和 id 是網頁設計語言 HTML 的 keyword, 而不是 Python 的 class 和 id() 函式

由 bs4 套件中匯入 BeautifulSoup 類別

以 lxml 解析網頁然後建立 BeautifulSoup 物件

在最後一行建立的 bs 物件中, 已包含了解析好的網頁內容, 因此我們可以透過 bs 來查詢指定的 HTML 標籤片段。查詢的方法有 4 種, 底下分別介紹。

以標籤做為 bs 物件的屬性來查詢資料

我們可以用「bs.標籤名稱」來查詢網頁中第一次出現該標籤的字串片段，例如：

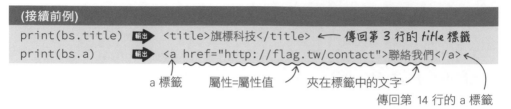

```
(接續前例)
print(bs.title)  輸出  <title>旗標科技</title>  ← 傳回第 3 行的 title 標籤
print(bs.a)      輸出  <a href="http://flag.tw/contact">聯絡我們</a>
```

　　a 標籤　　屬性=屬性值　　夾在標籤中的文字

傳回第 14 行的 a 標籤

如果想要取得夾在標籤中的文字，可使用傳回片段的 text 屬性，若要取得標籤中特定屬性的值，則可用 get('屬性名稱') 或使用索引算符 (['屬性名稱'])，例如：

```
(接續前例)
print(bs.a)          輸出  <a href="http://flag.tw/contact">聯絡我們</a>
print(bs.a.text)            輸出  聯絡我們 ← 夾在 a 標籤中的文字   a 標籤中 href
print(bs.a.get('href'))  輸出  http://flag.tw/contact  ←  屬性的值
print(bs.a['href'])      輸出  http://flag.tw/contact  ← 功能同上一行
```

使用 find() 方法

bs 物件的 find('標籤名稱') 同樣可以查詢網頁中第一次出現該標籤的字串片段，另外還可用 find('標籤名稱', {屬性: 屬性值}) 來加入篩選條件，例如：

```
(接續前例)
print(bs.find('h4'))  輸出  <h4 class="bk">圖書</h4>  ← 傳回第 8 行的 h4 標籤
print(bs.find('h4', {'class': 'pk'}))  輸出  <h4 class="pk">創客</h4>

        限制 class 屬性為 'pk' 的才要      傳回第 9 行的 h4 標籤

print(bs.find('h4').text)  輸出  圖書  ← 取得夾在 h4 標籤中的文字
```

注意，這裡的 class 是網頁語法的 class，
不是 Python 物件類別的 class。

使用 find_all() 方法

find_all() 的用法和 find() 類似，但 find() 只會傳回符合的第一個片段，而 find_all() 則是以 list 傳回所有符合的片段，若找不到則傳回空 list，例如：

(接續前例)

```
print(bs.find_all('h4'))  ← 以 list 傳回所有 h4 標籤
print(bs.find_all('h4', {'class': 'pk'}))  ← 使用 class 屬性篩選
```

 輸出

```
[<h4 class="bk">圖書</h4>, <h4 class="pk">創客</h4>, <h4 class="pk">
教具</h4>]  ← 有 3 個 <h4> 標籤
[<h4 class="pk">創客</h4>, <h4 class="pk">教具</h4>]
```
只有 2 個 class 為 'pk' 的 <h4> 標籤

另外, 我們也可以將多個標籤名稱放在 list 中讓 find_all() 查詢, 例如:

(接續前例)

```
print(bs.find_all(['title', 'p']))  ← 傳回所有的 title 及 p 標籤
print(bs.find_all(['title', 'p'])[1].text)  ← 輸出傳回串列的第 1 個
                                              (由 0 算起) 標籤中的文字
```

輸出

```
[<title>旗標科技</title>, <p>產品類別</p>, <p>杭州南路一段15-1號19樓</p>]
產品類別
```

使用 select() 方法

select() 除了可查詢標籤名稱外, 還可用 CSS 選擇器來查詢, 這主要是針對 HTML 標籤中的 id 及 class 屬性做查詢:

● 如果是要查詢所有標籤中的 id 屬性, 則前面要加 #, 例如要查 <button id= "books">...</button> 則可用 bs.select('#books')。另外也可用 bs.select ('button#books') 來限定只查 button 標籤的 id 屬性。

● 如果是要查詢所有標籤中的 class 屬性, 則前面要加「.」, 例如要查 <h4 class="pk">教具</h4> 則可用 bs.select('.pk')。另外也可用 bs.select('h4. pk') 來限定只查 h4 標籤的 class 屬性。

若 select() 查詢的名稱前沒有加 # 或 . 則視為查詢標籤名稱, 此時 select() 也會以 list 傳回所有符合的標籤。底下來看範例:

(接續前例)
```
print('h4:', bs.select('h4'))          ← 查詢所有 h4 標籤
print('#book:', bs.select('#books'))   ← 查詢所有 id 為 'books' 的標籤
print('.pk:', bs.select('.pk'))        ← 查詢所有 class 為 'pk' 的標籤
print('h4.bk:', bs.select('h4.bk'))    ← 查詢所有 class 為 'bk' 的 h4 標籤
```

```
h4: [<h4 class="bk">圖書</h4>, <h4 class="pk">創客</h4>, <h4
 class="pk">教具</h4>]  ← 有 3 筆
#book: [<button id="books"><h4 class="bk">圖書</h4></button>]  ← 有 1 筆
.pk: [<h4 class="pk">創客</h4>, <h4 class="pk">教具</h4>]  ← 有 2 筆
h4.bk: [<h4 class="bk">圖書</h4>]  ← 只有 1 筆
```

id 和 class 有什麼不同啊？

id 通常是用來標示特定的一個標籤，因此網頁中每個 id 應該都是唯一的。而 class 則是用來標示標籤的類型，而同類型的標籤可以有很多個。

針對多層套疊的標籤，還可以用 select ('外層 內層 內層 ...') 來逐層尋找，例如：

(接續前例)
```
print(bs.select('#main button .pk'))   ← 查詢在 #main 內的 button
                                          內的 .pk 標籤
```

```
[<h4 class="pk">創客</h4>, <h4 class="pk">教具</h4>]  ← 符合的有 2 筆
```

查出來之後，同樣可以再讀取 list 中的文字或屬性值，例如：

(接續前例)
```
print(bs.select('#main button .pk')[1].text)   ← 輸出傳回 list 的第 1 個
print(bs.select('#footer a')[0]['href'])          標籤中的文字
```

輸出傳回 list 的第 0 個標籤的 href 屬性值

```
教具
http://flag.tw/contact
```

5-5 用 re 模組以「常規表達式」來搜尋字串

我們常會由網路收集大量的文字資料, 但這些資料量大又龐雜, 我們如何在這些文字資料中找出需要的內容呢? 常規表達式就可以助我們一臂之力。

常規表達式 (Regular Expression, 又稱 regex) 可用來在字串中搜尋「符合特定規則」的子字串, 例如使用常規表達式 '[0-9]+', 可以從 '總價 85 元' 中搜出數值 '85'。其中 [0-9] 代表一個 0~9 的字元, 而 + 則表示前一個字元 (就是 [0-9]) 可以重複 1 到多次, 因此字串中只要有連續的數字都會被搜出, 例如 '6'、'23'、'1038' 等都符合條件。

> **TIPS** 常規表達式也有人稱為「正規表達式」或「正則表達式」。

常規表達式的試驗場

網站 pythex.org 提供了一個很好用的常規試驗場, 無論在學習或應用常規表達式時, 都可以很方便地做測試:

1 輸入常規表達式

2 輸入要被搜尋的字串

3 這裡會顯示搜尋的結果

有關常規表達式, 你越往下看可能會越無聊! 所以只要大略看懂就好, 以後要用時再回來查看細節。

常規表達式的語法

常規表達式的常用語法可分為「單一字元、重複次數、頭尾字元、轉義字元」4 部份：

● 「**單一字元**」的表達, 主要是用來指定哪些字元可以符合條件 (例如 [0-9] 表示 0~9 都可以符合)：

語法單元	說明	範例語法	搜尋結果 (符合的文字以灰底顯示)
一般字元	直接比對	pre	expressed, pre 完全相同
.	代表任意字元, 但不包含換行字元 (\n)	p..s	expressed, p 和 s 間任意 2 字元
[]	在 [] 中可列舉符合的字元	e[dsx]	expressed, ed、es、ex 都可以
	在 [] 中最前面加 ^ 表示不包含	e[^dx]	expressed, 不含 ed、ex
	在 [] 中也可用 - 表示區間範圍	e[s-x]	expressed, ed 不在 e[s-x] 中

以上一個 [] 就代表一個字元, 而範例中的 [s-x] 就等同於 [stuvwx] (由 s 到 x 的任一字元都符合)。列舉字元和區間範圍可以合併使用, 例如 [des-xS-X0-5] 表示 d、e、s-x、S-X、0-5 都符合。若在 [] 的最前面加 ^, 則表示除了 [] 中列舉的字元以外都符合, 例如 [^dx] 就是指不為 d、x 的任意字元。

由於在 [] 中的 -、^、] 有特殊意義, 因此必須用轉義字元 \ 來表示原來的符號, 例如用 [\^\-\]] 來代表可以是 ^、-、或] 的一個字元。但如果這 3 個符號是被放在不會被誤解的位置, 例如 ^ 不是放在最前面、] 是放在最前面、或 - 是放在最前面或最後面, 則是否用 \ 來轉義都可以, 例如 []^-] 和 [\]\^\-] 是相同的意義 (代表可以是]、^、或 - 字元)。

● 「**重複次數**」的表達, 主要是加在字元的後面, 來表示該字元可以有幾個：

語法單元	說明	範例語法	搜尋結果 (符合的文字以灰底顯示)
+	代表前一個字元可以出現 1 次以上 (無上限)	Ap+	AleApleApple
*	代表前一個字元可以出現 0 次以上 (無上限)	Ap*	AleApleApple

接下頁

語法單元	說明	範例語法	搜尋結果 (符合的文字以灰底顯示)
?	代表前一個字元可以出現 0 或 1 次	Ap?	AleApleApple
{m}	代表前一個字元要出現 m 次	Ap{2}	AleApleApple
{m,n}	代表前一個字元出現 m~n 次都可以符合	Ap{1,3}	AleApleApple

以上 {m,n} 中的 m 或 n 也可省略：{,n} 表示 0~n 次, {m,} 則表示 m 次以上。例如 Ap{,2} 可搜出 AleApleApple。

前面都是針對單一字元來指定重複次數, 如果要指定一連串字元的重複次數, 則可用小括號括起來, 例如 p(Ap)+ 可搜出 ppApApp。

Ap 重複了 2 次

請注意, 所有的「重複次數」符號在 [ ] 中都沒有作用 (因為 [ ] 代表一個字元, 沒有重複的需要), 而會被當成一般的字元。例如 [*?+] 就代表可以是 *、?、或 + 的一個字元。

最後, 常規表達式預設會以**貪婪模式**搜尋, 也就是會盡量找出**最多字元**的子字串, 例如用 a.+c 來搜尋 abc-c-cde 字串會搜到 abc-c-cde, 此時我們可以在重複次數 (+、*、?、{ }) 的後面加一個 ?, 表示要使用**非貪婪模式**來找出**最少字元**的子字串, 例如 a.+?c 會搜到最少字元的 abc-c-cde。

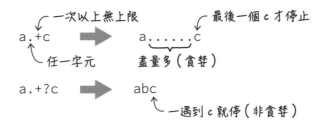

● 「**頭尾字元**」的表達, 可用來指定必須是開頭或結尾的字元：

語法單元	說明	範例語法	搜尋結果
^	必須以後面的字元為開頭	^App	AppApp (以 A 開頭)
$	必須以前面的字元為結尾	App$	AppApp (以 p 結尾)

^ 必須放在常規表達式的最前面, 而 $ 必須放在最後面。^ 若是放在 [] 中則有完全不同的意義, 請勿弄混了。

● 「**轉義字元**」的表達, 則和 Python 的轉義字元 (參見第 1 章補充學習) 類似, 如下表：

語法單元	說明	範例語法	搜尋結果
\	後面的符號以一般符號處理	\+2\=3\?	1+2=3?
\\	代表 \ 字元	b\\c	ab\cd
\n	換行字元		
\r	歸位 (回到本行開頭) 字元		
\t	tab 定位字元		
\f	換頁字元		
\d	數字字元, 即 [0-9]	a\d+	a1aa22aaa333
\D	非數字字元, 即 [^0-9]	a\D+	a1aa22aaa333
\s	空白字元, 即 [\r\t\n\f]	a\s	[a_a 123]
\S	非空白字元, 即 [^\r\t\n\f]	a\S	[a_a 123]
\w	數字、英文字、底線, 即 [0-9a-zA-Z_]	\w+	[a_a 123]
\W	非數字、英文字、底線, 即 [^0-9a-zA-Z_]	\W+	[a_a 123]

請注意, 由於**常規表達式有自己的轉義字元**, 為了避免和 Python 的轉義字元衝突, 通常會在常規表達式的字串前面加 r, 來告訴 Python 不要處理轉義字元, 例如 **r'a\d+'**, 若前面不加 r 則必須改寫成 'a\\d+' (用 \\ 來表示 \)。

在上表中第一列的範例 \+2\=3\?, 由於 = 並沒有特殊意義, 因此寫成 = 或 \= 都可以 (例如 \+2=3\?)。另外, 轉義字元 \ 在 [ ] 中也有作用, 而且在 [ ] 中的 -、^、] 都必須用 \ 轉義 (除非它們是被放在不會被誤解的位置), 相關細節參見前面 [ ] 的說明。

最後來看幾個經常會用到的常規表達式：

搜尋目標	常規表達式	符合條件的字串例
整數	[0-9]+ 或 \d+	32767
浮點數	[0-9]+\.[0-9]+	3.14159
英文字	[a-zA-Z]+	HelloWorld
手機號碼	09\d\d-?\d{6}	0912345678 或 0912-345678
E-mail	[\w-]+@[\w-]+(\.[\w-]+)+	ken@flag.com.tw 或 ken-L@n-e-w.flag.tw
網址	https?://[\w-]+(\.[\w-]+)+/?	http://flag.tw 或 https://n-e-w.flag.tw/

● 以上手機號碼中的 -? 表示可以有 0 或 1 個 - (也就是可有可無的意思)。

● 在 E-mail 中的 **(\.[\w-]+)+** 表示有 1 個以上的 \.[\w-]+ (就是網址中 .xxx 的部份), 而 [\w-] 也可寫成 [\w\-] (因 - 在 [] 的最後, 不會被誤解為指定範圍符號, 所以可以直接寫而不加 \)。

● 在網址中的 s? 及 /? 同樣表示 s 或 / 可以有 0 或 1 個。

用 re 模組以常規表達式來搜尋字串

Python 內建的 re 模組可讓我們用常規表達式 (底下簡稱為 regex) 來搜尋字串, re 常用的搜尋函式有 match()、search()、及 findall(), 而 sub() 則可將搜尋到的子字串取代為其他字串。底下分別說明:

● **match() 與 search()**:找出第一個符合的子字串

match(regex, 字串) 與 search(regex, 字串) 都可以在字串中搜尋符合 regex 的子字串, 但 match() 限制必須從字串的開頭即符合才行, 而 search() 則可搜尋整個字串並傳回第一個符合的結果。若搜尋成功則傳回一個內含搜尋結果的物件, 若失敗則傳回 None。

```
5-5.py
import re    # 使用前要先匯入 re 模組

print(re.match (r'pyt', 'python'))    ← pyt 由開頭即符合, 因此成功
print(re.match (r'yth', 'python'))    ← yth 與開頭不符合, 因此失敗
print(re.search(r'yth', 'python'))    ← seach() 不限開頭, 因此成功

輸出
      一般會在 regex 字串前都加 r 來告訴 Python 不要轉義
<_sre.SRE_Match object; span=(0, 3), match='pyt'>
None
<_sre.SRE_Match object; span=(1, 4), match='yth'>
```

搜尋成功會傳回一個物件   找到的位置 1~3   找到的子字串

以上搜尋成功時所傳回的物件, 可再用右表的方法來解讀:

方法	傳回內容
group()	傳回搜尋到的子字串
start()	傳回子字串在字串中的開始位置 (由 0 算起)
end()	傳回子字串在字串中的結束位置
span()	傳回一個 tuple:(開始位置,結束位置)

```
5-6.py
import re

m = re.search(r'p[a-z]+e', 'apples')
print(m)       輸出  <_sre.SRE_Match object; span=(1, 5), match='pple'>
print(m.group())   輸出  pple
print(m.start())   輸出  1
print(m.end())    輸出  5 ← 注意！pple 的位置是 1~4
print(m.span())   輸出  (1, 5)
```

請記得 Python
區間位置的算法
是有頭無尾！

● **findall()**：找出全部符合的子字串

findall(regex, 字串) 可以找出字串中所有符合 regex 的子字串, 並依序儲存到串列 (list) 中傳回, 若沒找到則傳回空串列。

```
import re

print(re.findall(r'[a-z]+', '123456'))      輸出  [] ← 沒找到
print(re.findall(r'[a-z]+', '1dog2cat3'))    輸出  ['dog', 'cat']
```

● **sub()**：將找到的子字串置換為另一個字串

sub(regex, **置換字串**, 字串) 可傳回一個「將所有找到的子字串都取代為**置換字串**」的新字串, 若沒找到則會傳回原字串。例如底下程式將所有的數值都置換為 '#'：

```
import re
print(re.sub(r'[0-9]+', '#', 'a1b23c456d'))   輸出  a#b#c#d
```

用 compile() 來提升多次搜尋的效率

如果要重複使用同一個常規表達式, 則可先用 compile(regex) 函式將之轉換成 Pattern 物件, 然後即可用此物件的 match()、search()、findall()、sub() 等方法來進行搜尋或取代, 例如：

```
5-7.py
import re


ptn = re.compile(r'[0-9]+')
print(ptn.search('a1b23c456d').group())
print(ptn.findall('a1b23c456d'))
print(ptn.sub('#', 'a1b23c456d'))
```

輸出

```
1
['1', '23', '456']
a#b#c#d
```

5-6 用 Chrome 來檢視網頁各部份的 HTML 碼

　　網站的 HTML 原始碼通常都相當多而且複雜, 我們可以利用 Chrome 瀏覽器的「開發者工具」來方便地檢視網頁各部份的 HTML 碼。請先開啟 Chrome 瀏覽器, 我們以 Google 網站來示範:

2 按此鈕啟動「滑鼠動態檢視」模式 (此鈕會由深灰色變成天藍色)

1 按 F12 鈕, 即可開啟**開發者工具**面板

若要避免連到網站時會自動登入, 可按此鈕執行『**新增無痕視窗**』開啟**無痕視窗**來連線

元素窗格: 顯示 HTML 原始碼

樣式窗格: 顯示樣式設定 (如果視窗寬度不夠, 此窗格會顯示在**元素**窗格的下方)

3 將滑鼠移到網頁中任意元素上

再按一下此鈕可結束「滑鼠動態檢視」模式

按此鈕選擇『**Help**』可查閱「開發者工具」的説明文件

4 會立即顯示元素的「標籤名稱#id名稱.類別名稱(如果有的話)」及元素寬高

5 這裡也會自動標示出對應的 HTML 碼

按此鈕可關閉**開發者工具**面板

6 在想要的元素上按一下滑鼠即可結束「滑鼠動態檢視」模式，並自動在**元素**窗格中選取對應的 HTML 碼

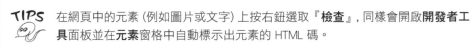

TIPS 在網頁中的元素 (例如圖片或文字) 上按右鈕選取『**檢查**』，同樣會開啟**開發者工具**面板並在**元素**窗格中自動標示出元素的 HTML 碼。

用 Chrome 的「開發者工具」來了解元素的 HTML 碼後，即可使用前 2 節介紹的 BeautifulSoup、re 模組來搜尋出有用的資訊，或是利用下一節將介紹的 Selenium 套件來自動化操作網頁，例如自動輸入帳號密碼、或自動點選連結等。

5-7 用 Selenium 套件來操控瀏覽器

瀏覽器已是現代生活中不可或缺的工具，而借助第三方套件 Selenium，我們就可以用程式來操控瀏覽器，達到自動化操作的目的。

安裝 Selenium 套件與 WebDriver 程式

Selenium 套件可以在 Anaconda Navigator 中安裝, 或是在 Anaconda Prompt 視窗中以下面的指令進行安裝 (安裝套件的方法及說明可參見附錄 A):

```
conda install selenium        # 本書安裝版本為 3.14.1
```

在使用 Selenium 前還必須先安裝瀏覽器的 WebDriver 程式, 本書將以 Chrome 做示範, 請先連到 https://sites.google.com/a/chromium.org/chromedriver/downloads, 然後點選版本編號再下載適用於 Windows 的 chromedriver_win32.zip。此檔解壓縮後為一個 chromedriver.exe 執行檔, 只要將之複製到 Anaconda 的安裝路徑 (例如 C:\Users\使用者名稱\Anaconda3) 中即完成安裝。或者將執行檔複製到我們程式檔所在的資料夾也可以, 但如果有多個程式檔要使用, 則每個程式檔的所在資料夾都要複製一份才行。

 TIPS 如果在安裝 Anaconda 時選擇 All Users (安裝給所有使用者用), 那麼 Anaconda 的安裝路徑可能會在 C:\ProgramData\Anaconda3。我們可以開啟 Anaconda Prompt 視窗, 其預設路徑中的 Anaconda3 資料夾即為安裝路徑。

 TIPS 如果要使用其他的瀏覽器, 可連到 Selenium 官網的 www.seleniumhq.org/download, 然後在 Third Party Drivers 區進行下載。

建立瀏覽器物件來操控 Chrome

安裝就緒後, 就可以在程式中匯入 selenium 套件來建立瀏覽器物件:

```
from selenium import webdriver  ← 匯入 selenium 套件的 webdriver 子套件
browser = webdriver.Chrome()    ← 用 webdriver 的 Chrome 類別建立瀏覽器物件
```

然後就可以用這個瀏覽器物件來操作 Chrome 了, 例如用 get(url) 來連到指定網站, 或是用 close() 來關閉網頁 (瀏覽器分頁):

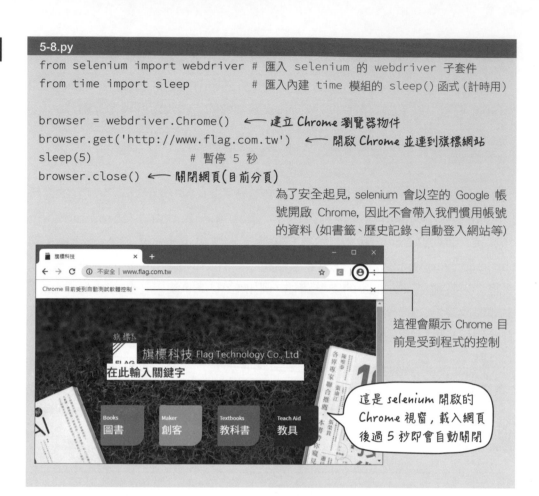

```python
from selenium import webdriver  # 匯入 selenium 的 webdriver 子套件
from time import sleep          # 匯入內建 time 模組的 sleep() 函式 (計時用)


browser = webdriver.Chrome()    ← 建立 Chrome 瀏覽器物件
browser.get('http://www.flag.com.tw')  ← 開啟 Chrome 並連到旗標網站
sleep(5)                        # 暫停 5 秒
browser.close()  ← 關閉網頁 (目前分頁)
```

為了安全起見，selenium 會以空的 Google 帳號開啟 Chrome，因此不會帶入我們慣用帳號的資料 (如書籤、歷史記錄、自動登入網站等)

這裡會顯示 Chrome 目前是受到程式的控制

這是 selenium 開啟的 Chrome 視窗，載入網頁後過 5 秒即會自動關閉

瀏覽器物件常用的網頁操作方法及屬性如右表：

方法或屬性	說明
get(url)	連到 url 網址
forward()	到下一頁
back()	回上一頁
refresh()	重新讀取網頁
current_url	(屬性) 目前的網址
title	(屬性) 網頁的標題
page_source	(屬性) 網頁原始碼

除了操作網頁外，也可以用以下的方法來操作瀏覽器視窗：

方法	說明
maximize_window()	將視窗最大化
minimize_window()	將視窗最小化
fullscreen_window()	將視窗設為全螢幕模式
get_window_position()	傳回視窗左上角的位置, 例如:{'x': 10, 'y': 10}
get_window_size()	傳回視窗的寬度和高度, 例如:{'width':625, 'height':830}
get_window_rect()	傳回視窗的位置及寬高, 例如:上 2 行例子的聯集
set_window_position(x,y)	設定視窗左上角的位置
set_window_size(w, h)	設定視窗的寬度和高度
set_window_rect(x,y,w,h)	設定視窗的位置及寬高
close()	關閉網頁 (瀏覽器分頁)
quit()	關閉所有 Selenium 開啟的視窗並結束驅動程式
save_screenshot(path)	將網頁畫面儲存為 PNG 檔, path 為完整路徑並以 .png 結尾

底下馬上來看操作範例:

```
5-9.py
from selenium import webdriver   # 匯入 selenium 的 webdriver
from time import sleep           # 匯入內建 time 模組的 sleep() 函式

browser = webdriver.Chrome()     # 建立 Chrome 瀏覽器物件
browser.get('http://www.google.com')  ←── 開啟 Chrome 並連到 Google 網站
print('標題:' + browser.title)              # 輸出網頁標題
print('網址:' + browser.current_url)        # 輸出網頁網址
print('內容:' + browser.page_source[0:50]) # 輸出網頁原始碼的前 50 個字
print('視窗:', browser.get_window_rect())  # 輸出視窗的位置及寬高
browser.save_screenshot('d:/scrcap.png')  ←── 截取網頁畫面  ◄--------┐
sleep(3)                                    # 暫停 3 秒                │
browser.set_window_rect(200, 100, 500, 250) ←── 改變視窗位置及大小     │
sleep(3)                                                              │
browser.fullscreen_window()  ←── 將視窗設為全螢幕                      │
sleep(3)                                                              │
browser.quit()  # 關閉視窗結束驅動                                     │
```

輸出 ⬇

> 注意!在路徑字串中可使用 / 或 \ 來分隔資料夾, 例如 'C:/s.png' 或 'C:\s.png' 都可以, 但 \ 可能被視為轉義字元 (例如 \n 會被轉為換行字元), 所以本書一律會使用 /, 以省去避免轉義 (例如要寫成 'C:\\n.png' 或 r'\n.png') 的麻煩。

接下頁

```
標題：Google
網址：https://www.google.com/?gws_rd=ssl
內容：<!DOCTYPE html><html xmlns="http://www.w3.org/1999
視窗： {'height': 1030, 'width': 825, 'x': 10, 'y': 10} ←
                                        注意字典中的元素是無順序的
```

如果要操作網頁中的元素, 例如按一下連結文字、在文字欄輸入文字等, 則必須要先用以下方法找出要操作的元素：

方法或屬性	說明
find_element_by_tag_name(tag)	以標籤 (Tag) 尋找元素
find_element_by_class_name(class)	以類別名稱尋找元素
find_element_by_id(id)	以 id 尋找元素
find_element_by_name(name)	以名稱 (標籤中的 name 屬性) 尋找元素
find_element_by_link_text(text)	以連結文字尋找元素
find_element_by_partial_link_text(text)	以部份的連結文字尋找元素
find_element_by_css_selector(selector)	以 CSS 選擇器 (#id、.class) 尋找元素
find_element_by_xpath(xpath)	以 xpath 尋找元素

以上方法會傳回第一個尋找到的 WebElement 元素物件, 若未找到則會引發 NoSuchElementException 的例外。若將以上函式名稱中的 element 改為 elements, 則可傳回包含所有符合條件元素的 list。找到的元素如果內部還有子標籤, 則可再用元素的 find_element_by_xxx() 方法 (同上表) 來尋找, 例如：

5-10.py

```
from selenium import webdriver          # 匯入 selenium 的 webdriver
browser = webdriver.Chrome()            # 建立 Chrome 瀏覽器物件
browser.get('http://www.google.com')    # 開啟 Chrome 並連到旗標網站
e1 = browser.find_element_by_tag_name('head') ← 尋找 head 標籤
print(e1.tag_name) 輸出▶ head ← 確認已找到 (tag_name 屬性為標籤名稱, 詳見下表)
e2 = e1.find_element_by_tag_name('title') ← 在 head 元素中尋找 title 標籤
print(e2.tag_name) 輸出▶ title ← 確認已找到
browser.quit()                          # 關閉視窗結束驅動
```

找到元素之後, 就可使用以下方法或屬性來操作該元素了：

方法或屬性	說明
click()	模擬滑鼠按一下
send_keys(str)	模擬按鍵輸入, 會輸入 str 字串中的文字
submit()	送出表單
get_attribute(attrname)	讀取元素的屬性值
is_displayed()	元素是否有顯示出來 (沒有被隱藏)
is_enabled()	元素是否可操作 (沒有被 disable)
is_selected()	元素是否被選取 (適用於表單的 checkbox 或 radio button)
screenshot(path)	將元素畫面儲存為 PNG 檔, path 為完整路徑並以 .png 結尾
tag_name	(屬性) 元素的標籤名稱
text	(屬性) 元素的文字內容
size	(屬性) 元素的大小

實例：自動登入 Facebook 網站

底下我們將用 selenium 來自動登入 Facebook 網站, 請先連到 www. facebook.com 並查出**帳號欄**、**密碼欄**、及**登入**鈕的 HTML 碼：

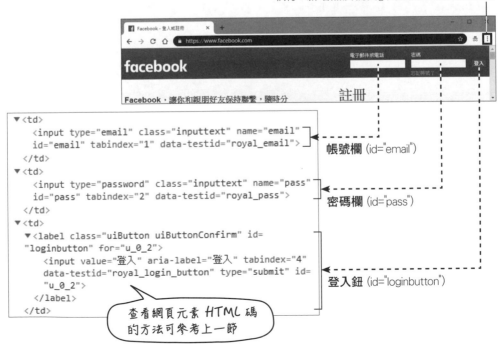

若要避免連線 FB 時會自動登入, 可按此鈕
執行『**新增無痕視窗**』開啟**無痕視窗**來連線

帳號欄 (id="email")

密碼欄 (id="pass")

登入鈕 (id="loginbutton")

查看網頁元素 HTML 碼
的方法可參考上一節

由於 id 在網頁中是唯一的, 因此我們可以直接用 id 來找出其所屬的元素:

```
from selenium import webdriver  # 匯入 selenium 的 webdriver
browser = webdriver.Chrome()    # 建立 Chrome 瀏覽器物件

browser.get('http://www.facebook.com')  ← 開啟 Chrome 並連到 FB 網站
browser.find_element_by_id('email').send_keys('您的帳號')
browser.find_element_by_id('pass').send_keys('您的密碼')   輸入帳密並
browser.find_element_by_id('loginbutton').click()          按登入鈕
```

由於 selenium 會以空的 Google 帳號開啟 Chrome, 因此 FB 在我們登入後會跳出一個訊息框詢問是否授權 FB 主動顯示通知:

為了避免這種跳出訊息框的狀況, 可以在以上程式第 2 行建立 Chrome 瀏覽器物件時, 加入參數來設定「禁止顯示訊息框」的選項。修改後的完整程式碼如下:

5-11.py

```
from selenium import webdriver  # 匯入 selenium 的 webdriver

opt = webdriver.ChromeOptions()  ← 建立選項物件
opt.add_experimental_option('prefs',  ← 在選項物件中加入「禁止
                                        顯示訊息框」的選項
    {'profile.default_content_setting_values' : {'notifications' : 2}})
browser = webdriver.Chrome(options = opt)← 以 options 參數來建立瀏覽器物件

browser.get('http://www.facebook.com')  ← 開啟 Chrome 並連到 FB 網站
browser.find_element_by_id('email').send_keys('您的帳號')
browser.find_element_by_id('pass').send_keys('您的密碼')   輸入帳密並
browser.find_element_by_id('loginbutton').click()          按登入鈕
```

這裡請換成實際的 FB 帳號及密碼

本章, 我們簡單介紹了一些常用套件及模組的用法, 例如:requests、BeautifulSoup、re、selenium 等, 它們會在接下來的實作案例中派上用場, 發揮其功能!接著就請進入實作篇吧!

補充學習

內建函式與類別 vs 標準函式庫 vs 第三方套件

Python 內建了最常用的函式與類別, **內建函式**例如 print(), type()、len() 等, 而**內建類別**其實就是型別, 如 int、str、list、tuple 等。這些內建的函式與類別都可以直接使用, 而不需要先 import。

標準函式庫是在安裝 Python 時就已安裝好的模組或套件, 其內容相當龐大, 在使用前必須先 import 到程式中才能使用, 例如 10-5 節的 re 模組。

第三方套件則是由第三方 (非官方) 所提供的套件, 其數量比標準函式庫更為龐大而且應用更廣泛, 這類套件在安裝 Python 時並不會安裝, 因此在使用前必須先用 conda 或 pip 來安裝 (參見附錄 B), 然後才能 import 到程式中使用, 例如第 12 章的 Selenium 套件。

程式來源	要先安裝	要先 import
內建函式與類別	X	X
標準函式庫	X	O
第三方套件	O	O

有些常用的第三方套件, 在安裝 Anaconda 時就已經先幫我們安裝好了, 因此可以省去安裝的步驟, 例如 11-3 節的 requests 套件及 11-4 節的 BeautifulSoup 套件。

MEMO

應用篇

6 Chapter
股市爬蟲 +
資料視覺化

投資金融商品時，最重要的就是盯著每日的大盤，從中獲取股市漲跌的任何資訊，本章就利用網路爬蟲替我們收集每日的股市資料，並且將收集來的資料進行**資料視覺化**，從中熟悉 Python 套件的用法以及一些實作方面的小技巧等。

6-0 本章重點與成果展示

本章要實作的股市爬蟲，會先設定好程式要爬取的日期區間以及證券代號，然後透過 requests 套件爬取每日股市的資料，過程中爬蟲會自動檢查該日是否為例假日，休假日股市休市因此要予以略過，最後將收集來的資料繪製成 K 線圖。

● **股市爬蟲**：requests 套件。

● **篩選股市資料**：pandas 套件。

● **判斷股市休市的時間**：datetime 套件。

● **資料視覺化**：matplotlib 套件。

■ **成果展示：**

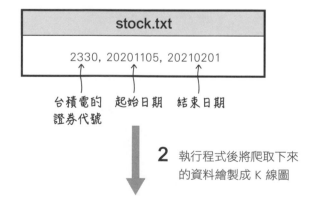

1 在設定檔中設定爬取的
日期區間和證券代號

stock.txt

2330, 20201105, 20210201

台積電的　　起始日期　　結束日期
證券代號

2 執行程式後將爬取下來
的資料繪製成 K 線圖

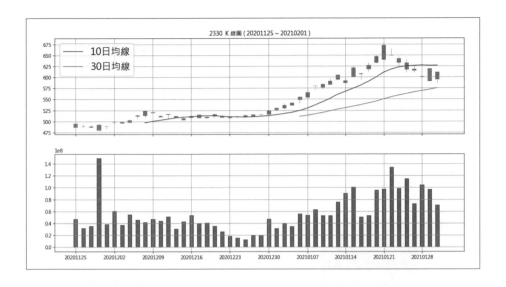

6-1 單日股市爬蟲

　　一開始，先利用 Python 套件撰寫一隻股市爬蟲，在網路上已經有很多網頁能夠提供股市資訊，但因為這類型的網頁反爬蟲機制多、網頁結構時常更動等問題不利爬取資料，所以本例就挑選了**台灣證券交易所**，比起其他股市網站有以下幾個好處：

● 官方資料可信度高。

● 網站穩定性高。

● 結構化資料好處理。

　　台灣證券交易所已經將我們要爬取的資料打包成 **csv 檔** (逗號分隔值，Comma-Separated Values，其檔案以純文字形式儲存表格資料)，因此只要爬取存放 csv 檔的位置就可以得到大盤行情和每一支股市的資料。此外 csv 檔的資料已經是整理過的**結構化資料**，稍加整理後就很容易讓我們作後續的利用。

在撰寫爬蟲時，需要考量到程式常常因應網站的改版而重新改寫，因此找到一個穩定的爬蟲來源 (網站不常改版) 可以讓你在後續的維護上事半功倍。

6-1-0 requests 套件爬取單日的股市資料

進到網站後我們可以利用從路徑「**交易資訊 / 盤後資訊 / 每日收盤行情 / 全部（不含權證、牛熊證、可展延牛熊證）**」進入到含有股市資訊的頁面，接著在左上角的「**csv 下載**」按右鍵，點選**複製連結網址**，最後取得的網址就是我們要爬取的資料來源。如下圖：

複製的網址如下：

接著利用複製下來的網址配合 requests 套件取得 csv 裡面的資料，從上面的網址可以很容易觀察到其中包含日期參數，因此只要把網址中「&date=」後方的日期改為用變數指定，這樣我們只要將變數更換成不同的日期，就可以爬取到其他日期的股市資料。程式如下：

```
6-0.py
import requests

datestr = "20210201"   # 要爬取的日期

# 用 requests.get 的方式將網路資料先下載到本機的記憶體裡
r = requests.get(
    'https://www.twse.com.tw/exchangeReport/MI_INDEX?
    response=csv&date=' + datestr + '&type=ALLBUT0999')

print(r.text)
```

輸出

```
"110年02月01日 價格指數(臺灣證券交易所)"
"指數","收盤指數","漲跌(+/-)","漲跌點數","漲跌百分比(%)","特殊處理註記",
"寶島股價指數","17,486.65","+","289.40","1.68","",
"發行量加權股價指數","15,410.09","+","271.78","1.80","",
"臺灣公司治理100指數","9,267.99","+","205.13","2.26","",
"臺灣50指數","13,062.70","+","314.60","2.47","",
"臺灣50權重上限30%指數","11,961.41","+","242.68","2.07","",
...(略)
```

　　從程式的輸出可以看到資料被我們爬取回來了，可是這裡面的資訊太多了！有各種金融商品的指標看得眼花撩亂，為了方便後續的資料處理，接下來要使用資料科學中時常使用的套件 pandas，幫助我們從這堆資料中找出我們想要的資料。

6-2 pandas 套件

　　pandas 是一個用來做資料處理的強大套件，它可以做到資料讀取、處理及視覺化等應用，不論是用於資料處理還是機器學習都相當適合，使用前記得先匯入套件：

> Anaconda 已經預先安裝好 pandas 套件了 (本書安裝版本為 0.23.0)

```
import pandas as pd ← 大多使用者已習慣使用 pd 這個名稱
```

6-2-0　Series、DataFrame 和 Panel

　　pandas 提供了 3 種獨特的資料結構, 分別為 **Series**、**DataFrame** 和 **Panel**, 其中 **Series** 就像一個有索引的一維串列, 我們可以使用 Series() 函式來建立一個 **Series**：

請在 IPython 窗格中執行

```
In [1]:  import pandas as pd

In [2]:  s = pd.Series([1, 2, 3, 4, 5], index=['a', 'b', 'c', 'd', 'e'])
```
　　　　　　　　　　　用 list 指定每個元素的值　　　還可以指定每個元素的索引名稱

```
In [3]:  s
Out[3]:
a 1
b 2
c 3
d 4
e 5
dtype: int64

In [4]:  s['a']  ← 可以利用索引名稱來找到 Series 中的元素
Out[4]:  1
```

> 若是沒有指定索引名稱, Series 會自動使用數字 0、1、2... 做為索引

　　DataFrame 則是一個如同有索引的二維串列, 可以使用 DataFrame() 函式來建立：

請在 IPython 窗格中執行

```
In [1]:  import pandas as pd

In [2]:  df=pd.DataFrame([[0, 1], [2, 3]])
```
　　　　　　　　　　用二維 list 指定每個元素的值

```
In [3]:  df
Out[3]:
  0 1  ← 欄索引 (因沒指定索引, 所以是以數字 0、1 為索引)
0 0 1
1 2 3
```
　　↖ 列索引

若使用其他編輯器如 Jupyter Notebook, 更能看出 DataFrame 的資料格式：

那麼依此類推的話, Panel 就是一個有索引的三維串列囉？

沒錯！但由於我們主要是要用 DataFrame 這個結構, 因此接下來僅以 DataFrame 為主角來介紹 pandas 資料結構中的屬性和方法。

以下為 DataFrame 常見的屬性和方法：

屬性或方法	說明
shape	DataFrame 的列數和欄數
columns	DataFrame 的**欄**索引
index	DataFrame 的**列**索引
head(int)	傳回前幾筆 (列) 的資料 (int 預設為 5), 若資料少於 int 筆則傳回全部的資料
info()	DataFrame 的詳細資訊
drop()	從 DataFrame 中刪除指定的欄或列, 其中可用參數 columns 來指定要刪除的一或多欄, 或用 index 來指定要刪除的一或多列。

請在 IPython 窗格中執行

```
In [1]: import pandas as pd

In [2]: df=pd.DataFrame([[1, 2, 3], [4, 5, 6], [7, 8, 9]],
index=['a', 'b', 'c'])
```
← 用 index 指定列索引
← 也可用指名參數 columns 來指定欄索引

接下頁

```
In [3]: df.shape
Out[3]: (3, 3)  ← 3列 x 3欄

In [4]: df.columns
Out[4]: RangeIndex(start=0, stop=3, step=1)  ← 自動以數字 0~2 當欄索引

In [5]: df.index
Out[5]: Index(['a', 'b', 'c'], dtype='object')  ← 列索引

In [6]: df.head(2)  ← 顯示前兩筆(列)資料
Out[6]:
  0 1 2
a 1 2 3
b 4 5 6

In [7]: type(df[0])  ← df[0]表示索引為0(欄索引)的一欄資料
Out[7]: pandas.core.series.Series  ← DataFrame 每一欄的型別都是 Series

In [8]: df.info()
Out[8]:
<class 'pandas.core.frame.DataFrame'>
Index: 3 entries, a to c
Data columns (total 3 columns):
0 3 non-null int64
1 3 non-null int64          DataFrame 的資訊, 包括資料
2 3 non-null int64          的型別和已使用的記憶體大小
dtypes: int64(3)
memory usage: 96.0+ bytes

In [9]: df.drop(columns=[2])  ← 刪除最後一欄(索引為2)
Out[9]:
    0   1
a   1   2
b   4   5
c   7   8
```

除了直接建立 DataFrame 以外, pandas 還支援了外部匯入的方法, 例如: csv、json、excel、html 等格式的檔案都可以匯入, 由於後續我們取得的是 csv 檔, 以下就以匯入 csv 檔的程式做為示範:

```
pd.read_csv("檔案存放的路徑")
```

以上就是 pandas 的簡單介紹, 在本書後續的內容中將會看到 pandas 的更多用法。

6-2-1　利用 DataFrame 格式篩選股市資料

回到剛剛爬取下來的股市資料, request.get.text 回來的是字串的格式, 先使用 Python 內建的 split() 函式將字串切割成串列, 方便進行多筆字串處理, 在進行處理前需要找出股票資料的特徵, 這樣我們才能用判斷式進行篩選, 先從第一筆的股票資訊開始看起:

```
"1101","台泥","11,796,904","5,469","480,094,851","40.30","40.95",
"40.30","40.80","+","0.65","40.80","351","40.85","58","9.71",
```

可以看到股票的欄位有 16 + 1 個欄位 ("9.71", 後面的欄位是個**空值**), 這裡就先以 17 個欄位當作條件做篩選, 篩選完發現 ETL 的資料也是 17 個欄位, 仔細觀察一下 ETL 資料與股票資料有什麼地方不同, ETL 的資料如下:

```
="0050","元大台灣50","14,510,389","12,642","1,873,041,979","128.20","
130.95","127.55","130.75","+","2.55","130.75","30","130.80","17","0.00"
```

可以發現 ETL 資料的最前面有個「=」, 有「=」的就是ETL資料, 沒有的就是股票資料, 把這個資訊也加入判斷的條件中。

篩選完之後要就要利用函式轉換成 DataFrame 的格式, 可是 pandas 的函式不支援將字串轉換成 DataFrame, 這裡就使用了 1 個小技巧, 首先使用 Python 內建的 join() 函數將每筆資料的後方加入換行符號「"\n"」, 接著透過

io 套件的 StringIO() 函式，在記憶體裡面虛擬一個檔案讀寫，這麼做的目的就是將字串「"\n"」變成實際的換行，有點抽象沒關係，以下我們看例子：

"A", "B", "C" # 原始字串

"A",\n "B",\n "C"\n # 利用 join() 在每筆資料後面加入 \n，
但是程式只會判別它是字元並不會做換行

"A", # 使用了StringIO() 函式，在記憶體裡面虛擬一個檔案讀寫達成了實際的換行
"B",
"C"

經過上述的處理步驟後，我們將字串轉換成 csv 的格式了，這裡就可以使用 pandas 的 pd.read_csv() 函式將爬取下來的 csv 檔變成 DataFrame 的格式，方便我們作後續的處理。這邊就先以台積電的股票為例。程式如下：

6-1.py

```
01 import requests
02 from io import StringIO
03 import pandas as pd
04
05 datestr = "20210201"
06 stock_symbol = "2330"
07
08 r = requests.get('https://www.twse.com.tw/exchangeReport/
   MI_INDEX?response=csv&date=' + datestr + 09 '&type=ALLBUT0999')
10
11 r_text = r.text.split('\n')
12
13 r_text = [i for i in r_text if len(i.split('",')) == 17 and i[0]
   != '=']
14 data = "\n".join(r_text)
15
16 df = pd.read_csv(StringIO("\n".join(r_text)), header=0)
17 df = df.drop(columns=['Unnamed: 16'])
18 filter_df = df[df["證券代號"] == stock_symbol]
19 print(filter_df)
```

接下頁

	證券代號	證券名稱		成交股數	成交筆數		成交金額
開盤價	...	漲跌價差	最後揭示買 價	最後揭示買量	最後揭示賣價	最後揭示賣量	
本益比							
276	2330	台積電	68,880,939	81,336	41,238,363,272	595.00	...
20.0	610.00	237	611.00	475	32.26		

程式說明

- 05~06 設定要爬取的日期與證券代號。

- 11　　將 request.get() 函式回傳的網頁資料用 '\n' 元素切割成串列。

- 13　　利用 for 迴圈檢查每一筆資料, 保留 ' ", ' 分隔的項目個數等於 17
  以及第一個值不等於「=」的資料 (股票資料)。

- 14~16 將處理完的資料利用 pd.read_csv() 轉換成 DataFrame 的格式。

- 16　　利用 df.drop() 刪掉**空值**的欄位。

- 17　　利用 DataFrame 的格式篩選出證券代號為 2330 (台積電) 的股票。

- 18　　將篩選完的 DataFrame 印出來。

　　由上面的例子可以體驗到只要善用 Python 套件就能輕鬆爬取各種資料, 只是這支股市爬蟲還不夠完美, 還有需要改善強化之處, 例如：只能夠爬取一天的股市資料、輸入的日期是假日時就會爬取不到資料 (假日股市休市)、爬太快會引發網站的反爬蟲機制等問題, 接著讓我們一一解決這些問題。

6-3 datetime 套件

　　首先來解決假日時無法爬取股票資訊的問題, 此問題涉及到**日期處理與判斷**, 在 Python 當中, 如果談到要處理日期相關的資料, 最先想到的非 datetime 這個套件莫屬。datetime 套件包含了許多處理日期的函式, 我們可以透過它來查詢日期是否為工作日或假日。datetime 套件為 Python 內建的套件, 不需要額外安裝, 要使用時直接 import 進來即可。

TIPS　關於 datetime 套件完整的說明可以參見：https://pypi.org/project/DateTime/。

6-3-0　認識 datetime 物件

在使用 datetime 中的函式前, 要先將格式轉成 datetime 的 **datetime 物件**, datetime 物件可以用來進行日期的判斷甚至是日期的計算 (計算兩日期中間相距幾天) 等。這邊就介紹其中一種轉成 datetime 物件的方法：

```
strptime(日期字串, '日期格式')
```

這裡會填日期的格式
的表示符號作為參數

strptime() 函式可以將字串轉換成 datetime 物件, 後面的參數要填入字串的時間格式以 20210311 這個日期為例：

表示符號中 %Y 代表 Year, %m
代表 month, %d 代表 day

字串："20210311"
日期格式：%Y%m%d
datetime 物件：2021-03-11 00:00:00　←

字串會根據表示符號去抓取
年月日, 後面的 00:00:00
分別代表小時、分鐘、秒數

接著再舉另一個例子：

←可以看到年份 (2021) 被寫在後面

字串："03112021"
日期格式：%m%d%Y　←　更改完日期格式, 一樣可以順利轉成 datetime 物件
datetime 物件：2021-03-11 00:00:00

除此之外, 還可以反過來將 datetime 物件轉成字串。程式碼如下：

```
import datetime
date = datetime.datetime.strptime("20210308", '%Y%m%d')
print(type(date))
date_str = date.strptime('%Y%m%d')
print(type(date_str))
```

輸出

接下頁

```
<class 'datetime.datetime'>
<class 'str'>
```

6-3-1　判斷日期是否為工作日

　　將字串轉換成 datetime 物件後就可以使用 datetime 的函式判斷是否為工作日, 方法是使用 datetime 的 weekday()：

```
weekday(datetime 物件)
```

只接受 datetime 物件

　　執行 weekday() 函式後將會傳回日期是星期幾, 對照表如下：

星期幾	星期一	星期二	星期三	星期四	星期五	星期六	星期日
傳回值	0	1	2	3	4	5	6

別忘記在 Python 都是從 0 開始, 所以星期一會回傳「0」。

　　接著來看以下的範例：

6-2.py

```
import datetime # 匯入套件

date = '20210311' # 日期字串
date = datetime.datetime.strptime(date, '%Y%m%d')
print(date.weekday()) # 利用 weekday()判斷該日期為星期幾
```

利用 strptime() 函式將字串轉為 datetime 物件

```
3 ←── 20210311 為星期四
```

6-3-2 篩選一組日期區間內為工作日的日期

　　光判斷某一天是否為工作日, 對於 6-1 節的爬蟲來說還不太夠, 股市需要長期的資料才能夠看出漲幅的幅度。我們必須將上面的例子再多寫一段程式碼, 讓它可以幫我們篩選一組**時間區間**內有那幾天為工作日, 這樣我們在連續爬蟲時就可以避免掉股市休市時會造成爬蟲爬取不到資料的問題。

　　為了讓天數能夠進行迭代, 必須事先算出兩日期中間相差幾天, 這邊要使用 datetime 套件的一個技巧, datetime 物件的相減 (datetime 內部有改寫「-」這個算符), 相減出來的格式會是 datetime 中的另一個型別, 稱做 TimeSpan (時間幅度) 的物件, 所以做完相減以後要從 TimeSpan 物件取出天數的值 (格式為int)。以下我們直接看例子：

```
import datetime

start_date = datetime.datetime.strptime("20210308", '%Y%m%d')
end_date = datetime.datetime.strptime("20210311", '%Y%m%d')
print((end_date - start_date).days)
```
　　　　　　　　　　　　　　　　　　　↖ 取出天數的值

3 ← 兩日期差距 3 天

　　接著迭代的過程中需要進行日期的計算, 也就是算出明天、後天、大後天...的日期, 不過兩個 datetime 物件是不能做相加的, 要進行相加的話必須將其中一天的日期轉換成 TimeSpan 物件, 這邊就要使用 timedelta() 幫我們將天數轉換成 TimeSpan 物件再進行加總。timedelta() 函式的詳細說明如下：

```
timedelta(days=0, seconds=0, microseconds=0, milliseconds=0,
 minutes=0, hours=0, weeks=0)
```

　　函式裡面的參數可以決定要放天數、秒數、微秒、毫秒、分鐘、小時、星期等。如果要將天數 (int) 換算成 TimeSpan 物件可以這樣寫：

```
timedelta(days=2)
```
　　　　　　　↖ 放入要換算的天數

```
datetime.timedelta(days=2)
```

換算成 TimeSpan 物件後就能進行天數相加, 請見以下的範例

```
import datetime

start_date = datetime.datetime.strptime("20210227", '%Y%m%d')
end_date = datetime.datetime.strptime("20210302", '%Y%m%d')
days = (end_date - start_date).days
print(days)
print(start_date + datetime.timedelta(days = days))
```

4 ← 相差 4 天　　　　20210227 (datetime 物件) + 4(TimeSpan)

2021-03-03 00:00:00 ← = 20210303 (datetime 物件)

上面的例子可以看出來使用 datetime 套件, 能夠讓我們利用短短的程式碼就進行日期的處理, 並且跨月份計算也沒問題。

　　接下來配合 6-3-1 節的程式, 撰寫能篩選一組日期區間內為工作日的程式, 程式如下：

6-3.py

```
import datetime

start_date_str = "20210125"    # 起始日期
end_date_str = "20210201"      # 結束日期

start_date = datetime.datetime.strptime(start_date_str, '%Y%m%d')
end_date = datetime.datetime.strptime(end_date_str, '%Y%m%d')

totaldays = (end_date - start_date).days + 1 # 計算起始日期到結束
                                             日期間有幾天

dates = []  # 建立一個 list 裝取工作日的日期

for daynumber in range(totaldays): #  在 for 迴圈內作業
```

接下頁

```
        date = (start_date + datetime.timedelta(days=daynumber))
        if date.weekday() < 6: # 篩選星期天以外的日期
            dates.append(date.strftime('%Y%m%d'))
print(dates)
```
利用天數去迭代日期

```
['20210125', '20210126', '20210127', '20210128', '20210129',
 '20210130', '20210201']
```
由輸出的 list 可以看到星期日已經被篩選掉了
('20210131' 這天為星期日)

> 星期六也是假日，為甚麼不用剔除，證券交易也有可能因為政府規定的 **補班 (星期日不會補班)** 而需要上班，如果將星期六去除有可能會喪失部分的股票資訊，如果遇到不用補班的情形可以用例外處理的方式來處理，在後面的章節中會看到。

6-4 檔案存取

　　在爬蟲時常會使用到設定檔來設定要爬取的項目，本例也要使用設定檔的方式去讀取要爬取的證券代號及時間。這不得不提到 Python 的檔案讀取，接下來就簡單介紹一下 Python 中的檔案讀取。

　　Python 內建的 open() 函式可用來開啟檔案，它會傳回一個**檔案物件**，然後我們即可用**檔案物件**的 read()、close() 等方法來操作檔案。例如：

```
f = open('a.txt')      以讀取模式開啟 a.txt 檔並傳回一個檔案物件
data = f.read()        讀取檔案內容
f.close()              關閉檔案
```

6-4-0 開啟檔案時的參數設定

在使用 open() 開啟檔案時，較常用的參數有 3 個：

Open(file, mode, encoding＝編碼方式) 後面 2 個參數可以省略

● file 為檔案路徑，可以是相對路徑 (例如：a.txt) 或絕對路徑 (例如：C:/pybook/a.txt)。只有 file 參數時，表示要用**讀取模式**開啟已存在的**文字檔**，例如：

> 相對路徑就是相對於目前路徑 (預設為程式檔所在的路徑)。

```
f1 = open('a.txt')          # 開啟目前路徑中的 a.txt
f2 = open('sub/b.txt')      # 開啟目前路徑中的 sub/b.txt
f3 = open('C:/py/c.txt')    # 以絕對路徑開啟 c.txt
```

● mode 為開啟模式，常用的模式有以下 3 種：

模式	功能	可進行的操作
'r'	讀取模式，此為預設的模式	只能讀取資料
'w'	寫入模式，開啟時會先清除檔案原有的內容	只能寫入資料
'a'	附加模式，寫入的資料會附加在檔尾	只能寫入資料

如果要開啟的檔案不存在，用 'r' 開啟時會發生 FileNotFoundError 的例外 (因為無法讀取)，用 'w' 或 'a' 開啟則會先建立檔案以供寫入資料。

TIPS 也可在模式後面加 + 表示可以「讀＋寫」，若加 t 或 b 則表示要以文字模式或二進位模式開啟檔案，未指定時預設為 t (文字模式)。更多說明可參見官網 docs.python.org/3/library/functions.html?#open。

● encoding 為檔案的編碼方式，常用的有 'cp950' (中文繁體 Big5 編碼)、'utf-8'、和 'utf-8-sig' (大小寫均可，- 也可寫成 _，例如 'UTF_8')，最後的 utf-8-sig 會在檔案最前面加入一個編碼標記 (BOM)。

此參數要以指名參數 (encoding=) 來指定，若未指定則為 Windows 預設的編碼方式 (cp950)。我們必須用正確的編碼來開啟檔案，例如：

```
f = open('a.txt', encoding = 'utf-8')  # 以 utf-8 開啟 a.txt
```

中文簡體的編碼為 gb2312，更多有關編碼的說明參見官網 docs.python.org/3/library/codecs.html。

如果是用 Spyder 儲存的檔案，預設為 utf-8。若是用 Windows 記事本儲存的檔案，則預設為 cp950，可以在記事本中執行另存新檔來改變編碼方式：

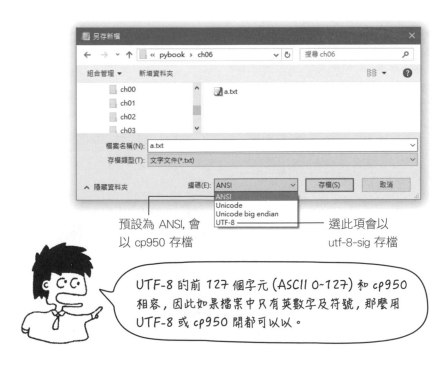

預設為 ANSI，會以 cp950 存檔

選此項會以 utf-8-sig 存檔

UTF-8 的前 127 個字元 (ASCII 0~127) 和 cp950 相容，因此如果檔案中只有英數字及符號，那麼用 UTF-8 或 cp950 開都可以以。

6-4-1　檔案的讀寫與關閉

檔案物件的常用操作方法有以下幾種：

方法	說明
read(n)	由目前位置讀取 n 個字元, 並將目前位置往後移 n 個字元。若 n 省略則讀取全部內容
readline()	由目前位置讀取讀取一行文字(包含行尾的 \n), 並將目前位置移到下一行開頭
readlines()	讀取所有的行並依序加入到串列中傳回, 串列中每個元素即為一行資料(包含行尾的 \n)
write(str)	將 str 寫入到檔案中
close()	關閉檔案

請注意, 檔案在使用完之後要記得用 close() 關閉, 否則檔案可能會被鎖定而導致其他程式無法開啟。底下範例會先將一首詩寫入到 a.txt 中, 然後再重新開啟並用 readlines() 以行為單位讀取其內容：

```
f = open('a.txt', 'w', encoding = 'utf-8')  # 以寫入模式、utf-8 編碼開啟檔案
f.write('''白日依山盡
黃河入海流                 } 寫入包含換行字元的字串資料
欲窮千里目
更上一層樓''')
f.close()     ← 關閉檔案
f = open('a.txt', 'r', encoding = 'UTF-8')  # 以讀取模式、utf-8 編碼開啟檔案
s = f.readlines() ← 以行為單位讀取其內容, 會傳回一個串列
print(s)                    # 輸出串列內容
f.close()             ← 關閉檔案
```

輸出

```
['白日依山盡\n', '黃河入海流\n', '欲窮千里目\n', '更上一層樓']
```

會包含換行字元

檔案與資料夾的管理

如果想要進行檔案與資料夾的管理, 可使用以下幾種常用的 Python 內建套件:

套件	功能
os	提供與作業系統有關的操作, 包括資料夾的建立/更名/刪除、檔案的更名/刪除、執行作業系統的命令或程式...等
os.path	提供與路徑有關的操作, 包括取得檔案的路徑、路徑的解析、路徑是否存在...等
shutil	提供高階的檔案與資料夾操作, 包括單一或大量資料的拷貝、搬移、刪除...等
glob	以指定條件 (可使用 *、? 萬用字元) 來搜尋所有符合的檔案或資料夾

TIPS 限於篇幅無法多做介紹, 可連到官網 docs.python.org/3/library/ 以套件名稱查詢詳細說明。

6-4-2 使用 with 確保外部資源 (如檔案) 在用完後會關閉

當我們開啟外部資源時, 例如開啟檔案、攝影機、或麥克風等, 在使用完後必須記得將之關閉, 以免持續佔用資源而導致其他程式無法使用。使用 **with** 指令可以確保資源在使用完後會**自動關閉**, 這樣就不用擔心忘記關了。

with 的用法就是將「變數 = open(...)」改寫成:

with open(...) as 變數: ← 最後面別忘了要加:
....
　　　程式區塊
....

在 with 區塊中可以對開啟資源 (如檔案) 進行各種操作, 當區塊結束時, Python 就會自動將開啟的資源關閉, 因此也不需要再使用 close() 來關閉了。例如:

```
with open('a.txt') as f:  ← 以 with 命令開啟檔案
    s = f.read(5)   # 讀取 5 個字
                ← 區塊結束時會自動關閉檔案
print(s)  輸出  白日依山盡
```

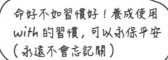

6-4-3 實例：讀取檔案中以「逗號」分隔的資料

我們經常會將一些設定或選項資料儲存在文字檔中, 以供程式讀取使用, 這種檔案稱做**設定檔**。例如本章的股市爬蟲, 會將股票代號、起始時間、結束時間都儲存在 stock.txt 中：

---

ch06/stock.txt

```
2330,20201125,20210201  ←── 台積電的證券代號、起始日期、結束日期
```

使用設定檔的好處, 就是當我們要盯盤的股票種類或價格改變時, 只需更改設定檔就好, 程式完全不用更動。接著我們就用程式來讀取並解析以上的 stock.txt, 將之儲存到二維的 list 中：

6-4.py

```
01 def get_setting():  ←── 將「讀取設定檔」寫成函式, 可讓程式易讀易用
02     res = []   ←── 準備一個空串列來存放讀取及解析的結果
03     try:     # 使用 try 來預防開檔或讀檔錯誤
04         with open('stock.txt') as f:  # 用 with 以讀取模式開啟檔案
05             slist = f.readlines()      # 以行為單位讀取所有資料
06             print('讀入：', slist)      # 輸出讀到的資料以供確認
07             a, b, c = slist[0].split(',')  ←── 將字串以逗號切割
08             res = [a, b, c]  ←── 將切割結果加到 res 中
09     except:
10         print('stock.txt 讀取錯誤')
11     return res  ←── 傳回解析的結果, 但如果開檔或讀檔錯誤則會傳回 []
12
13 stock = get_setting() # 呼叫上面的函式
14 print('傳回：', stock) # 輸出傳回的結果                    接下頁
```

```
讀入：['2330,20201125,20210201']
傳回：['2330', '20201125', '20210201']
        股票代號    起始日期     結束日期
```

程式說明
....

- 01 　　將「讀取設定檔」的功能寫成函式，可讓程式變的易讀易用，還可以重複使用。

- 03~11 　為 try...except... 區塊，用來處理在開檔或讀檔時可能發生的錯誤。

- 04~08 　為開啟檔案的 with 區塊，在區塊結束時會自動關閉檔案。

- 04 　　由於文字檔中只有數字和逗號，因此開檔時並未指定編碼 (使用預設的 cp950 或 utf-8 開都可以)。

6-5 實戰：股市爬蟲

　　在 6-1 節我們講解了如何撰寫程式爬取單日的股市資料，接著要配合 6-2、6-2 和 6-4 節的程式讓股市爬蟲可以爬取一組日期區間的股市資料。

6-5-0 建立自訂函式 crawl_data()

　　如果要爬取一組日期區間的股市資料，就要先將 6-1 節的爬蟲程式建立成自訂函式，方便我們重複使用：

```
def crawl_data(date, symbol):
    # 下載股價
    r = requests.get(
        'https://www.twse.com.tw/exchangeReport/MI_INDEX?
        response=csv&date=' + date +
          '&type=ALL')
```

接下頁

```
    r_text = [i for i in r.text.split('\n') if len(
        i.split('",')) == 17 and i[0] != '=']
    df = pd.read_csv(StringIO("\n".join(r_text)), header=0)

    df = df.drop(columns=['Unnamed: 16'])
    filter_df = df[df["證券代號"] == symbol]
    filter_df.insert(0, "日期", date)
    return list(filter_df.iloc[0]), filter_df.columns
```

接著將檔案讀取、篩選日期區間、爬取股票的程式放到 crawler_module. py 自訂模組之中，方便之後的程式進行呼叫：

```
import requests
from io import StringIO
import pandas as pd
import datetime


def get_setting():  ← 「讀取設定檔」的函式
    res = []
    try:
        with open('stock.txt') as f:
            slist = f.readlines()
            print('讀入：', slist)
            a, b, c = slist[0].split(',')
            res = [a, b, c]
    except:
        print('stock.txt 讀取錯誤')
    return res


def get_data():  ← 將篩選工作日的程式寫成函式
    data = get_setting()  ← 從設定檔中取得開始爬取的時間、結束的時間
    dates = []
    start_date = datetime.datetime.strptime(data[1], '%Y%m%d')
    end_date = datetime.datetime.strptime(data[2], '%Y%m%d')
    for daynumber in range((end_date - start_date).days + 1):
        date = (start_date + datetime.timedelta(days=daynumber))
        if date.weekday() < 6:
```

接下頁

```
            dates.append(date.strftime('%Y%m%d'))
    return data[0], dates


def crawl_data(date, symbol):
    # 下載股價
    r = requests.get(
        'https://www.twse.com.tw/exchangeReport/MI_INDEX?
        response=csv&date=' + date + '&type=ALL')

    r_text = [i for i in r.text.split('\n') if len(
        i.split('",')) == 17 and i[0] != '=']
    df = pd.read_csv(StringIO("\n".join(r_text)), header=0)

    df = df.drop(columns=['Unnamed: 16'])
    filter_df = df[df["證券代號"] == symbol]
    filter_df.insert(0, "日期", date)
    df_columns = filter_df.columns
    return list(filter_df.iloc[0]), filter_df.columns
```

6-5-1 撰寫 stock_crawler.py 主程式

建立好模組後, 就可以撰寫主程式將模組給匯入進來完成爬取一組日期區間的股市爬蟲。請先確認 crawler_module.py 自訂模組與主程式檔是放在同一個資料夾中, 以便主程式能直接匯入使用。主程式如下:

```
stock_crawler.py

01 import crawler_module as m   # 匯入自訂模組
02 from time import sleep
03 import pandas as pd
04
05 all_list = [] # 存取所有日期的股市資料
06 stock_symbol, dates = m.get_data() # 從設定檔取得證券代號、
                                       工作日的日期區間
07
08 for date in dates:
09     sleep(5)                                          接下頁
```

```
10    try:
11        crawler_data = m.crawl_data(date, stock_symbol)
12        all_list.append(crawler_data[0])
13        df_columns = crawler_data[0]
14        print("  OK!  date = " + date + " ,stock symbol = " +
          stock_symbol)
15    except:
16        print("error! date = " + date + " ,stock symbol = " +
          stock_symbol)
17
18 all_df = pd.DataFrame(all_list, columns=df_columns)
19 print(all_df)
```

輸出

```
日期   證券代號  證券名稱   成交股數   成交筆數   成交金額    ...  漲跌價差   最後揭示買價
最後揭示買量   最後揭示賣價 最後揭示賣量     本益比
0  20201125  2330  台積電   47,179,640   40,066  23,142,083,458  495.00   495.50
487.00  487.00      -   5.0  487.00     706  487.50    138  25.71
1  20201126  2330  台積電   31,844,322   19,587  15,606,951,086  489.00   493.50
488.00  489.00      +   2.0  489.00     445  489.50     10  25.82
2  20201127  2330  台積電   35,196,829   21,314  17,205,872,680  487.50   492.00
486.50  489.00          0.0  489.00     130  489.50     55  25.82
3  20201130  2330  台積電  149,311,778   49,362  72,095,050,187  493.00   493.50
480.50  480.50      -   8.5  480.50  1,238  481.00      8  25.37
4  20201201  2330  台積電   38,341,265   24,827  18,719,729,411  489.50   490.00
483.50  490.00      +   9.5  489.50      86  490.00    621  25.87
```

程式說明

- 01　匯入剛才建立的 stock_crawler.py 自訂模組並改名為 m。

- 02　匯入 time 模組，會使用其 sleep() 來暫停時間，台灣證券交易所的網站裡面有反爬蟲機制，如果爬蟲爬取太快將會被鎖住 IP 不允許存取網頁。

- 09　利用 get_workday() 取得存放日期區間的 List，作為 for 迴圈迭代的次數。

- 10　sleep() 函式設定爬取一筆後暫停 5 秒。

- 10~15 進行例外處理，股市休市的時間除了星期天以外還有**股市休市安排日**，例如：元旦、春節、清明節、勞動節、端午節以及天災人禍等等，這種情況很難利用 datetime 套件去檢測出來 (每年的股市休市安排日都不同)，為了不讓爬蟲爬取不到資料而出錯，所以設定了例外處理。

- 16　印出錯誤的日期以及證券代號。

- 18　將儲存股市資料的 all_list 轉換成 DataFrame 的格式，並加上剛剛爬取下來的表頭。

> 本節中我們實作了以「網頁」為來源的股市爬蟲，並且加入了篩選工作日的機制，不過網站也會有失效的時候，為了更加完善爬蟲，可以改用 Python 的股市套件來撰寫爬蟲，不但可以解決上述問題，也能獲得最即時的股市資訊。詳細說明請見本書的bonus 「Line 即時股票盯盤系統」。

6-6　matplotlib 套件

　　到這裡我們已經完成一支可以爬取一組日期區間的股市爬蟲，最後將爬取下來的資料繪成圖表，才方便看出個股的走勢。在 Python 中就用來繪圖的標準套件 matplotlib，繪圖功能相當齊全，本例將會使用 matplotlib 套件中的 pyplot 模組來幫助我們進行資料視覺化。

6-6-0　認識 matplotlib 的 pyplot 模組

　　pyplot 是 matplotlib 當中用來繪圖、圖表呈現及數據表示非常重要的一個繪畫模組。這邊就簡單的介紹一下，使用 pyplot 進行繪圖時大部分都是依照下面的步驟進行：

1 **準備資料**：準備要進行繪圖的資料。

2 **建立 plot 物件**：在 pyplot 模組中進行繪圖就必須先建立 plot 物件, 之後的繪圖指令都在 plot 物件上面進行操作, 簡單來說 plot 物件就像是一塊畫布, 你要先有畫布才能在上面進行繪圖。

3 **進行繪圖**：在 plot 物件上面輸入繪圖指令, 指令裡面的參數要設定欄位、標籤以及資料。

4 **顯示圖形**：將繪製好的圖形顯示出來。

　　接著來認識一下 pyplot 模組中常用到的方法, 由於 matplotlib 套件的功能繁多沒辦法全部介紹, 在這裡我們只會介紹到本例使用的方法：

本例使用到的 pyplot 方法

方法	說明
figure(figsize=None, dpi=None)	建立新的圖形, 其中 figsize 參數為圖形的大小 (單位為英吋)、dpi 參數為圖形的分辨率 (每英寸內有多少個像素點)
plot(X, Y, fmt, color, label)	在設定好的圖形上進行繪圖, 其中參數 X 為圖形 X 軸的資料、參數 Y 為圖形 Y 軸的資料、fmt 為格式的字串符, 例如 's-' 就是將資料點改為方形、參數 color 為繪製的顏色, 例如 'r' 為紅色、參數 label 為說明標籤
title()	設定圖形標題
xticks(fontsize = None, rotation = None)	設定 X 軸的刻度標籤, 其中參數 fontsize 為字型的大小、參數 rotation 為標籤旋轉的角度
yticks(fontsize = None, rotation = None)	設定 Y 軸的刻度標籤, 其中參數 fontsize 為字型的大小、參數 rotation 為標籤旋轉的角度
legend(loc= 'best', fontsize = None)	設定圖例, 用於說明繪製的資料結構, 其中參數 loc 是顯示圖例的位置、fontsize 為字型的大小
show()	顯示圖形

關於 pyplot 模組完整的說明可以參見 https://pypi.org/project/matplotlib/。

為了讓您能更加了解上述的方法與流程，以下就配合程式進行解說。

設定檔如下：

h06/stock.txt

2330,20201125,20210201 ←── 台積電的證券代號、起始日期、結束日期

程式碼如下：

6-5.py

```
01 import matplotlib.pyplot as plt
02 import crawler_module as m
03 from time import sleep
04 import pandas as pd
05
06 all_list = []
07 stock_symbol, dates = m.get_data()
08
09 for date in dates:
10     sleep(5)
11     try:
12         crawler_data = m.crawl_data(date, stock_symbol)
13         all_list.append(crawler_data[0])
14         df_columns = crawler_data[1]
15         print("  OK!  date = " + date + " ,stock symbol = " +
       stock_symbol)
16     except:
17         print("error! date = " + date + " ,stock symbol = " +
       stock_symbol)
18
19 all_df = pd.DataFrame(all_list, columns=df_columns)
20
21 # step 1 prepare data
22 day = all_df["日期"] .astype(str)
23 close = all_df["收盤價"].astype(float)
24
25 # step 2 create plot
26 plt.figure(figsize=(20, 10), dpi=100)
27
28 # step 3 plot
29 plt.plot(day, price, 's-', color='r', label=" Close Price")
```

接下頁

```
30 plt.title("TSMC Line chart")
31 plt.xticks(fontsize=10, rotation=45)
32 plt.yticks(fontsize=10)
33 plt.legend(loc="best", fontsize=20)
34
35 # step 4 show plot
36 plt.show()
```

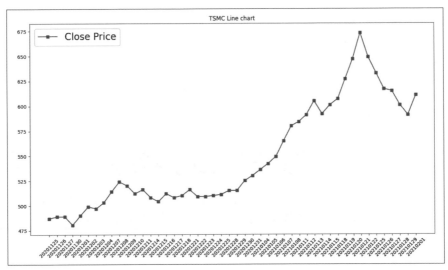

程式說明

- 01　　匯入 matplotlib 繪圖套件中的 pyplot 模組並改名為 plt。

- 02~19　此段程式碼與 stock_crawler.py 相同, 請參考上一節的程式說明。

- 22　　從爬取下來的資料集 all_df 中取出日期當做 X 軸的資料並存到變數 day 中。

- 23　　從爬取下來的資料集 all_df 中取出台積電的收盤價當做 Y 軸的資料並存到變數 close 中。

- 26　　設定繪製圖形的大小, 其中長為 20、寬為 10、分辨率為 100。

- 29　　設定繪製圖形的參數, 其中 X 軸為日期、Y 軸為台積電的收盤價, 參數 fmt 為 ' s- ' 代表資料點使用方形做為標記、參數 color 為 ' r ' 指定線條顏色為紅色、參數 label 設定折線的標籤。

- 30　　設定圖形的標題。

- 31　　設定 X 軸的刻度標籤 (日期), 設定字型大小為 10、旋轉的角度為 45 度, 本例旋轉的原因是標籤太長了, 如果不進行旋轉的話, 不同天的日期會重疊在一起。

- 32　　設定 Y 軸的刻度標籤 (收盤價), 設定字型大小為 10。

- 33　　設定圖例說明, 其中參數 loc="best" 代表將圖例說明擺在最合適的地方 (不會擋到圖形為主)、字型大小設定為 20。

- 36　　顯示圖形。

　　執行以後就可以看到 pyplot 模組將抓下來的日期與收盤價繪製成折線圖, 可是這張圖一點都不像股市上面看到的 **K 線圖**, 接下來就要示範如何使用 pyplot 模組繪畫出 K 線圖。

常用格式、顏色的對應字元

第 29 行的參數中使用到格式、顏色的對應字元來設定繪圖的樣式, 其他常用格式、顏色的對應字元如右:

常用格式的對應字元	
字串符	說明
'.'	點標記
','	像素標記
'o'	圓圈標記
'v'	倒三角形標記
'^'	正三角形標記
'<'	左三角形標記
'>'	右三角形標記
's'	方形標記
'p'	五邊形標記
'*'	星標
'h'	六角形標記
'H'	六角標記
'+'	加號
'x'	X 標記
'D'	鑽石標記
'_'	標記線

常用顏色的對應字元	
字串符	顏色
'b'	藍色 (blue)
'g'	綠色 (green)
'r'	紅色 (red)
'c'	青色 (cyan)
'm'	洋紅色 (magenta)
'y'	黃色 (yellow)
'k'	黑色 (black)
'w'	白色 (white)

6-6-1　認識 matplotlib 的子圖

上述範例我們只繪製了一張圖，不過實務上我們可能常需要將不同圖表整合在一起，例如：股市常見的 K 線圖就是由**蠟燭圖**和**量能圖**組合而成。因此接著我們就要利用 pyplot 的子圖 (subplots) 來做到這個效果。子圖的概念很簡單，就是將一個 plot 物件依照比例或尺寸分成上下兩個部分，並且分別下繪製蠟燭圖與量能圖的指令，最後顯示圖形的時候在將 plot 物件組合後再顯示，簡單來說就是將一張畫布切成兩半，分別繪製不同的圖形，最後要顯示時再拼在一起。使用子圖時會用到以下的方法：

繪製子圖時使用到的 pyplot 方法

方法	說明
subplots(num = None, figsize=None, dpi=None,)	建立包含子圖的圖形，其中參數 num 為子圖的數量 (以行、列來指定)，figsize 為整張圖形的大小、dpi 為圖形的分辨率 (每英寸內有多少個像素點)
set_xticklabels()	設定 X 軸的刻度標籤
set_yticklabels()	設定 Y 軸的刻度標籤
rcParams	rcParams 是用來控制 matplotlib 中每個屬性的預設值，在本例中，將字型「font.sans-serif」更改為字型「Microsoft JhengHei」，這麼做的用意是因為前者的字型沒有中文，如果輸出中文會出現亂碼

程式碼如下：

```
6-6.py
01 import matplotlib.pyplot as plt
02 import crawler_module as m
03 from time import sleep
04 import pandas as pd
05
06 all_list = []
07 stock_symbol, dates = m.get_data()
08
09 for date in dates:
10     sleep(5)                            接下頁
```

```
11    try:
12        crawler_data = m.crawl_data(date, stock_symbol)
13        all_list.append(crawler_data[0])
14        df_columns = crawler_data[1]
15        print("  OK!  date = " + date + " ,stock symbol = " +
          stock_symbol)
16    except:
17        print("error! date = " + date + " ,stock symbol = " +
          stock_symbol)
18
19 all_df = pd.DataFrame(all_list, columns=df_columns)
20
21 # step 1 prepare data
22 day = all_df["日期"] .astype(str)
23 openprice = all_df["開盤價"].astype(float)
24 close = all_df["收盤價"].astype(float)
25
26 # step 2 create plot
27 fig, (ax, ax2) = plt.subplots(2, 1, sharex=True, figsize=(24,
   15), dpi=100)
28 plt.rcParams['font.sans-serif'] = ['Microsoft JhengHei']
29 ax.set_title(stock_symbol +"  開盤價、收盤價 ( " + start_date + " ~
   " + end_date + " )")
30
31 # step 3 plot 子圖(ax)
32 ax.plot(day, openprice, 's-', color='r', label="Open Price")
33 ax.legend(loc="best", fontsize=10)
34
35 # step 3 plot 子圖(ax2)
36 ax2.plot(day, close, 'o-', color='b', label="Close Price")
37 ax2.legend(loc="best", fontsize=10)
38 ax2.set_xticks(range(0, len(day), 5))
39 ax2.set_xticklabels(day[::5])
40
41 # step 4 show plot
42 plt.show()
```

會傳回圖形物件及包含 2 個子圖物件的 tuple

變更預設字型以顯示中文

 輸出

接下頁

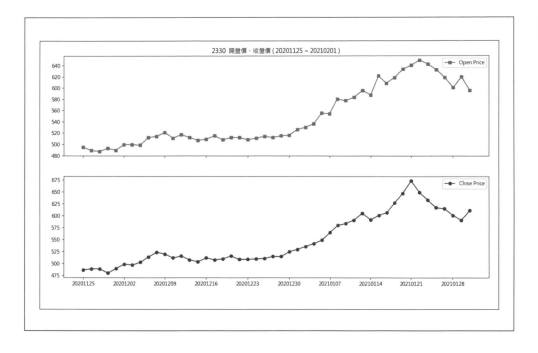

程式說明

- 01~19 此段程式碼與 6-5.py 相同, 請參考上一節的程式說明。

- 22~24 從爬取下來的資料集 all_df 中取出日期、開盤價、收盤價並利用 astype() 函式轉換成格式後存到相對應的變數之中。

- 27　繪製圖形的大小, 其中長為 24、寬為 15、分辨率為 100, 接著分割成 2 行 1 列並指派繪圖的區域到不同的子圖中 (ax、ax2)。

- 28　設定中文字的字型, matplotlib 沒有中文字型, 這邊就先設定字型為 ' Microsoft JhengHei ', 如果不進行設定, 在繪製的過程中遇到中文字會變成亂碼。

- 29　設定圖形標題並加入證卷代號、起始日期、結束日期。

- 32　繪製子圖 ax 中的折線圖, 其中參數 X 軸為日期、Y 軸為台積電的**開盤價**, 參數 fmt 為 ' s- ' 代表資料點使用**方形**做為標記、參數 color 為 ' r ' 指定線條顏色為**紅色**、參數 label 設定折線的標籤。

- 33　　設定子圖 ax 中的圖例說明，其中參數 loc="best" 代表將圖例說明擺在最合適的地方 (不會擋到圖形為主)、字型大小設定為 10。

- 36　　繪製子圖 ax2 中的折線圖，其中參數 X 軸為日期、Y 軸為台積電的**收盤價**，參數 fmt 為 ' o- ' 代表資料點使用**圓形**做為標記、參數 color 為 ' b ' 指定線條顏色為**藍色**、參數 label 設定折線的標籤。

- 37　　設定子圖 ax2 中的圖例說明，其中參數 loc="best" 代表將圖例說明擺在最合適的地方 (不會擋到圖形為主)、字型大小設定為 10。

- 38~39　顯示 X 軸的刻度標籤 (日期)，並且設定每 5 筆顯示 1 次。

- 42　　顯示圖形。

6-6-2　實戰：撰寫 stock_crawler_plot.py 主程式

　　了解完子圖的概念後，接著要來實際繪製**蠟燭圖**與**量能圖**，這兩個圖形繪製起來非常複雜，幸好 matplotlib 的金融繪圖模組 mpl_finance 已經內建這兩個圖形的函式了。除了 mpl_finance 以外還需要匯入股市指標計算模組 talib 來幫我們進行計算 **10 日均線**以及 **30 日均線**，使用到的方法如下：

畫 K 線圖所使用到的 pyplot 方法

方法	說明
mpf.candlestick2_ochl(data, wdith = None, colorup = None, colordown, alpha = None)	繪製蠟燭圖，其中參數 data 要放繪圖的資料，wdith 設定蠟燭圖的寬度，colorup 設定如果股價為**漲**就顯示紅色，colordown 設定股價為**跌**就顯示綠色，alpha 為透明度。要繪製蠟燭圖必須先匯入 matplotlib 的子模組 mpl_finance
mpf.volume_overlay(data, wdith = None, colorup = None, colordown, alpha = None)	繪製量能圖，其中參數 data 要放繪圖的資料，wdith 設定量能圖的寬度，colorup 設定如果股價為**漲**顯示紅色，參數 colordown 設定股價為**跌**顯示綠色，alpha 為透明度。要繪製量能圖必須先匯入 matplotlib 的子模組 mpl_finance
talib.SMA()	計算均線指標，使用時必須先匯入股市指標計算模組 tailb
grid()	設定是否顯示網格線

　　完整的程式碼如下：

stock_crawler_plot.py

```
01 import matplotlib.pyplot as plt
02 import crawler_module as m
03 from time import sleep
04 import pandas as pd
05 import mpl_finance as mpf
06 import talib
07
08 all_list = []
09 stock_symbol, dates = m.get_data()
10
11 for date in dates:
12     sleep(5)
13     try:
14         crawler_data = m.crawl_data(date, stock_symbol)
15         all_list.append(crawler_data[0])
16         df_columns = crawler_data[1]
17         print("  OK!  date = " + date + " ,stock symbol = " + \
               stock_symbol)
18     except:
19         print("error! date = " + date + " ,stock symbol = " + \
               stock_symbol)
20
21 all_df = pd.DataFrame(all_list, columns=df_columns)
22
23 # step 1 prepare data
24 day = all_df["日期"]
25 openprice = all_df["開盤價"].astype(float)
26 close = all_df["收盤價"].astype(float)
27 high = all_df["最高價"].astype(float)
28 low = all_df["最低價"].astype(float)
29 volume = all_df["成交股數"].str.replace(',', '').astype(float)
30
31 # step 2 create plot
32 fig, (ax, ax2) = plt.subplots(2, 1, sharex=True, figsize=(24,
   15), dpi=100)
33 plt.rcParams['font.sans-serif'] = ['Microsoft JhengHei']
34 ax.set_title(stock_symbol+"  K 線圖 ( " + start_date + " ~ " + \
               end_date + " )")
35
36 # step 3 plot 子圖(ax)
```

接下頁

```
37 mpf.candlestick2_ochl(ax, openprice, close, high, low, width=0.5,
38                       colorup='r', colordown='g', alpha=0.6)
39 ax.plot(tailb.SMA(close, 10), label='10日均線')
40 ax.plot(tailb.SMA(close, 30), label='30日均線')
41 ax.legend(loc="best", fontsize=20)
42 ax.grid(True)
43
44 # step 3 plot 子圖(ax2)
45 mpf.volume_overlay(ax2, openprice, close, volume, colorup='r',
46                    colordown='g', width=0.5, alpha=0.8)
47 ax2.set_xticks(range(0, len(day), 5))
48 ax2.set_xticklabels(day[::5])
49 ax2.grid(True)
50
51 # step 4 show plot
52 plt.show()
```

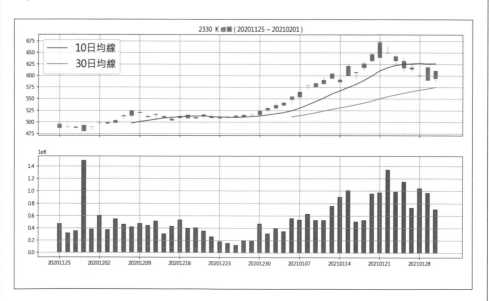

- 01　　匯入 matplotlib 繪圖套件中的 pyplot 模組並改名為 plt。

- 05　　匯入 matplotlib 繪圖套件中的子模組 mpl_finance 並改名為 mpf, 匯入此模組用來繪製**蠟燭圖**、**量能圖**。

- 06　　匯入 tailb 股市指標計算模組, 匯入此模組用來計算 **10 日均線**以及 **30 日均線**。

- 08~21 此段程式碼與 stock_crawler.py 相同, 請參考該節的程式說明。

- 24~28 從爬取下來的資料集 all_df 中取出日期、開盤價、收盤價、最高價、最低價, 並利用 astype() 函式轉換格式後存到相對應的變數之中。

- 29　　從爬取下來的資料集 all_df 中取出台積電的成交股數, 由於是字串形式, 需要先將資料中的 ',' 利用 replace() 去除掉, 例如："12, 345" → 12345 接著再轉換成 float 格式後存到變數 volume 當中。

- 37~38 繪製股市資料的蠟燭圖, 指定圖形範圍為 ax (第 1 個子圖), 設定要繪製的資料、寬度、顏色、透明度。

- 39~40 利用 SMA() 函式計算出均線指標, 接著利用 plot() 函式繪製 **10 日均線**以及 **30 日均線**。

- 41　　設定圖例說明的位置, 其中參數 loc="best" 代表將圖例說明擺在最合適的地方 (不會擋到圖形為主)、字型大小設定為 20。

- 42　　設定顯示格線。

- 45~46 繪製代表**交易量**的量能圖, 指定圖形範圍為 ax2 (第 2 個子圖), 設定要繪製的資料、寬度、顏色、透明度。

- 47~48 顯示 X 軸的刻度標籤 (日期), 並且設定每 5 筆顯示 1 次。

- 49　　設定顯示格線。

- 52　　顯示圖形。

MEMO

7

Chapter

網路爬蟲＋多執行緒搜集巨量資料 - 以圖片為例

很多時候, 我們需要從網路上下載大量的資料, 例如做報告時要用到很多參考文章、製作影片時要用到大量素材, 另外如果想要訓練人工智慧, 成千上萬的訓練資料更是不可少的, 這些下載工作往往會占掉我們大半的時間, 如果能夠交由程式自動處理, 想必一定能大幅提升我們的工作效率。

7-0　本章重點與成果展示

以現有的技術來看, 要讓人工智慧成功辨識圖片, 就需要準備大量的圖片輸入進電腦讓它學習, 這個數量通常動輒上萬張, 如果從網路上找圖片, 然後一張一張下載, 幾乎是不可能的, 有沒有什麼方法可以一口氣把大量的同類圖片下載下來呢？

本專案將以圖片為例, 從網路上收集大量的資料, 並使用平行化多執行緒來加速下載。我們將學習到：

● **下載圖片**：使用 requests 儲存圖片。

● **爬蟲**：解析圖片網站。

● **os 模組**：將圖片分門別類的收藏。

● **threading 模組**：用多執行緒加速下載。

■ 成果展示

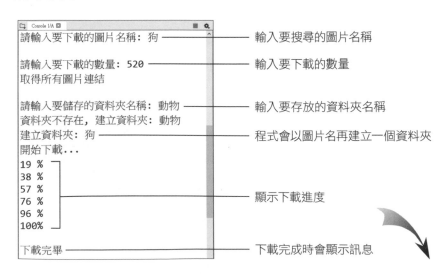

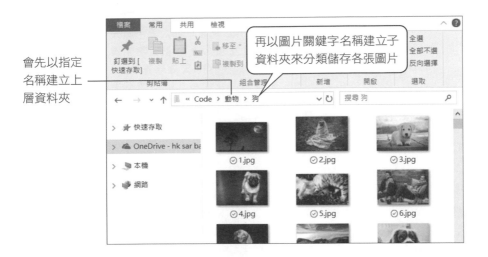

會先以指定名稱建立上層資料夾

再以圖片關鍵字名稱建立子資料夾來分類儲存各張圖片

7-1 使用 requests 下載圖片

我們在第 5 章使用了 requests 套件的 GET 來讀取網頁資料, 這一章將使用 GET 的方式將網路上的圖片儲存下來。方法是對網路圖片的連結發出 GET 請求, 並開啟一個空白檔案, 將 HTTP Response 物件的 content 屬性 (圖片內容) 寫入檔案中。

首先要取得圖片的連結, 以下我們以 Google 圖片的搜尋結果為例, 開啟 Chrome 瀏覽器, 到 Google 圖片任意搜尋一個關鍵字, 點選其中一張圖片, 接著按 F12 鍵開啟**開發者工具**面板 (詳細的介紹請參考 5-6 節):

1 按一下此處啟動「滑鼠動態檢視」

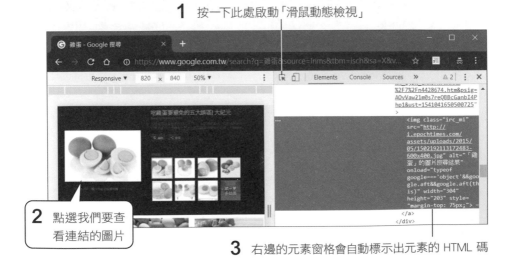

2 點選我們要查看連結的圖片

3 右邊的元素窗格會自動標示出元素的 HTML 碼

從 HTML 碼中可以看出來，這是一個圖片的標籤 (img)，而其中的屬性 src，便是圖片的連結，對著 src 中的文字按滑鼠右鍵，選擇『**Copy link address**』，就能複製此圖片的連結。

在 HTML 網頁中插入圖片的方法就是使用 img 標籤，瀏覽器讀取到 img 後，會尋找其中 src 的連結，並使用此連結讀取圖片，將圖片顯示到螢幕上。

將連結貼到網址列後按下 Enter ，就會看到剛剛選擇的圖片，由此可以確定，透過該連結便能取得圖片資料。

7-1-0 實例：用 requests 下載網路圖片

■ 建立自訂函式 download_pic()

確認圖片連結是正確的，就能下載圖片了，我們建構一個自訂函式 **download_pic()**，只要傳入圖片連結和儲存路徑就能下載圖片，方便之後使用。

7-0.py

```
01   import requests
02
03   def download_pic(url, path):
04       pic = requests.get(url)              # 使用 GET 對圖片連結發出請求
05       path += url[url.rfind('.'):]         # 將路徑加上圖片的副檔名
06       f = open(path, 'wb')                 # 以指定的路徑建立一個檔案
07       f.write(pic.content)  # 將 HTTP Response 物件的 content 寫入檔案中
08       f.close()             # 關閉檔案
09
10   url =  "http://i.epochtimes.com/assets/uploads/2015/05/\
11               1502192113172483-600x400.jpg"  # 貼上 src 屬性中的連結
12   pic_path = "download"  # 設定圖片的儲存名稱和路徑
13   download_pic(url, pic_path)
```

'wb' 表示要以二進位 (b) 的寫入 (w) 模式開啟檔案

程式說明

• 5　　　將路徑加上副檔名，由於不同連結的圖片副檔名也可能不同，因此可以使用字串的 **rfind()**，從連結的字尾開始找 '.'，然後用**切片**將 '.' 之後的字串取出，取出的字串即為副檔名

　　如此一來便能將網路的圖片下載到電腦中，開啟 Python 程式所在的資料夾，可以看到有一張名稱為 download.jpg 的圖片，這張圖片就是網路上看到的圖片。

7-2 爬蟲-解析圖片網站

　　知道如何下載圖片後，就能進入正題了，以下將會以 "pixabay" 免費圖片網站為例進行說明。

　　爬蟲的精髓以及困難點就在於了解該網站的運作原理，以下讓我們一起一步一步解析圖片網站。

　　開啟 Google 瀏覽器，在網址列輸入 "https://pixabay.com/zh/" 後按 Enter，就會連結到 pixabay 免費圖片網站：

網址列會顯示 https://pixabay.com/zh/photos/「關鍵字」/?

搜尋到的相關圖片

由以上的網址列發現我們可以使用網址「https://pixabay.com/zh/photos/「關鍵字」/?」，來搜尋該網站的圖片。

再使用 Chrome 的**開發者工具**，可以知道每張圖片都是在標籤為 div, class 為 'item' 的元素中，而圖片的連結就在 div 之中標籤為 img 的 'src' 屬性裡：

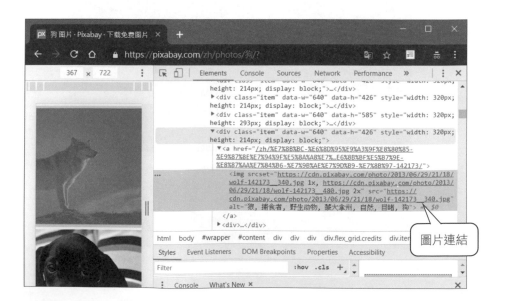

圖片連結

接著我們只要使用 5-4 節的 BeautifulSoup 套件, 便能由網頁原始碼中搜尋出所有圖片連結並存進一個 list 中。不過有一點要注意, 雖然 requests 會自動幫我們判斷傳回的網頁原始碼的編碼方式, 但有時候可能會判斷錯誤, 因此我們最好手動指定編碼。首先來查看網頁原始碼的編碼方式:

```
<meta charset="utf-8">
```

從網頁的 meta 標籤之中的 charset 屬性可以看出來這個網站是使用 "utf-8" 編碼

指定編碼的方法是用 **HTTP Response 物件.encoding** 來進行設定。例如:

```
html = requests.get(url)   # GET 請求
html.encoding = 'utf-8'    # 指定編碼
```

接著我們試著把一整頁的圖片連結存進一個 list 之中, 並將 list 顯示出來:

```
import requests
from bs4 import BeautifulSoup

url = 'https://pixabay.com/zh/photos/狗/?'
html = requests.get(url)   # GET 請求
html.encoding = 'utf-8'    # 指定編碼為 utf-8
bs = BeautifulSoup(html.text, 'lxml') # 解析網頁
photo_item = bs.find_all('div', {'class': 'item'})
# 尋找所有標籤為 div, calss 為 'item' 的元素
photo_list = []    ← 建立空的圖片 list
for i in range(len(photo_item)):    ← 尋找標籤 img 並取出 'src' 之中的內容
    photo = photo_item[i].find('img')['src']
    photo_list.append(photo)    ← 將找到的連結新增進 list 之中
print(photo_list)              # 顯示圖片 list
```

顯示結果為:

['https://cdn.pixabay.com/photo/2015/02/24/15/41/dog-647528__340.jpg', 'https://cdn.pixabay.com/photo/2015/06/08/15/02/pug-801826__340.jpg', 'https://cdn.pixabay.com/photo/2016/12/13/05/15/puppy-1903313__340.jpg', 'https://cdn.pixabay.com/photo/2015/03/26/09/54/pug-690566__340.jpg', 'https://cdn.pixabay.com/photo/2016/01/19/17/41/friends-1149841__340.jpg', 'https://cdn.pixabay.com/photo/2017/06/20/22/14/men-2425121__340.jpg', 'https://cdn.pixabay.com/photo/2018/03/31/06/31/dog-3277416__340.jpg', 'https://cdn.pixabay.com/photo/2013/10/02/23/03/dog-190056__340.jpg', 'https://cdn.pixabay.com/photo/2017/09/25/13/12/dog-2785074__340.jpg', 'https://cdn.pixabay.com/photo/2015/11/17/13/13/bulldog-1047518__340.jpg', 'https://cdn.pixabay.com/photo/2015/05/07/10/48/husky-3380548__340.jpg', 'https://cdn.pixabay.com/photo/2013/06/29/21/18/wolf-142173__340.jpg', 'https://cdn.pixabay.com/photo/2016/07/15/15/55/dachshund-1519374__340.jpg', 'https://cdn.pixabay.com/photo/2013/10/14/13/dog-1728494__... 'https://cdn.pixabay.com/photo/2017/10/18/16/08/

'/static/img/blank.gif', '/static/img/blank.gif', '/static/img/blank.gif', '/static/img/bl
'/static/img/blank.gif', '/static/img/blank.gif', '/static/img/blank.gif', '/
'/static/img/blank.gif', '/static/img/blank.gif', '/static/img/blank.gif', '/static/img/blank.gif', '/
'/static/img/blank.gif', '/static/img/blank.gif', '/static/img/blank.gif', '/static/img/blank.gif', '/
'/static/img/blank.gif', '/static/img/blank.gif', '/static/img/blank.gif', '/static/img/blank.gif', '/
'/static/img/blank.gif', '/static/img/blank.gif', '/static/img/blank.gif', '/static/img/blank.gif', '/
'/static/img/blank.gif', '/static/img/blank.gif', '/static/img/blank.gif', '/static/img/blank.gif', '/

　　圖片 list 之中出現了許多預期之外的相同連結 (如上圖後半段)，在網址列輸入以下連結 "https://pixabay.com/static/img/blank.gif" 後按 Enter，發現傳來的是一張空的圖片 (用瀏覽器看是全黑的)。

　　對著原本的網頁按右鍵，選擇**檢視網頁原始碼**，會看到確實有很多 src 之中的內容為「/static/img/blank.gif」，並且多了一個屬性 'data-lazy'，而其中的內容是真正的圖片連結：

%E6%B5%B7%E6%BB%A9-%E5%AE%A0%E7%89%A9-%E9%BB%91%E8%89%B2-143753/"><img src="/static/img/blank.gif" data-la
143753__480.jpg 2x" data-lazy="https://cdn.pixabay.com/photo/2013/07/07/04/58/weimaraner-143753__340.jpg"

　　　　　　└─ 圖片連結在 data-lazy 屬性之中，而不是 src

　　這是因為許多網站會使用 JavaScript 動態修改網頁的內容，像這種大量圖片的網站，通常不會一次載入所有的圖片，而是當我們瀏覽到該區域時才會動態載入：

滑鼠滾輪快速往下滑動時，會發現下方的圖片此時才開始載入

　　因此在寫爬蟲程式時, 要記得以爬回來的網頁原始碼為準, 而不是螢幕上看到的畫面。另外有些網站的圖片甚至會用 JavaScript 從後端取得資料後才進行載入, 或是由 JavaScript 即時將圖片連結組合出來, 例如某些線上漫畫網站。

解析用 Javascript 保護的圖片網址

查看一些漫畫網站的網頁原始碼後, 發現 src 中的連結也是空白圖片「/images/blank.gif」, 但在瀏覽時會由 JavaScript 動態修改 src 的內容, 這點可以從網頁中載入的 core2.js 檔案看到線索:

```
<div style="display:none"><iframe id="precontent" src="/images/blank.gif"></iframe></div>
<script type="text/javascript" src="/static/scripts/jquery.js?0205"></script>
<script type="text/javascript" src="/static/scripts/configs.js?v=8"></script>
<script type="text/javascript" src="/static/scripts/main2.js?v=8"></script>
<script type="text/javascript" src="/static/scripts/core2.js?v=8"></script>
<script type="text/javascript">  var cInfo = {
```

core2.js 中有以下的程式片段

```
r("<img />")[0].src = "//www.98comic.com/g.php?"+o.cid+'/'+ o.fs[i - 1]
```

由以上的程式片段可推論:每張漫畫圖片的連結是由 cid 和 fs 之中的元素所組成, 再對比從**開發者工具**看到的圖片連結可以得知 cid 是漫畫的章節碼、fs 則是頁數碼。接著再從網頁原始碼中的 script 標籤內容可以看到一個 cInfo 變數, 裡面儲存該章節的 cid 碼和所有頁數的 fs 碼:

```
<script type="text/javascript">  var cInfo = {
'bid':14870,'btitle':'航海
王','cid':'cb2dcb6ce6f6a26dd5c9080a19f09774','ncid':'
bbad0090628046a27acf17a0014828ba','pcid':'','ctitle'
:'海賊王01卷','fs':
['3F747D20233F3F7F7B3D737F7D797320203F783F5F5E554F40
595553553F667F7C4F20213F29292727204F20202173495D3E7A
60773D2C21991','3F747D20233F3F7F7B3D737F7D797320203F
783F5F5E554F40595553553F667F7C4F20213F29292727204F20
```

cInfo 變數裡的內容

fs 串列之中, 第 0 個元素就是第一頁漫畫的 fs 碼, 第 1 個元素則是第二頁的 fs 碼…依此類推

經由以上分析出的資訊, 即可組合出所有圖片的真實網址了。

　　知道網頁中所有的圖片連結位置後, 以下的實例會讓使用者自行決定要下載的圖片數量, 並把每張圖都下載下來。

7-2-0　實例：下載指定數量的圖片

　　請建立一個自訂模組 **photo_module.py** 並將前面寫好的 **download_pic()** 函式放入自訂模組中，以方便後續範例 import 到程式中使用。接著在 **photo_module.py** 中建立一個自訂函式 **get_photolist()**，傳入圖片名稱和下載數量後，會用串列傳回所有圖片的連結。

■ 建立自訂函式 get_photolist()

```
photo_list = get_photolist(photo_name, download_num)
```

圖片連結的串列，如果　　　　　　　圖片名稱　　　下載數量
無搜尋結果則傳回 None

　　由於使用者指定的下載數量可能超過一個網頁中的圖片總數，因此程式必須自動換頁才能取得足夠的圖片數量，在網頁中可以看到右上角有切換頁次的按鈕：

切換頁面後，可以看到網址列的後段會顯示 &pagi=「頁數」

這裡的按鈕可以切換頁次

　　這樣一來，我們可以設計一個 while 迴圈，讓頁數不斷加 1，直到取得指定數量的圖片連結為止。

寫在 photo_module.py 中

```
01 import requests
02 from bs4 import BeautifulSoup
03 from selenium import webdriver  # selenium 的用法可參見 5-7 節
04 from selenium.webdriver.common.keys import Keys
05
06 def get_photolist(photo_name, download_num):
07     page = 1          # 初始頁數為 1
08     photo_list = []  # 建立空的圖片 list
09
10     url = 'https://pixabay.com/zh/' # Pixabay 網址
11     option = webdriver.ChromeOptions()
12     option.add_experimental_option('excludeSwitches',
                                    ['enable-automation'])
13     browser = webdriver.Chrome(options=option) # 以指定的選項啟動 Chrome
14
15     browser.get(url)
16     browser.find_element_by_name('q').send_keys(photo_name)
17     browser.find_element_by_name('q').send_keys(Keys.RETURN)
18
19     while True:
20         html = browser.page_source
21         bs = BeautifulSoup(html, 'lxml')  # 解析網頁
22         photo_item = bs.find('div', {'class': \
                            'flex_grid credits search_results'}).
23                            find_all('div', {'class': 'item'})
24         if len(photo_item) == 0:
25             print('Error, no photo link in page', page)
26             return None
27         for i in range(len(photo_item)):
28             photo = photo_item[i].find('img')['src']
29             if photo == '/static/img/blank.gif':
30                 photo = photo_item[i].find('img')['data-lazy']#
31             if photo in photo_list:
32                 continue
33             photo_list.append(photo) # 將找到的連結新增進 list 之中
34             if len(photo_list) >= download_num:
35                 print('end by get photo list size', len(photo_list))
36                 browser.close()
37                 return photo_list
```

加入選項來指定不要有自動控制的訊息

尋找標籤 *img* 並取出 *'src'* 之中的內容

尋找標籤 *img* 並取出 *'data-lazy'* 之中的內容

接下頁

```
38          page += 1   # 頁數加1
39          try:        # 找出下一頁的連結網址
40              next = browser.find_element_by_partial_link_ \
                        text('›').get_attribute('href')
41              browser.get(next)
42          except:     # 沒下一頁了
43              browser.close()
44              return photo_list
```

程式說明

- 15   連線到 pixabay 網頁, 注意, Chrome 出現訊息窗時不可按**停用**鈕, 請按 x 將之關閉, 或不理它也可。

- 19   寫一個不斷重複執行的迴圈。

- 22   先尋找標籤為 div, calss 為 'flex_grid ...' 的元素 (這區中才是免費圖庫) 再尋找所有標籤為 div, calss 為 'item' 的元素。

- 24~26 找不到圖片時, 回傳 None。

- 27~30 如果找到的連結為空白圖片, 則改成尋找標籤 img 中 data-lazy 的內容。

- 34~37 如果圖片連結數已達指定的數量, 傳回當前的 list。

自訂函式完成後, 請將 **photo_module.py** 放在主程式所在的資料夾中, 然後撰寫主程式如下：

7-1.py

```
01  import photo_module as m
02
03  while True:
04      photo_name = input("請輸入要下載的圖片名稱: ")
05
06      download_num = int(input("請輸入要下載的數量: "))
07
08      photo_list = m.get_photolist(photo_name, download_num)
09
```

接下頁

```
10      if photo_list == None:
11          print("找不到圖片，請換關鍵字再試試看")
12      else:
13          if len(photo_list) < download_num:
14              print("找到的相關圖片僅有", len(photo_list), "張" )
15          else:
16              print("取得所有圖片連結")
17          break
18
19  print("開始下載...")
20
21  for i in range(len(photo_list)):
22      m.download_pic(photo_list[i], str(i+1))
23
24  print("\n下載完畢")
```

以數字編號為檔名

以上的程式之中有一個不斷重複的迴圈，可以在找不到圖片時，讓使用者重新輸入關鍵字，直到有搜尋結果為止，其中使用 **get_photolist()** 取得圖片連結的串列後，再用 for 迴圈搭配自訂函式 **download_pic()** 依序將所有圖片下載下來。

7-3 用 os 套件讓檔案保持井然有序

現在你可以把指定數量的圖片都下載下來了，但是應該也會面臨一個問題：你的資料夾中都是一堆以數字編號的圖片，這樣一來不僅資料夾很亂，而且下載別類的圖片時，舊的檔案就會被覆蓋，除非你先將圖片存進另一個資料夾裡。那有沒有什麼方法能讓圖片下載時就自動依照類別，存放進專屬的資料夾中呢？

Python 的 os 套件能夠滿足你的需求，它可以用來進行一些作業系統的操作，包括建立資料夾、刪除資料夾及檔案等等，另外 os 套件之中的 path 套件還能取得檔案路徑、檢查檔案或路徑是否存在…等，使用 os 套件之前要先匯入：

```
import os
```

以下為 os 套件中常見的方法：

方法	說明
os.sep	傳回作業系統的路徑分隔符號，中文環境的 Windows 通常為'\\'
os.name	傳回作業系統的名稱，Windows 為 'nt'，Linux 為 'posix'
os.listdir(path)	傳回指定路徑中所有的檔案和資料夾名稱
os.mkdir(path)	使用指定路徑建立資料夾
os.remove(path)	刪除指定路徑的檔案或資料夾
os.path.exists(path)	檢查指定路徑的檔案或資料夾是否存在
os.path.getsize(path)	傳回檔案或資料夾的大小，單位為 Byte
os.path.abspath(path)	傳回檔案或資料夾在主機中的絕對路徑
os.path.dirname(path)	傳回檔案或資料夾在當前資料夾的路徑
os.path.isfile(path)	檢查路徑是否為檔案
os.path.isdir(path)	檢查路徑是否為資料夾

下載圖片之前，就能先使用 os.mkdir() 依照類別來建立資料夾。

通常 os.mkdir() 會搭配 os.path.exists() 來使用，確定資料夾不存在才建立，避免程式出錯。

7-3-0　實例：分門別類的儲存圖片

■ 建立自訂函式 create_folder()

　　首先在 **photo_module.py** 之中建立一個自訂函式 **create_folder()**，傳入圖片名稱後，會詢問使用者要存放的類別資料夾名稱，如果資料夾不存在便建立一個，接著在此資料夾中再建立一個圖片名稱的資料夾 (例如：動物/狗)，最後傳回類別資料夾的名稱 (動物)：

寫在 photo_module.py 之中

```
01   import os
02
03   def create_folder(photo_name):
04       folder_name = input("請輸入要儲存的資料夾名稱: ")
05
06       if not os.path.exists(folder_name):
07           os.mkdir(folder_name)
08           print("資料夾不存在，建立資料夾: " + folder_name)
09       else:
10           print("找到資料夾: " + folder_name)
11
12       if not os.path.exists(folder_name + os.sep + photo_name):
13           os.mkdir(folder_name + os.sep + photo_name)
14           print("建立資料夾: " + photo_name)
15       else:
16           print(photo_name + " 資料夾已存在")
17       return folder_name
```

然後修改程式 7-1，加入呼叫上述的自訂函式來建立資料夾：

7-2.py

```
01   import photo_module as m
02   import os
03
04   while True:
05       photo_name = input("請輸入要下載的圖片名稱: ")
06
07       download_num = int(input("請輸入要下載的數量: "))
08
09       photo_list = m.get_photolist(photo_name, download_num)
10
11       if photo_list == None:
12           print("找不到圖片，請換關鍵字再試試看")
13       else:
14           if len(photo_list) < download_num:
15               print("找到的相關圖片僅有", len(photo_list), "張" )
16           else:
17               print("取得所有圖片連結")
18           break
19
```

接下頁

```
20   folder_name = m.create_folder(photo_name)
21
22   print("開始下載...")
23
24   for i in range(len(photo_list)):
25       m.download_pic(photo_list[i], folder_name + os.sep +
                          photo_name + os.sep + str(i+1))
26
27   print("\n下載完畢")
```

程式說明

- 20　　呼叫剛剛寫的自訂函式

- 25　　將儲存路徑設定在指定的資料夾之中 (類別資料夾/圖片名稱資料夾/
　　　　數字編號)

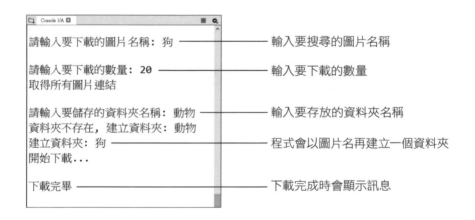

7-4　用多執行緒加速下載

　　到目前為止，我們已經可以透過上一節的程式來下載指定數量的圖片，然而當下載數量很多時，下載時間也會很漫長，現在網路的頻寬越來越大，即便同時下載多個資料也沒問題，那有什麼方法能讓我們同時下載不同的圖片呢？只要使用多執行緒就能辦到!

7-4-0 threading 多執行緒模組

通常我們在一個時間點內只會做一件事情，然而當我們要做的事情比較簡單時，就能同時做多件事，例如我們可以邊唱歌邊洗澡、邊走路邊看風景，而電腦也同樣能同時執行好幾個程式，方法就是使用多執行緒，這樣一來便能有效的提升程式的執行效率。

在 Python 中使用多執行緒只要用 **threading** 模組就能達成，建立一個執行緒的方法是用 **threading.Thread()** 類別來建立一個執行緒物件：

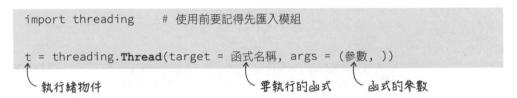

```
import threading      # 使用前要記得先匯入模組

t = threading.Thread(target = 函式名稱, args = (參數, ))
```
執行緒物件　　　　　　　　　要執行的函式　　函式的參數

比較特別的是，如果要執行的函式需傳入參數的話，必須放在 threading.Thread() 裡的 args 參數之中，而不是直接放在函式名稱後面。另外由於 args 接受的型別為 tuple，因此如果只有一個參數，後面要記得加逗號，例如「(5,)」(加逗號的原因可參見 2-2 節)，才能讓 Python 正確判斷為 tuple。

要讓執行緒開始執行的方法是用執行緒物件的 **start()** 方法，例如：

```
(接續前例)
t.start()
```

我們可以啟用好幾個執行緒，每個執行緒我們可稱呼它為**子執行緒**，讓它們同步執行，而主程式則稱為**主執行緒**，子執行緒執行工作時，主執行緒也會繼續執行自己的工作，因此同時會有多個執行緒在執行。

如果我們想要讓主程式先暫停，等待某些子執行緒執行結束後才繼續往下執行，而不是同步進行，要怎麼辦呢？這時候就要使用 **join()**，當主程式中執行了子執行緒的 **join()** 方法後，主程式就會先暫停，等待該子執行緒結束後才會繼續往下執行：

```
主程式前段
t.start()
主程式中段  } 子執行緒 t 開始執行, 接著主程式中段也會一起執行
t.join() ←── 執行子執行緒 t 的 join() 後主程式會暫停,
主程式後段        等待 t 結束後才繼續執行主程式後段
```

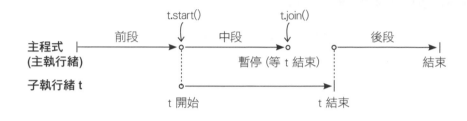

聽說 Python 的多執行緒不是真的？

現在大多數的 CPU 都有硬體多執行緒的技術, 可以在同一時間執行多項任務, 然而由於 Python 編譯時會使用到**全局解釋器鎖(GIL)**, 讓處理器在同一時間只能運用其中一個執行緒來執行, 因此 Python 的多執行緒其實是使用軟體達成的, 藉由快速在不同任務中切換來達到多工的效果。

所以如果你寫的程式需要大量計算, 而且會占用硬體單一執行緒大多的效能 (稱為 **CPU 密集型任務**), 那麼你在 Python 上使用多執行緒是沒有效果的, 反而有可能會降低效能 (因為要分割和重組任務), 不過如果你的程式不需要大量計算, 反而是花時間在等待外部資源的回應, 例如訪問網路、讀寫檔案 (稱為 **I/O 密集型任務**), 這時候使用多執行緒就會有明顯的效果。

在最後的實戰中要重複執行的程式多為執行 GET 請求和寫入檔案, 因此很適合用多執行緒來加速。

那有什麼方法能用 Python 做到真正的多執行緒呢？

Python 可以藉由調用 C/C++ 來做到真正的多執行緒, 另外從 Python2.6 開始引進了 multiprocessing 模組, 一般稱作多行程用以區分多執行緒, 它可以跨過 GIL 做到真正的硬體多執行緒。

7-4-1　實例：建立多執行緒的函式

首先我們先用 print() 函式來練習一下多執行緒程式的寫法：

```
7-3.py
01  import threading
02
03  def job(num):
04    print("子執行緒", num)
05
06  threads = []
07  for i in range(3):
08    threads.append(threading.Thread(target = job, args = (i, )))
09    threads[i].start()
10
11  for i in range(3):
12    print("主程式", i)
13
14  for i in threads:
15    i.join()
16
17  print("結束")
```

程式說明

- 3~4　　建立一個要同步執行的函式

- 6　　　建立一個空串列

- 7~9　　建立 3 個子執行緒, 並儲存進串列之中, 然後一一執行起來

- 11~12　執行一段主程式

- 14~15　等待所有子執行緒執行完畢, 才會執行第 17 行輸出 "結束"

執行後的效果應該會如下：

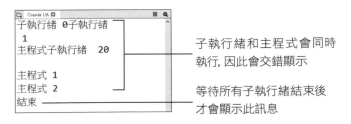

子執行緒和主程式會同時執行, 因此會交錯顯示

等待所有子執行緒結束後才會顯示此訊息

熟悉多執行緒的程式寫法後, 就可以運用在下載圖片上了, 但要注意的是, 如果一口氣開太多執行緒, 可能導致程式應付不來, 甚至停止回應, 因此我們可以控制程式一次最多只開啟 100 個執行緒 (依個人電腦的效能而定), 直到把所有任務完成。

■ 建立自訂函式 get_photobythread()

接著我們建立一個自訂函式 **get_photobythread()**, 傳入類別資料夾名稱、圖片名稱和圖片連結串列後, 就會用多執行緒的方式開始下載圖片, 請將此函式寫在 **photo_module.py** 自訂模組之中, 方便實戰的時候使用:

寫在 photo_module.py 之中

```
01    import threading
02
03    def get_photobythread(folder_name, photo_name, photo_list):
04        download_num = len(photo_list) # 設定下載數量為圖片連結串列的長度
05        Q = int(download_num / 100)       # 取商數
06        R = download_num % 100            # 取餘數
07
08        for i in range(Q):
09            threads = []
10            for j in range(100):
11                threads.append(threading.Thread(
                        target = download_pic,
                        args = (photo_list[i*100+j],
                                folder_name + os.sep + photo_name +
                                os.sep + str(i*100+j+1))))
12                threads[j].start()
13            for j in threads:
14                j.join()
15            print(int((i+1)*100/download_num*100), '%') # 顯示當前進度
16
17        threads = []
18        for i in range(R):
19            threads.append(threading.Thread(
                    target = download_pic,
                    args = (photo_list[Q*100+i],
                            folder_name + os.sep + photo_name +
                            os.sep + str(Q*100+i+1))))
```

接下頁

```
20          threads[i].start()
21      for i in threads:
22          i.join()
23  print("100%")      # 顯示當前進度
```

程式說明

- 5~6　　計算並取得下載數量除以 100 的商數和餘數
- 8~15　　用商數當作迴圈的重複次數，一次開啟 100 個執行緒，一口氣下載 100 張圖片
- 17~22　用餘數當作迴圈的重複次數，將剩餘的圖片下載下來

7-5　實戰：巨量圖片搜集快手

最後的實戰，我們將使用多執行緒把大量的圖片下載下來。請先確認自訂模組 **photo_module.py** 與主程式檔是放在同一個資料夾中，以便主程式能直接匯入使用。

7-5-0　完整程式碼

```
photo.py
01  import photo_module as m
02
03  while True:
04      photo_name = input("請輸入要下載的圖片名稱: ")
05
06      download_num = int(input("請輸入要下載的數量: "))
07
08      photo_list = m.get_photolist(photo_name, download_num)
09
10      if photo_list == None:
11          print("找不到圖片，請換關鍵字再試試看")
```

接下頁

```
12      else:
13          if len(photo_list) < download_num:
14              print("找到的相關圖片僅有", len(photo_list), "張" )
15          else:
16              print("取得所有圖片連結")
17          break
18
19  folder_name = m.create_folder(photo_name)
20
21  print("開始下載...")
22
23  m.get_photobythread(folder_name, photo_name, photo_list)
24
25  print("\n下載完畢")
```

　　以上程式碼與 **7-2.py** 大同小異，只差在多了 **get_photobythread()** 函式可以用多執行緒來下載指定數量的圖片。實際執行的結果，請參見 7-0 節的成果展示。

　　下載的圖片不管是要收藏、當素材還是用來實作機器學習都相當實用。另外，讀者也可以針對自己的需求更改程式，不一定要下載圖片，也能改成下載文章、音效甚至影片等等。

如果讀者想要下載比較大量的圖片，建議可以使用英文當作關鍵字，能搜尋到更多的相關圖片喔！

8 假新聞分類器

Chapter

現今網路發達, 新聞因科技進步得以快速傳播, 但我們很難去驗證這些流通的新聞是**真新聞**還是**假新聞**, 假新聞所造成的**資訊不對稱**, 如果不妥善處理將會造成許多社會性的問題, 為了解決這個議題, 本章將利用機器學習打造假新聞分類器。

8-0 本章重點與成果展示

本章將會利用數據分析競賽平台 Kaggle (後續章節統一簡稱為 Kaggle) 中的競賽項目所提供的**假新聞資料集**, 配合 sklearn 套件訓練**邏輯斯回歸分類器 (Logistic Regression Classifier)**, 訓練完成的分類器可以辨識新聞是真還是假, 從中了解到機器學習的訓練過程。

● **機器學習**：scikit-learn 套件。

● **認識資料來源**：假新聞資料集。

● **自然語言處理**：scikit-learn 套件。

● **訓練假新聞分類器**：scikit-learn 套件。

成果展示：

2 利用 scikit-learn 套件
訓練假新聞分類器

```
(FT1700) C:\Users\Admin\Desktop\F1700\ch08_new_sklearn>python train_classifier.py
accuracy:0.960

(FT1700) C:\Users\Admin\Desktop\F1700\ch08_new_sklearn>
```

3 撰寫程式建立假新聞分類器

```
(FT1700) C:\Users\Admin>cd Desktop\F1700\ch08_new

(FT1700) C:\Users\Admin\Desktop\F1700\ch08_new>python 8-1.py
Please enter your news description:An Iranian woman has been sentenced to six years in prison after Iran's Re
volutionary Guard searched her home and found a notebook that contained a fictional story she'd written about
 a woman who was stoned to death, according to the Eurasia Review . \nGolrokh Ebrahimi Iraee, 35, is the wife
of political prisoner Arash Sadeghi, 36, who is serving a 19-year prison sentence for being a human rights act
ivist, the publication reported. \n"When the intelligence unit of the Revolutionary Guards came to arrest her
husband, they raided their apartment - without a warrant - and found drafts of stories that Ebrahimi Iraee had
written," the article stated. \n"One of the confiscated drafts was a story about stoning women to death for a
dultery - never published, never presented to anyone," the article stated. "The narrative followed the story o
f a protagonist that watched a movie about stoning of women under Islamic law for adultery.
This news review is unreliable.

(FT1700) C:\Users\Admin\Desktop\F1700\ch08_new>
```

8-1　機器學習 (Machine Learning)

　　人工智慧的發展 (Artificial Intelligence, AI) 已經超過 70 年, 以往建造一個人工智慧要手動輸入所有規則, 還得將知識轉換為程式語言, 這些繁雜的手續需要花費龐大的人力及時間成本, 因此讓電腦自行學習的理論也相繼被提出, 這一代的人工智慧道路, 正是由**機器學習 (Machine Learning)** 所開闢出來的。

8-1-0　機器學習簡介

　　為了讓電腦擁有學習的能力, 學者們使用各種數學模型和大量的統計學來建構機器學習演算法, 機器學習能夠從過去的資料中找出能夠普遍適用的規則, 而具備此能力的程式模組則稱為模型 (Model), 當模型從資料中學到規則之後, 即可利用這個訓練好的模型來預測同類型的問題。示意圖如下:

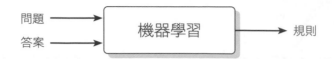

在進行機器學習之前，通常要先準備**已標註**的資料集，已標註的意思是一筆資料裡面要有一組問題與答案。在機器學習的領域中，我們都會稱呼問題為訓練資料、答案為標籤，這樣機器學習演算法才能從許多不同筆資料中學習到解決問題的規則，例如：教電腦辨識假新聞時，必須餵給電腦 [**訓練資料**：新聞內容，**標籤**：是真新聞或假新聞]，接著電腦會從資料中學習到分辨真新聞或假新聞的規則。此外，這種從資料學習規則的形式十分仰賴資料集的品質，資料集的筆數不足、標籤標示錯誤、資料不夠多元等，都會影響模型訓練的成效。

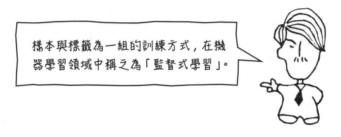

機器學習的最終目標就是要訓練出一個**普遍適用 (generalized)** 的模型 (model)，也就是用它來預測 (同類型) 未知資料時也能有很好的表現。簡單來說，機器學習就是在研究如何使用電腦來做一些原本必須靠人類智慧才能完成的任務。

8-1-1　scikit-learn 機器學習套件

機器學習領域中包含太多博大精深的演算法了，如果要一行一行的撰寫這些演算法的程式碼，不但耗時又耗力，因此這裡我們要使用專為機器學習模型而設計的 Python 資料科學套件 —— scikit-learn (後續的章節統稱 sklearn)。在使用之前要先安裝套件，請先執行開始功能表的『Anacond3 (64-bit) / Anaconda Prompt』，輸入以下指令來安裝：

```
pip install scikit-learn    # 本書使用的版本為 0.24.1
```

> sklearn 完整的說明參見 https://
> scikit-learn.org/stable/index.html。

sklearn 中常用的模組大致上可以分為分類、迴歸、預處理等。以下讓我們快速簡介一下：

● **分類**：識別某項資料是屬於哪個類別, 常用的算法有：Logistic Regression (邏輯斯迴歸)、Nearest Neighbors (最近鄰)、Random Forest (隨機森林) 等等, 常見的應用有：輿情分析、垃圾郵件識別、圖像識別。

● **迴歸**：預測與數值資料相關的連續值變化, 常見的算法有：SVM (支援向量機)、Ridge Regression (嶺回歸)、Lasso 等等, 常見的應用有：藥物反應, 預測股價。

● **預處理**：特徵提取和標準化, 常用的模塊有：preprocessing、feature extraction等等, 常見的應用有：把輸入數據 (如文字) 轉換為機器學習算法可用的數據 (如數值)。

> sklearn 中還有聚類、降維等模組, 不過本書不會使用到, 因篇幅關係就不多作講解。

8-1-2　機器學習的建立流程

好的工作流程能帶來好的工作效率, 避免浪費資源和額外的成本開銷。建立機器學習時通常也會遵循一套工作流程, 以保證開發時能順暢地進行, 以下會介紹一個標準的機器學習建立流程。流程如下：

● **步驟 1 資料預處理** (對應小節：8-2、8-3)：

匯入資料集, 並進行資料預處理 (例如：去除缺失值)。

● **步驟 2 建立以及訓練模型** (對應小節：8-4)：

建立模型、將資料匯入模型中訓練。

● **步驟 3 評估與預測** (對應小節:8-4):

評估模型的訓練成效, 滿意後即可用它來預測實際的資料。

在本例中將會使用到分類以及資料預處理模組, 這個部分等到後面配合程式進行講解您會比較清楚, 接著就讓我們先從假新聞資料集開始介紹。

8-2　假新聞資料集

假新聞破壞人類溝通最根本的信賴原則, 必須加以遏止。特別是在數位時代的今天,錯誤資訊藉由新傳播科技不斷進化, 已經產生許多社會性問題。為了減少假新聞所產生的問題, 國內、外已經建立許多**假新聞查核的機制**, 透過第三方機構的查核來抑制不實資訊的負面影響, 例如台灣事實查核中心。但是這些機制需要符合非常嚴謹的查核方法論, 難以**即時判讀**每一則新聞, 為了解決這個痛點, 可以利用機器學習的力量, 讓電腦幫我們即時辨識新聞的真假。

8-2-0　Fake News 假新聞數據分析競賽

前面說過要做機器學習, 要先有品質好的資料集, 因此在我們開始訓練假新聞分類器之前, 要先準備好訓練用的資料集。正如前面所說, 目前國內外已經有許多第三方的事實查核中心, 肩負起過濾假新聞的重責大任, 因此可以從這些機構所公布的結果來蒐集真新聞和假新聞的資料, 不過要一次收集這麼大量的新聞其實並不容易, 好在網路上已經有現成的可以取用。這裡就借助 Kaggle 這個數據分析競賽平台的協助, 直接取用 Kaggle 舉辦過的 Fake News 假新聞競賽的資料集供我們進行機器學習。進入假新聞競賽項目的頁面。網址如下:

```
https://www.kaggle.com/c/fake-news
```

進入到假新聞競賽項目後你可以看到下面的畫面：

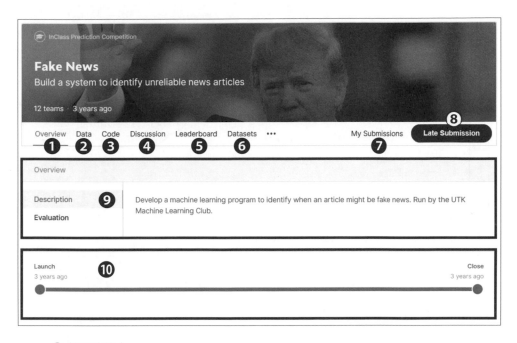

❶ 競賽的簡介

❷ 資料集以及資料欄位的相關說明

❸ 存放上傳的程式碼，這個頁面也可以看到其他參賽者的程式碼

❹ 此競賽項目的討論區，提供與不同參賽者交流的機會

❺ 此競賽項目的排行榜

❻ 可以上傳自己處理過的資料集

❼ 提交 submission 的頁面，除了可以提交 submission 以外還會顯示先前所提交的歷史紀錄

❽ 可以看到最後提交的結果與排名

❾ 可以由此看到提供資料集的主辦單位以及想要解決的問題

TIPS submission 就是參賽者提交的參賽作品，每個競賽的 submission 都有規定不同的提交格式。

❿ 競賽的期限，每個競賽項目都會有期限（主辦方也可以不設定），期限過後提交的任何結果都不會出現在排行榜上面，相對的也無法獲得獎金與頭銜（但還是可以下載資料集以及提交預測值）

接下來進入「**Data**」的頁面，了解一下本例中所使用的資料集，首先我們先看 Data 頁面的上半部分。如下圖：

1 train .csv 內含已經標註好的假新聞資料

Data Description

train.csv: A full training dataset with the following attributes:

- **id**: unique id for a news article
- **title**: the title of a news article
- **author**: author of the news article
- **text**: the text of the article; could be incomplete
- **label**: a label that marks the article as potentially unreliable
  - 1: unreliable
  - 0: reliable

test.csv: A testing training dataset with all the same attributes at train.csv without the label.

submit.csv: A sample submission that you can

> 由畫面可以看出資料集
> 有 3 個檔案：train.csv、
> test.csv、submit.csv。

2 train.csv 中包含這些欄位：新聞 id、新聞標題、新聞作者、新聞、標籤 (1 為假新聞、0 為真新聞)

4 submit.csv 為要提交的檔案範例

3 test.csv 內含沒有標籤的資料，以供測試訓練成效用。其中包含這些欄位：新聞 id、新聞標題、新聞作者、新聞

下半部分可以簡單的預覽 train.csv、test.csv、submit.csv 這 3 個資料集的樣子：

不過本例只會使用到 train.csv，接下來就點選右上角的「⬇」把 train.csv 下載下來。

8-2-1 認識假新聞資料集

接著帶您認識下載的假新聞資料集，由於資料集是 csv 格式，因此我們可以用第 6 章介紹過的 Pandas 來處理，同樣使用 read_csv() 函式即可匯入 train.csv，請在 IPython 的窗格中輸入後續的程式碼：

```
import pandas as pd

train_df = pd.read_csv('Fake_news_data/train.csv') # 利用 read_csv()
                                                   匯入 train.csv
```

如果沒有報錯代表已經將資料集匯入成 DataFrame 的形式了，接著試著檢視資料集前五筆的資料看看，做法是使用 DataFrame 的 head() 函式。程式碼如下：

```
train_df.head()
```

	id	title	author	text	label
0	0	House Dem Aide: We Didn't Even See Comey's Let...	Darrell Lucus	House Dem Aide: We Didn't Even See Comey's Let...	1
1	1	FLYNN: Hillary Clinton, Big Woman on Campus - ...	Daniel J. Flynn	Ever get the feeling your life circles the rou...	0
2	2	Why the Truth Might Get You Fired	Consortiumnews.com	Why the Truth Might Get You Fired October 29, ...	1
3	3	15 Civilians Killed In Single US Airstrike Hav...	Jessica Purkiss	Videos 15 Civilians Killed In Single US Airstr...	1
4	4	Iranian woman jailed for fictional unpublished...	Howard Portnoy	Print \nAn Iranian woman has been sentenced to...	1

由輸出可以看到以下幾個欄位：

● **id**：新聞的 id，流水號 0 ~ 20799，共 20800 筆資料。

● **title**：新聞的標題。

● **author**：新聞的作者。

● **text**：新聞的內容。

● **label**：新聞的標籤，真新聞
為 0、假新聞為 1。

提醒一下，label 中標籤 0 為
此新聞不是假新聞（真新聞）、
標籤 1 為此新聞是假新聞。

　　從 Kaggle 競賽頁面中有說明資料集內的資料有**缺失值 (Missing Value)** 的
情況：

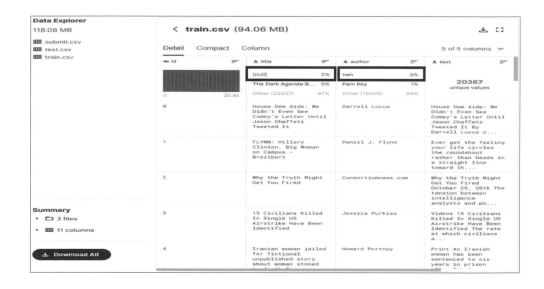

　　缺失值 (Missing Value) 是資料集裡面很常見的一種情況，會造成這種情況
的原因有很多，例如資料保存不當、輸入資料的人員可能不知道正確的值、或
者未注意欄位是否填入等。缺失值的情況如果不妥善處理，可能會造成模型在
訓練的過程中出錯。

若資料集沒有說明是否有缺
失值，那麼同樣要開啟檔案
自行查看有無缺失值。

8-2-2　實例：缺失值的檢查與處理

　　這邊就來檢視一下假新聞資料集中缺失值的問題，首先找出有缺失值的欄位，在 DataFrame 中的缺失值會表示為 **NaN**，我們不用一個一個印出來看哪個欄位有沒有 NaN，在 DataFrame 裡面就已經內建好用的函式供我們使用，做法是使用 isnull()，它可以取得缺失值的位置，有缺失值的欄位會顯示 True，非缺失值的欄位為False。程式碼如下：

```
train_df.isnull()
```

	id	title	author	text	label
0	False	False	False	False	False
1	False	False	False	False	False
2	False	False	False	False	False
3	False	False	False	False	False
4	False	False	False	False	False
5	False	False	False	False	False

　　可以看到剛剛的 DataFrame 裡面的資料都變成 True 和 False 了，前五筆資料都沒有缺失值的狀況出現，可是這樣的形式還是不夠直覺，難道不能只列出有缺失值的筆數嗎？當然可以，只要利用 isnull() 跟 Python 的判斷式就能達到這樣的操作。程式碼如下：

```
train_df.isnull().values == True
```

```
array([[False, False, False, False, False],
       [False, False, False, False, False],
       [False, False, False, False, False],
       ...,
       [False, False, False, False, False],
       [False, False, False, False, False],
       [False, False, False, False, False]])
```

train_df.isnull().values == True 這行程式可以將有缺失值的筆數 (任一個欄位有缺失值就算) 顯示為 True, 沒有缺失值的筆數顯示 False, 接著配合 DataFrame 顯示出來有缺失值的資料。程式如下：

```
train_df[train_df.isnull().values == True]
```

	id	title	author	text	label
6	6	Life: Life Of Luxury: Elton John's 6 Favorite ...	NaN	Ever wonder how Britain's most iconic pop pian...	1
8	8	Excerpts From a Draft Script for Donald Trump'...	NaN	Donald J. Trump is scheduled to make a highly ...	0
20	20	News: Hope For The GOP: A Nude Paul Ryan Has J...	NaN	Email \nSince Donald Trump entered the electio...	1
23	23	Massachusetts Cop's Wife Busted for Pinning Fa...	NaN	Massachusetts Cop's Wife Busted for Pinning Fa...	1
31	31	Israel is Becoming Pivotal to China's Mid-East...	NaN	Country: Israel While China is silently playin...	1
43	43	Can I have one girlfriend without you bastards...	NaN	Can I have one girlfriend without you bastards...	1

這邊你就可以看到有缺失值的欄位都被列出來了! 除了 id 以外其他的欄位都可能有缺失值的狀況發生, 接著要進行**缺失值處理**, 常見的缺失值處理可以分為下列幾種處理方式：刪除有缺失值的資料列、使用平均數 (mean) / 中位數 (median) / 眾數 (mode) 填補、使用演算法預測 (Prediction) 缺失值。因為資料集內的缺失值欄位屬於文本資料, 難以去作填補或預測的動作, 本例的處理方式就是刪除有缺失值的資料列, 做法是利用 DataFrame 內建的 dropna() 函式將有缺失值的資料列剔除。程式碼如下：

```
train_df.dropna()
```

執行完後可以看到資料的筆數減少了, 代表 DataFrame 已經將有缺失值的資料拿掉了, 示意圖如下：

| 20798 | 20798 | NATO, Russia To Hold Parallel Exercises In Bal... |
| 20799 | 20799 | What Keeps the F-35 Alive |

20800 rows × 5 columns

輸出 →

| 20798 | 20798 | NATO, Russia To Hold Parallel Exercises In Bal... |
| 20799 | 20799 | What Keeps the F-35 Alive |

18285 rows × 5 columns

　　解決完缺失值的問題後，還有一個問題需要處理，電腦是看不懂英文的，他只看的懂 0110101010 的數字，那要如何讓電腦讀懂假新聞並且學會辨識假新聞的規則呢？這個時候就是**自然語言處理**登場的時候了！

8-3 自然語言處理 (Natural Language Processing, NLP)

　　什麼是自然語言處理呢？讓我們先從**自然語言 (Natural Language)** 開始介紹，自然語言是指人類文化中自然生成的語言，例如中文或英文，這些語言對比人工語言，例如程式語言，並沒有明確的規則，往往會有例外，像是中文中的「了」這個字就有一大堆意思，有時候能表示完成，有時候又是語助詞，因此處理自然語言一直是個難題。將複雜的語言轉化為電腦容易處理、計算的形式，讓電腦擁有理解人類語言的能力，就是**自然語言處理 (Natural Language Processing, NLP)**。自然語言處理中包含了不少技術，像是詞向量、機器翻譯以及語意分析等等，目前機器學習在這些領域都有取得不錯的成績。

8-3-0　feature_extraction 模組

　　sklearn 內建的 feature_extraction 模組可以供我們進行自然語言處理，它**能夠提取文本資料的特徵**，並將資料轉換成機器學習模型能接受的格式。以下就針對本例中所使用到的方法進行講解。

sklearn 的 feature_extraction 模組
主要針對英文的文本作處理，如果是
想對中文的文本做處理的話，請使用
另一個自然語言處理套件：jieba。

8-3-1 詞袋 (Bag of words)

　　首先, 要先將文本資料轉換成**數值表示**的方式 (numerical representation, 因為電腦只看得懂數字), 這個動作我們稱之為**向量化 (vectorization)**, 在 sklearn 中最常用的向量化方法就是**詞袋 (Bag of words)**, 詞袋是自然語言處理中歷史最久遠的語言模型之一, 其原理非常簡單就是**透過詞彙來描述文章**, 其做法是以單一**詞彙**為單位, 不在乎詞彙在前後文中的位置、語法與詞序, 通通將詞彙裝進一個袋子裡面, 並計算出每個詞彙的**詞頻** (在文本中詞彙出現的頻率或是次數), 其中詞頻越高的詞彙越重要。示意圖如下:

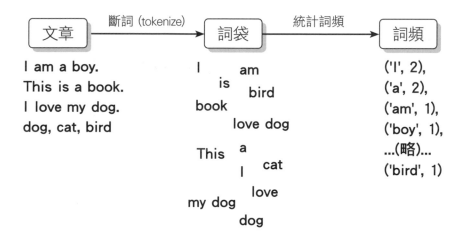

　　詞袋的概念就是上圖, 先將左側的文章先進行**斷詞 (tokenize)**, 作斷詞的原因是為了取出文章中所用到的詞彙 (不重複), 然後再給每一個詞彙一個代號, 這個代號就稱為 **token (詞彙)**。回想一下, 小學初學國語的時候, 遇到不會的單字時會先去查閱字典, 了解每個字詞的意思之後再去讀懂整句話的意思, token 的原理也是這樣。

　　將文章中包含的所有 token 都整理出來後, 丟進一個**袋子**裡面裝起來 (上圖中)。為什麼說是袋子呢？因為袋子裡的東西都是同時裝在一起的, 並沒有一個排列的順序關係, 只需要知道包含哪些字。接著就去計算詞頻, 顯示每個 token 在文章中出現幾次。範例如下:

```
文章："dog cat fish dog dog cat"
文章中的 token：dog, cat, fish
計算詞頻：{'dog': 3, 'cat': 2, 'fish': 1} ← 可以看到 dog 出現 3 次，
                                          所以 dog 的詞頻為 3、
                                          fish 只出現 1 次，所以
                                          fish 的詞頻為 1
```

簡單來說詞袋就是用於計算文章中每個 token 的詞頻用來代表一整段文本。

計算出詞頻以後，就可以利用詞頻將文章中的每個 token 轉換成**向量化的格式**，這樣電腦就能分辨詞彙，而在 feature_extraction 模組中就有個很好用的向量化方法 — CountVectorizer。

8-3-2 CountVectorizer

緊接著介紹 sklearn 中基於詞袋法的向量化方法 **CountVectorizer**，作法是先透過 CountVectorizer() 函式建立**轉換器**，再將一或多筆文本資料用轉換器的 fit_transform() 函式轉換成**詞頻矩陣**，詞頻矩陣的元素 a[i][j] 表示 j 詞在第 i 個文本資料中的詞頻，即各個 token 出現的次數，可以通過 get_feature_names() 可看到文章中所有的 token。以下就透過例子來講解：

8-0.py

```
01 from sklearn.feature_extraction.text import CountVectorizer
02
03 texts = ["dog and fish, dog and dog", "dog and dog", "dog and cat"]
04
```

接下頁

```
05 count_vectorizer = CountVectorizer(ngram_range=(1, 1),
                                        stop_words='english')
06 count_train = count_vectorizer.fit_transform(texts)
07 print(count_vectorizer.get_feature_names())
08 print(count_vectorizer.vocabulary_)
09 print(count_train)
---
```

這兩個參數稍後會另做說明

輸出

```
['cat', 'dog', 'fish']      ← 文章中出現的單字
{'dog': 1, 'fish': 2, 'cat': 0}   ← 直接用上述 list 的索引當每個單字的 token
  (0, 1)          3  ← (i = 0, j = 1) 其中 i = 0 指的是第 0 筆文章, 也就是
  (0, 2)          1      "dog and fish, dog and dog", j = 1 為 token 的 index 索
  (1, 1)          2      引, 1 就是 dog, 後面的 3 表示 dog 這個 token 在第 0 筆
  (2, 1)          1      文章 "dog and fish, dog and dog" 中出現 3 次 (詞頻)
  (2, 0)          1
```

程式說明
....

- 01　　匯入 CountVectorizer 類別。

- 03　　要進行向量化的文章。

- 05　　建立轉換器, 參數等等會解說。

- 06　　將文章依照轉換器轉換為詞頻矩陣。

- 07　　印出文章中的 token。

- 08　　印出 token 以及 index 索引。

- 09　　印出詞頻矩陣。

　　透過詞頻矩陣, 電腦可以識別文章中的每個詞彙, 接著就可以透過機器學習讓電腦學會分辨真、假新聞了, 底下先來解釋一下 CountVectorizer 的參數。

8-3-3　CountVectorizer 的參數

　　程式中可以看到 CountVectorizer() 有 2 個參數, 我們一個一個來介紹, 參數 ngram_range 用來設定 token 長度的上下界, (1, 1) 就表示只提取一個詞彙, (1, 2) 則提取一個或兩個相鄰的詞彙。範例如下:

```
文章：I like to eat hot dogs with BBQ sauce.
ngram_range(1, 1) = I, like, to, eat, hot, dogs, with, BBQ, sauce
ngram_range(1, 2) = I, like, to, eat, hot, dogs, with, BBQ, sauce,
I like, like to, to eat, eat hot, hot dogs, dogs with, with BBQ, BBQ
sauce
```
提取 1 個字和 2 個字的詞彙來做 token

一般以英文來說如果沒有特別規定 token 的長度，將會以**空格**作為分割的標準，簡單來說就是將每個詞彙都視為是 token，但是英文中有些詞彙是由好幾個詞構成的，例如：hot dog、BBQ sauce，遇到這類的詞彙就可以使用 ngram_range 進行調整，不過這樣的方式會大幅增加 token 的數量，如果資料筆數過多時就要小心調整範圍，以免造成詞頻統計過久。

接下來介紹第 2 個參數 stop_words，在人類語言中有些 token 對自然語言處理沒有幫助，甚至會造成**誤判**的情況 (例如影響斷詞的結果)，所以要先將文本資料自動過濾掉某些字或詞，這些字或詞即被稱為**停用詞 (Stop Words)**。英文常用的停用詞有：' the '、' is '、' a '、' an '、' at '、' which '、' on ' 等，移除停用詞的文章不但可以節省存儲空間，還可以提高電腦辨識的效率。範例如下：

移除停用詞 (I、like、to、with)
I like to eat hot dogs with BBQ sauce. eat hot dogs BBQ sauce

想查看 sklearn 中英文的停用詞可以執行以下的指令：

```python
from sklearn.feature_extraction import stop_words
print(stop_words.ENGLISH_STOP_WORDS)
```

移除停用詞之後，產生的 token 自然也不會一樣。

8-3-4 實例：將假新聞資料進行自然語言處理

經過上面的講解後，為了讓您更熟悉，這裡就使用假新聞資料集中的一筆資料進行自然語言處理。本次要示範的新聞內容如下：

> One of the confiscated drafts was a story about stoning women to death for adultery - never published, never presented to anyone, "the article stated." The narrative followed the story of a protagonist that watched a movie about stoning of women under Islamic law for adultery.

程式如下：

8-1.py

```python
01 from sklearn.feature_extraction.text import CountVectorizer
02
03 texts = ["One of the confiscated drafts was a story about stoning
   women to death for adultery - never published, never presented to
04 anyone, the article stated. The narrative followed the story of a
05 protagonist that watched a movie about stoning of women under
   Islamic law for adultery."]

06 count_vectorizer = CountVectorizer(ngram_range=(1, 2),
                                      stop_words='english')
07 count_train = count_vectorizer.fit_transform(texts)
08 print(count_vectorizer.get_feature_names())
09 print(count_vectorizer.vocabulary_)
10 print(count_train)
```

輸出

```
['adultery', 'adultery published', 'article', ...(略)..., 'women
 death', 'women islamic']
{'confiscated': 4, 'drafts': 8, 'story': 30, 'stoning': 28,
 ...(略)... , 'law adultery': 15}
(0, 4)        1
(0, 8)        1
(0, 30)       2
...(略)...
(0, 15)       1
```

↖ 由於我們把一整段文字當 1 筆資料, 因此此處只有第 0 筆的詞袋內容

程式說明
....

- 01　　　匯入 CountVectorizer 方法。
- 03~05　要進行向量化的文章。
- 06　　　建立轉換器。
- 07　　　將文章用轉換器轉換為詞頻矩陣。
- 08　　　印出文章中的 token。
- 09　　　印出 token 以及 index 索引。
- 10　　　印出詞頻矩陣。

　　由輸出可以看到, 此篇新聞的 token 都已經轉成向量的形式了。以上就是本例會使用到的自然語言處理方法, 將假新聞資料集經過缺失值、自然語言處理後, 就變成訓練模型用的資料集。接著來介紹本例使用到的機器學習模型。

8-4 邏輯斯迴歸分類器 (Logistic Regression Classifier)

　　機器學習中有個簡單又實用的分類器叫做**邏輯斯迴歸分類器 (Logistic Regression Classifier)**, 邏輯斯迴歸分類器至今已經有許多相關的應用, 例如:

● 預測病患是否有糖尿病、心臟病等疾病, 或者所受的創傷是否可能致命。

● 預測機器的零件在一年後是否會故障、道路是否會發生土石流或崩塌。

● 預測一個人是否會投票給某政黨、是否願意購買某商品或訂閱服務、是否會拖延繳交房貸等等。

　　邏輯斯迴歸分類器訓練速度快、效果又不錯, 很適合作為本例的模型。接著簡單認識一下這個分類器。

8-4-0 認識邏輯斯迴歸分類器
(Logistic Regression Classifier)

　　單看這個分類器的名字, 您可能會產生許多疑惑, 怎麼一下「迴歸」、一下又「分類」, 到底邏輯斯「迴歸」和分類有何關係? 我們來稍微解釋一下它是怎麼運作的 (不會討論到數學原理):

　　邏輯斯迴歸模型會使用一個**邏輯斯函數 (logistic function)**, 將資料區分成兩個不同的區塊, 以下就用假新聞資料集舉例, 將經過自然語言處理過後的資料映射到一個平面上, 會呈現下面這樣的圖:

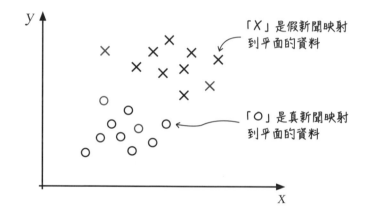

　　邏輯斯函數就是在真新聞與假新聞之間**找出一條線**可以完整的分開兩邊的資料。如下圖所示:

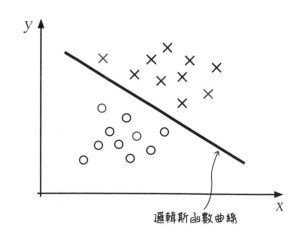

　　訓練完成邏輯斯函數後, 邏輯斯迴歸要怎麼做分類呢？很簡單, 只要將要分類的資料帶入邏輯斯迴歸後會產生輸出, 看輸出坐落在平面中的哪個區塊就可以分辨是哪一類了。如下圖：

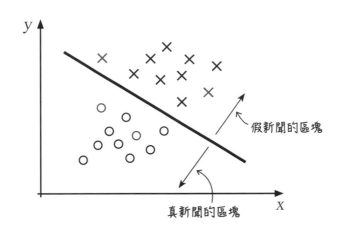

　　由上面的例子您可以看出來, 邏輯斯迴歸分類器是個二**分法分類器**, 它只能判定兩種分類。邏輯斯迴歸很巧妙的利用邏輯斯函數來做二分法。當我們在訓練模型時就是在訓練邏輯斯函數 (嘗試找出如上圖那條分界線)。

> 因篇幅關係沒辦法細講背後的數學原理, 想了解更多的讀者可以 google 關鍵字：邏輯斯迴歸分類器。

8-4-1　建立、訓練分類器

　　在 sklearn 機器學習套件中已經內建邏輯斯迴歸分類器, 我們只要一行敘述就可以建立, 再次體會到 Python 套件方便的地方, 不用辛苦的重新刻一個分類器。建立邏輯斯迴歸分類器的程式碼如下：

```
from sklearn.linear_model import LogisticRegression # 匯入邏輯斯迴歸分類器

classifier = LogisticRegression()  # 建立邏輯斯迴歸分類器
```

建立好模型後, 使用 fit() 函式輸入資料進行訓練。程式如下：

```
classifier.fit(X_train, Y_train) # 訓練分類器
```

這裡你可以看到 fit() 函式裡面放入兩個參數, 其中 X_train 為訓練資料、Y_train 為訓練資料的標籤, 但是我們通常不會將所有的資料都一起丟進去訓練, 為了評估模型的有效性, 我們通常會將可用的資料再分為：**訓練資料集**、**測試資料集**。訓練資料集顧名思義就是用來訓練模型的, 測試資料集則是用來檢驗模型是否真的學會該問題, 否則它有可能藉由死記訓練資料來達到良好結果的錯覺, 這就像死背考古題的學生一樣, 如果用考古題測驗可得滿分, 但題目一換就變0分了!因此用全新的題目來測驗是非常重要的, 能讓老師知道學生是否融會貫通, 此處的新題目就是測試資料集, 用以檢驗模型真正的**普適性 (泛用性)**。

作法是利用 sklearn 內建的 train_test_split() 函式切割一部分的資料集出來當作測試資料集, 其中參數 test_size 是拆分比例, 設定 0.2 為切割 2 成的資料集做為測試資料集, 參數 random_state 為隨機種子。程式如下：

```
from sklearn.model_selection import train_test_split
                              # 匯入切割資料集的 train_test_split()函式

X_train, X_test, Y_train, Y_test = train_test_split(
    count_train, train_label, test_size=0.2, random_state=7) # 切割資料集
```

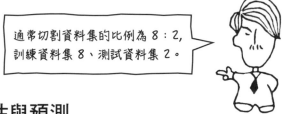

通常切割資料集的比例為 8：2,
訓練資料集 8、測試資料集 2。

8-4-2 評估與預測

到此就算訓練完分類器了, 但我們還不知道分類器的效果好不好, 簡單來說就是確認此模型是否有學習成功, 但怎麼樣的成效才稱為**成功**？在評估模型時, 我們會建立一個**評估指標**, 這能幫助我們判斷模型最終的成效好壞, 這邊就用預測的方式計算出預測值, 將預測值與標籤 (正確答案) 比較, 算出預測的成功率, 這種評估指標我們稱之為**準確度 (Accuracy)**。

> 除了準確度以外還有很多評估模型的指標，例如：混淆矩陣、ROC 曲線、均方誤差 (Mean Squared Error, MSE)、平均絕對誤差 (Mean Absolute Error, MAE) 等等。

　　做法是將訓練好的分類器使用 predict() 函式預測**測試資料集**，產生預測值，接著經由 accuracy_score() 函式計算預測值與正確答案 (測試資料集的標籤) 的**準確度**有多少。程式如下：

```
from sklearn import metrics        # 匯入評估指標
pred = classifier.predict(X_test) # 預測測試資料集

score = metrics.accuracy_score(Y_test, pred) # 計算準確度
print("accuracy:%0.3f" % score)    # 將準確度印出來
```

　　以上就是訓練分類器的流程解說，接下來就進入到實戰的部分。

8-5　實戰：假新聞分類器

　　實戰的部分會分成兩個獨立執行的程式，第一個程式是將先前所介紹的方法串起來，訓練分類模型，訓練完成後會將模型儲存起來；第二個程式會使用儲存的模型，建構假新聞分類器。

8-5-0　訓練分類模型

　　首先要訓練分類模型，步驟如下：

匯入假新聞資料集 → 資料預處理 → 自然語言處理 → 建立、訓練模型 → 評估與預測

程式碼如下：

---

train_classifier.py

```python
01 import pandas as pd
02 from sklearn.feature_extraction.text import CountVectorizer
03 from sklearn.linear_model import LogisticRegression
04 from sklearn.model_selection import train_test_split
05 from sklearn import metrics
06 import joblib
07
08 # 匯入假新聞資料集
09 train_df = pd.read_csv('Fake_news_data/train.csv')
10
11 # 資料預處理
12 train_df.dropna()
13 train_text = train_df['text'].astype(str)
14 train_label = train_df['label']
15
16 # 自然語言處理
17 count_vectorizer = CountVectorizer(ngram_range=(1, 2),
                                       stop_words='english')
18 count_train = count_vectorizer.fit_transform(train_text)
19
20 joblib.dump(count_vectorizer, 'count_vectorizer.pkl')
21
22 X_train, X_test, Y_train, Y_test = train_test_split(
23     count_train, train_label, test_size=0.2, random_state=7)
24
25 # 建立、訓練模型
26 classifier = LogisticRegression()
27 classifier.fit(X_train, Y_train)
28
29 # 評估與預測
30 pred = classifier.predict(X_test)
31 score = metrics.accuracy_score(Y_test, pred)
32 print("accuracy:%0.3f" % score)
33
34 joblib.dump(classifier, 'classifier.pkl')
```

accuracy:0.961 ← 可以看到分類器預測測試資料集的準確度有 96.1%，表示分類器預測未知資料的表現還不錯

程式說明

- 01~05 匯入需要的套件。

- 06　　匯入 joblib 套件，其作用是用來儲存訓練好的分類器以及轉換器。

- 09　　利用 DataFrame 的 read_csv() 函式匯入訓練資料集 (train.csv)。

- 12　　利用 DataFrame 的 dropna() 函式剔除有缺失值的資料。

- 13　　從資料集取出 text 欄位並轉為字串的格式。

- 14　　從資料集取出 label 欄位。

- 17　　建立轉換器。

- 18　　將 text 欄位的所有文章都轉換向量化的形式。

- 20　　使用 joblib 的 dump() 函式將轉換器儲存下來 (pkl 檔，等等會解釋)

- 12~23 切割資料集，比例為 8：2，訓練資料集 8、測試資料集 2。

- 26　　建立邏輯斯迴歸分類器。

- 27　　訓練分類器，X_train 為訓練資料、Y_train 為訓練資料的標籤。

- 30　　預測測試資料集。

- 31　　計算準確度。

- 32　　將準確度印出來。

- 34　　使用 joblib 的 dump() 函式將訓練好的分類器儲存下來 (pkl 檔)。

pickle (副檔名 pkl) 可以直接保存物件狀態，下次重新執行程式時讀取，以恢復運算時必要的資料，而 .pkl 就是 pickle 保存物件的檔案格式。

為什麼要儲存轉換器？轉換器裡面的參數內容是固定的，當有新資料進來時也要採用相同的轉換器，確保轉換成向量化的方式是一樣的。

8-5-1 建構假新聞分類器

儲存分類器後，就可用它來撰寫一套分類程式，以後只要輸入英文的新聞，即可立即分辨輸入的新聞是真還是假。程式如下：

```python
8-2.py
01 from sklearn.feature_extraction.text import CountVectorizer
02 import joblib
03
04 count_vectorizer = joblib.load('count_vectorizer.pkl')
05 classifier = joblib.load('classifier.pkl')
06
07 def classify(document):
08     label = {0: 'reliable', 1: 'unreliable'}
09     document_text = count_vectorizer.transform([document])
10     y = classifier.predict(document_text)
11     return label[y]
12
13 document = input("Please enter your news description:")
14 print("This news review is " + classify(document) + ".")
```

程式說明

- 01~02 匯入所需要的套件。

- 04~05 利用 joblib 套件匯入轉換器以及訓練好的分類器。

- 07~11 定義 classify() 函式，用於判斷是否為假新聞，參數 document 是使用者輸入的新聞，接著藉由預測的方式，計算出預測值，最後利用字典的方式將預測值轉為字串。

- 12　　請使用者輸入新聞。

- 13　　印出分類器辨識的結果。

　　執行的結果如下：

```
C:\Windows\system32\cmd.exe - python  8-1.py

(FT1700) C:\Users\Admin\Desktop\F1700\ch08_new>python 8-1.py
Please enter your news description:
```

這時可以輸入英文的新聞：

An Iranian woman has been sentenced to six years in prison after Iran' s Revolutionary Guard searched her home and found a notebook that contained a fictional story she' d written about a woman who was stoned to death, according to the Eurasia Review . \nGolrokh \ Ebrahimi Iraee, 35, is the wife of political prisoner Arash Sadeghi, 36, who is serving a 19-year prison sentence for being a human rights activist, the publication reported. \n "When the intelligence unit of the Revolutionary Guards came to arrest her husband, they raided their apartment – without a warrant – and found drafts of stories that Ebrahimi Iraee had written," the article stated. \n "One of the confiscated drafts was a story about stoning women to death for adultery – never published, never presented to anyone," the article stated. "The narrative followed the story of a protagonist that watched a movie about stoning of women under Islamic law for adultery.

此新聞為**假新聞**，我們來測試分類器是否能辨識出來，辨識結果如下：

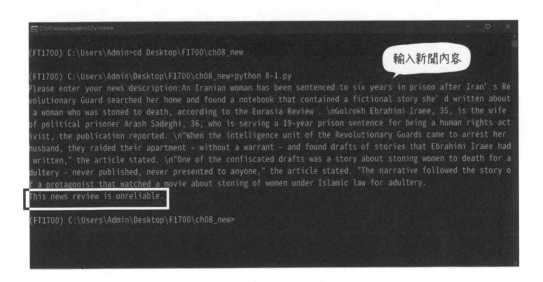

由上面的結果可以看出來假新聞分類器辨識此新聞為假新聞，接著試著貼上一篇**真新聞**試試看，輸入的英文新聞如下：

In these trying times, Jackie Mason is the Voice of Reason. [In this week's exclusive clip for Breitbart News, Jackie discusses the looming threat of North Korea, and explains how President Donald Trump could win the support of the Hollywood left if the U. S. needs to strike first. "If he decides to bomb them, the whole country will be behind him, because everybody will realize he had no choice and that was the only thing to do," Jackie says. "Except the Hollywood left. They'll get nauseous. " "[Trump] could win the left over, they'll fall in love with him in a minute. If he bombed them for a better reason," Jackie explains. Like if they have no transgender toilets. " Jackie also says it's no surprise that Hollywood celebrities didn't support Trump's strike on a Syrian airfield this month. They were infuriated," he says. "Because it might only save lives. That doesn't mean anything to them. If it only saved the environment, or climate change! They'd be the happiest people in the world. " Still, Jackie says he's got nothing against Hollywood celebs. They've got a tough life in this country. Watch Jackie's latest clip above. Follow Daniel Nussbaum on Twitter: @dznussbaum

辨識結果如下：

```
(FT1700) C:\Users\Admin\Desktop\F1700\ch08_new>python 8-1.py
Please enter your news description:In these trying times, Jackie Mason is the Voice of Reason
. [In this week' s exclusive clip for Breitbart News, Jackie discusses the looming threat of
North Korea, and explains how President Donald Trump could win the support of the Hollywood l
eft if the U. S. needs to strike first.  "If he decides to bomb them, the whole country will
be behind him, because everybody will realize he had no choice and that was the only thing to
 do," Jackie says. "Except the Hollywood left. They' ll get nauseous. " "[Trump] could win th
e left over, they' ll fall in love with him in a minute. If he bombed them for a better reaso
n," Jackie explains. "Like if they have no transgender toilets. " Jackie also says it' s no s
urprise that Hollywood celebrities didn' t support Trump' s strike on a Syrian airfield this
month. "They were infuriated," he says. "Because it might only save lives. That doesn' t mean
 anything to them. If it only saved the environment, or climate change! They' d be the happie
st people in the world. " Still, Jackie says he' s got nothing against Hollywood celebs. They
' ve got a tough life in this country. Watch Jackie' s latest clip above.   Follow Daniel Nus
sbaum on Twitter: @dznussbaum
This news review is reliable.

(FT1700) C:\Users\Admin\Desktop\F1700\ch08_new>
```

真新聞也成功辨識出來了！

Kaggle 簡介

Kaggle 是 Google 旗下的數據分析競賽平台, 在 Kaggle 上隨時都有各種資料分析的競賽正在進行, 由於這些競賽都會提供高額的獎金以及頭銜, 因此會吸引全世界的資料科學家前來參賽, 並有許多熱愛分享的科學家在比賽過後在線上的討論區留下他們當初思考問題的邏輯以及解題的脈絡, 研讀上面的討論串對於提升資料分析各方面的能力有很大的幫助。

> 數據分析競賽平台除了 Kaggle 以外還有：Drivendata、Crowdai、天池、點石、JDAta 等。

參加 Kaggle 數據分析競賽的好處：

- **使用真實數據**

  許多大型公司都會在 Kaggle 上面, 上傳真實的數據 (某些競賽的資料集高達 50-60G), 以競賽的方式尋求解決辦法, 這意味著可以在參賽過程中接觸到**真正的業界案例**, 收穫實際的項目經驗。

- **高額獎金**

  參賽者以個人、組隊等方式參與項目, 針對其中一個競賽提出解決方案, 最終由主辦方選出的最佳方案可以獲得高額的獎金 (美金)。除此之外 Kaggle 官方每年還會舉辦一次大規模的企業競賽, 獎金高達一百萬美金。

- **獲得頭銜**

  在 Kaggle 中頭銜制度是根據 Kaggle Progression System 來決定的。它是一套用的等級排名系統, 類似於在遊戲中完成任務換取相對應的積分, 達到一定的積分之後就可以升級, 等級從低到高分別為：Novice、Contributor、Expert、Master 和 Grandmaster。Kaggle 作為一個有名的數據分析平台, 在業界擁有極高的認可度。如果想尋找相關行業的工作, 一個好的頭銜將為你的履歷加分不少。

- **就業機會**

  Kaggle 上面會提供許多大公司的徵才資訊, 可以透過這些資訊得知每個公司的所需要的人才, 了解目前資料科學的趨勢, 對於往後要申請相關工作的人是一個很好的風向指標, 甚至有些公司已經開始利用 Kaggle 作為面試的題目。

接下頁

許多企業、研究者等主辦單位都會在 Kaggle 上面發布資料集, 以競賽的形式向廣大的數據科學家徵求解決方案。一般競賽的參賽步驟如下:

- **參加競賽**

  在 Kaggle 平台上有許多不同主題與類型的競賽項目, 有些規定需要團體參賽, 某些能提供獎金與頭銜等, 挑選想參加的競賽項目, 並了解此項目希望解決的問題, 如果是新手也不用擔心, Kaggle 官方也提供練習賽等項目供新手熟悉整個參賽過程。

- **報名競賽項目**

  挑選好想要參加的競賽項目後, 就要報名競賽並且同意相關規定和條約。注意!報名競賽時要特別注意競賽的相關規定、競賽結束的時間與評估的標準。

- **下載資料集**

  報名競賽後, 才可以進到此競賽的資料集頁面, 接著下載資料集。

- **產生提交用的檔案 submission**

  運用機器學習、數據分析等知識, 建立模型解決問題, 並產生 submission。

- **提交 submission**

  將產生的 submission 上傳到 Kaggle 平台上。

- **查看分數與排名**

  提交 submission 後, 競賽頁面中會顯示你的分數與排行, 在此競賽結束之前, 參賽者每天最多可以提交 5 次。每一次提交結果都會獲得最新的臨時排名與得分, 直至比賽結束獲得最終排名。

  參加競賽的次數多了以後, Kaggle 平台會自動從參加過的競賽獲取排名與參賽的經歷給予頭銜。除了一般競賽以外, 還有 Notebook 競賽 (提交程式碼的競賽) 可以參加。

因本書篇幅關係沒辦法詳盡的介紹 Kaggle 以及此平台的相關機制, 有興趣的讀者可以參考旗標所出版的:「Kaggle 競賽攻頂秘笈 - 揭開 Grandmaster 的特徵工程心法, 掌握制勝的關鍵技術」。

9 Chapter

比特幣最佳買賣點 - 用網路爬蟲抓取歷史 價格用 pandas 分析

虛擬貨幣是近幾年來相當熱門的話題, 其中又以加密貨幣最廣受討論, 不論是挖礦帶來的報酬, 還是持續高漲的價格, 都讓投資人摩拳擦掌、躍躍欲試, 試圖從中大撈一筆, 究竟有沒有什麼辦法能從動盪的價格看出其中的端睨呢?

9-0 本章重點及成果展示

加密貨幣中最廣為人知的便是比特幣, 它在市場中迅速暴漲的價格是有目共睹的, 即便現在的價錢不如曾經的最高點, 但它在加密貨幣中的地位依舊難以取代。現在的比特幣具有價格波動性大和不穩定等特性, 卻也成為了許多人的投機標的。

本章將使用網路爬蟲的技術將比特幣的歷史價格抓取下來, 使用 pandas 套件幫助我們分析並繪圖, 導入量化交易的概念後, 試圖尋找出比特幣的最佳買賣點。

我們將學習到:

- **爬蟲**:抓取比特幣的歷史價格
- **pandas**:分析比特幣的價格走勢
- **繪圖**:畫出比特幣的價格走勢和均線
- **量化交易**:用歷史回測找出最佳買賣點

■ 成果展示

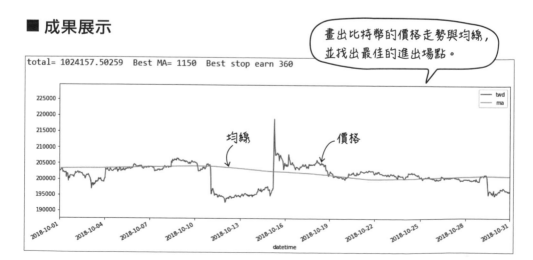

畫出比特幣的價格走勢與均線,
並找出最佳的進出場點。

9-1 Pandas 套件：用資料科學的方式分析比特幣的漲跌

首先選擇一個能看到比特幣歷史價格的網站, 這裡以 "CoinGecko" 網站為例, 開啟 Chrome 瀏覽器後, 在網址列輸入"https：//www.coingecko.com/zh-tw" 後按 Enter, 會進入以下網站：

1 點選**比特幣**

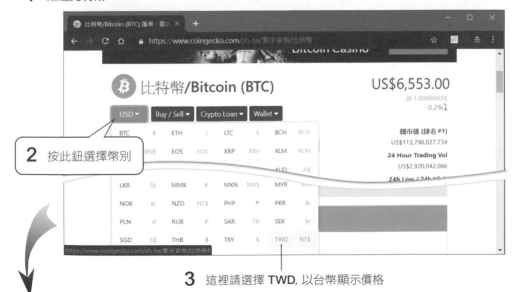

2 按此鈕選擇幣別

3 這裡請選擇 **TWD**, 以台幣顯示價格

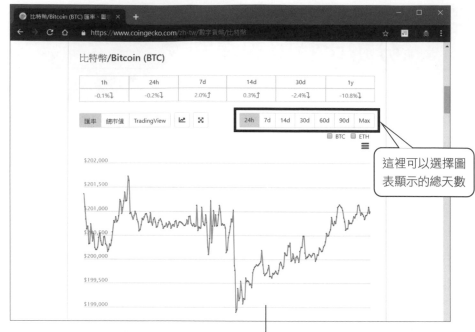

4 向下捲動網頁, 透過圖表能看到比特幣的歷史價格走勢

按 F12 鍵開啟**開發者工具**面板, 使用「滑鼠動態檢視」在選擇總天數的地方點選 **90d**, 即可在右邊的元素窗格看到以下資訊：

2 選擇 90d **3** 可看到 90d 的 HTML 碼

其中有一行程式碼為：

```
data-graph-stats-url="https://www.coingecko.com/price_charts/1/
usd/90_days.json"
```

從字面上可以看出，這應該是一個能取得表格中價格訊息的連結，複製連結後貼到瀏覽器的網址列，並將其中的 **usd** 更改為 **twd**，然後按下 Enter：

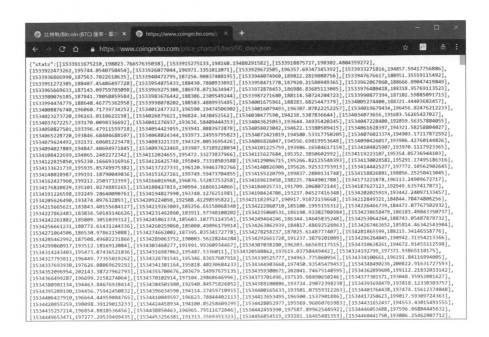

以上連結可回傳一筆 JSON 格式的資料，而其中的內容便是過去 90 天的歷史資料。其格式如下：

> JSON 格式是一種經常用於網路傳輸的資料格式，類似 Python 的 dictionary，是使用鍵值對 (key-value) 的方式來儲存資料。由於本章使用的 JSON 資料僅有一個 key，因此不多花時間解釋，在 10-2 節會再次使用到較為複雜的 JSON 資料，並有更詳細的說明。

回傳的 JSON 資料中僅有一個鍵 "stats"，對應到的值為一個很長的二維資料結構 (類似 Python 的串列)

```
{"stats":[[1534054423855, 193941.0883972878], [1534058023042, 194622.13380589415], .....}
```

第一個元素代表的是時間　　第二個元素代表的是價格

我們可以對此連結發出 GET 請求來取得比特幣過去的歷史資料：

```
import requests

data = requests.get('https://www.coingecko.com/price_charts/1/
twd/90_days.json')
```

接著可以使用回應物件的 **json()** 方法將 JSON 格式轉為 dict 資料，然後取出 'stats' 鍵的值：

接續前例
```
prices = data.json()['stats']
```

為了方便後續的資料處理，接下來要使用第 6 章所介紹的套件 **pandas** 幫助我們繪圖和處理資料。

9-1-0 用 pandas 繪製比特幣的價格走勢

使用 pandas 的資料結構可以繪製直方圖和折線圖等統計圖形，只要使用 **pandas 資料結構.plot()** 方法即可，由於 **plot()** 可以設定的參數太多，無法一一介紹，因此以下只介紹本章會用到的參數：

參數	參數型別	用途
kind	string	設定繪圖的類型： • **'line'**：折線圖　• **'bar'**：長條圖 • **'hist'**：直方圖　• **'pie'**：圓餅圖
figsize	tuple(寬度, 高度)	指定圖片的大小, 單位為 inches
xlim	tuple(開始, 結束)	指定繪圖的x軸範圍

讀者若想取得更多關於 plot() 參數的用途及設定方法可以到 pandas 的官方文件網頁：”https://pandas.pydata.org/pandas-docs/stable/reference/api/pandas.DataFrame.plot.html”

使用 plot() 繪圖時，它會將索引 (index) 當作 x 軸，y 軸則是 pandas 資料結構之中的數據，因此我們可以將 'datetime' 欄索引指定給 index，這樣繪製出來的圖表 x 軸就會是時間單位：

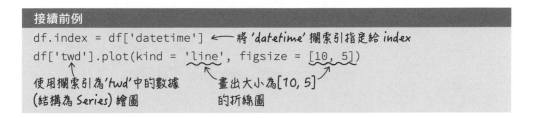

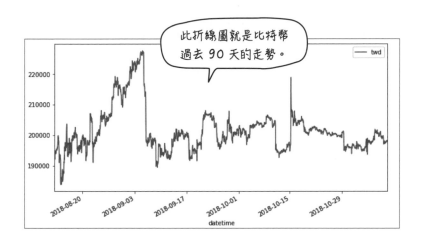

畫出走勢圖後要如何找出比特幣的漲跌趨勢呢？以下我們將使用金融領域中時常使用的技術指標-**均線 (MA)** 來進行分析。

9-1-1　MA 技術指標

均線是**移動平均線**的簡稱，英文則稱為 **(Moving Average, MA)**，簡單來說就是過去一段時間內的平均值，常被用在分析有時間序列的數據。

由於均線能有效的反映出長期的趨勢或週期，因此投資人很常利用股價來計算均線，藉此找出買賣訊號，是一種重要的技術指標。

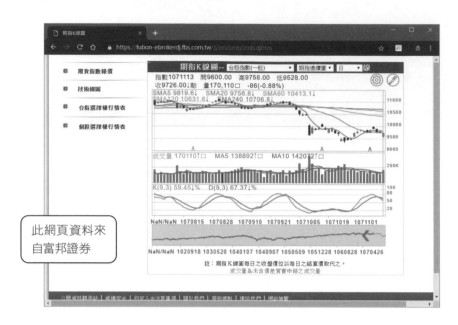

此網頁資料來
自富邦證券

　　我們可以使用 pandas 之中的移動窗口函式 **rolling** 來做到均線的效果，首先要製作一個 rolling 物件，以下示範如何用 Series 結構來創造一個 rolling 物件：

```
import pandas as pd

s = pd.Series([1, 2, 3, 4, 5], index=['a', 'b', 'c', 'd', 'e'])
r = s.rolling(window = 3) ← 用 Series 製作一個窗口大小為 3 的 rolling 物件
```

大小為 3 的窗口

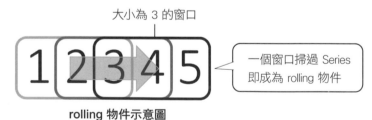

一個窗口掃過 Series
即成為 rolling 物件

rolling 物件示意圖

　　接著要再使用一些 rolling 物件的方法，將它轉回 Series，右表為常見的方法：

方法	說明
sum()	以窗口中的元素總和製作 Series
mean()	以窗口中的元素平均製作 Series
std()	以窗口中的元素標準差製作 Series
max()	以窗口中的元素最大值製作 Series
min()	以窗口中的元素最小值製作 Series

從上表中得知，可以使用 rolling 物件的 **mean()**方法來計算均線：

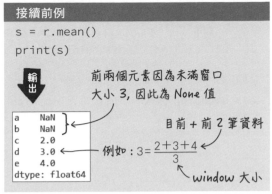

以下的實例會畫出比特幣的歷史價格走勢和均線，讓我們能以技術指標對比特幣價格進行分析。

9-1-2　實例：繪出比特幣的價格走勢和均線

■ 建立自訂函式 get_price()

我們首先會建構一個自訂函式 **get_price()**，傳入連結後會回傳歷史價格的 DataFrame, 接著再用此 DataFrame 計算出均線並繪圖。

```
9-0.py

01  import requests
02  import pandas as pd
03
04  def get_price(url):
05      res = requests.get(url)           # GET 請求
06      data_prices = res.json()['stats'] # 解析 json 格式, 並取出
                                          'stats'對應到的值
07      df = pd.DataFrame(data_prices)    # 將 list 轉為 dataframe
08      df.columns = ['datetime', 'twd']  # 設定欄索引名稱
09      df['datetime'] = pd.to_datetime(df['datetime'], unit='ms')
                                          # 將毫秒轉為時間日期格式
10      df.index = df['datetime']         # 設定列索引
11      return df
12  #---------------#
13  url = 'https://www.coingecko.com/price_charts/1/twd/90_days.json'
14  bitcoin =  get_price(url)
```

接下頁

```
15
16    # 利用'twd'欄位的值計算窗口為 100 的均線，並加入 bitcoin 的 dataframe 之中
17    bitcoin['ma'] = bitcoin['twd'].rolling(window = 100).mean()
18
19    # 以'twd'和'ma'欄位的值繪圖
20    bitcoin[['twd', 'ma']].plot(kind = 'line', figsize=[15, 5],
                            xlim=('2018-10-01', '2018-10-31'))
```

> 這裡請改為最近 90
> 天以內的日期範圍

程式說明

- 17   如果指定的欄索引不在 DataFrame 之中，則代表新增此欄數據 (這裡為均線 'ma' 欄) 到 DataFrame 裡

- 20   xlim 之中也能放入時間日期格式，這裡代表只取 10 月份的數據

畫出來的效果如下圖：

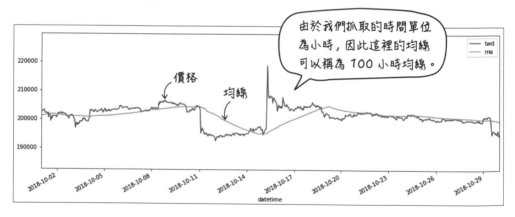

> 由於我們抓取的時間單位
> 為小時，因此這裡的均線
> 可以稱為 100 小時均線。

我們從局部來分析：

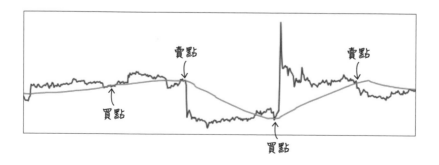

從圖中可以看出來，箭頭往上指的位置是價格高於均線之處，通常後面會接著一波上漲的趨勢，是很好的買點；反之箭頭往下指之處，價格低於均線，接著會迎來下跌趨勢，可視為**賣空**訊號。

賣空又稱為**放空(Short)**，是交易市場中的專有名詞，指投資人在沒有這項商品的情況下，將商品賣出，原理是先向他人、交易所或經紀人借這樣商品賣出，之後再買進商品並還回，若是投資人看跌這樣商品，便可以這種方式賺取價差。

另外，市場上有一種衍伸商品稱為**期貨**，它可以讓雙方簽訂買賣合約，並在指定時間按合約內容進行交易，是一種跨時間的交易方式，更方便投資人賣空，目前在芝加哥商品交易所 (CME) 已可交易比特幣的期貨。

9-2　Fintech：量化交易與歷史回測

想在金融市場中獲利，單有買賣的進場點是不夠的，還需要有出場點，才能真正的把價差放進自己的口袋，然而說的容易，做的難，不少人都曾經在市場中吃過虧。這一節將引入 **Fintech (金融科技)** 技術，幫助我們理性分析進、出場點。

Fintech 之中的**量化交易 (Quantitative Trading)** 是指藉由統計學或數學的方法對金融市場的商品進行分析，利用電腦技術從過去大量的資訊中找出規律，並制定策略，最後嚴格的遵守並執行策略。

由於制定出來的策略可能會存在一些可調整的參數，這時候可以使用歷史資料找出利益最大化的參數，而利用大量歷史資料尋找參數以及驗證策略有效性的過程就稱為**回測 (backtesting)**，以下我們將制定一個簡單的策略並使用爬回來的歷史價格進行回測。

9-2-0 制定策略與狀態機

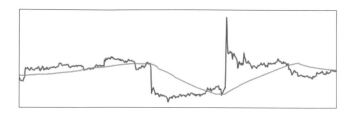

　　從前一節的價格走勢與均線圖可以看出, 價格必然是在均線之間穿梭, 高於均線後只要時間足夠即會再低於均線, 反之亦然, 因此我們可以制定一個策略會不斷的做多空反轉, 只要價格高於均線即進場做多、低於均線即進場做空, 至於出場點可以藉由不斷地更新目前的最高點或最低點, 一旦出現反轉便出場:

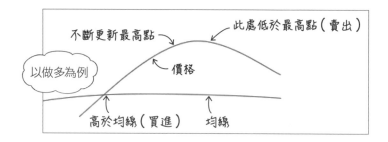

> 所謂的進場指的是投資人在市場中開始進行交易, 包括做多 (買進) 及做空 (賣空), 此時資金會處於浮動狀態 (變多或變少);而出場則是代表出手所有商品, 即原先為做多就賣出、為做空就買回, 此時除非再度進場否則資金不再改變。

　　另外我們也設定一個固定的停利點, 即賺足多少錢後便會出場。設定停利點的目的在於市場價格並非連續的, 若是只等反轉點出現, 恐怕錯過良機, 甚至因此造成大虧損(大跳空或暴漲)。

　　為了要將策略程式化我們可以使用**狀態機 (State Machine)** 的概念來達成, **狀態機**是一種數學模型, 它會設定幾個有限的狀態, 並藉由特定條件在這些狀態中轉移與動作, 相當適合用在交易策略。

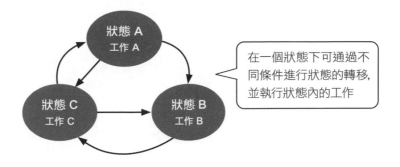

首先我們先將策略畫成如上圖般的示意圖，方便之後寫程式：

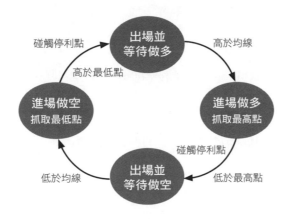

　　以下實例我們會藉由程式碼來實現此策略模型，並將歷史資料放入策略中驗證是否會獲利。

9-2-1　實例：比特幣策略回測

■ 建立自訂函式 strategy()

　　前一節的自訂函式 get_price() 已經放進自訂模組 **bitcoin_module.py** 中，請將檔案和模組放在同一個目錄下，並匯入模組來使用。在此實例中，我們會再加入一個自訂函式 **strategy()**，以下為此函式的說明：

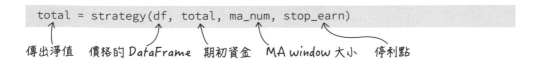

要實作狀態機可以使用 Python 之中的迴圈結合 if-elif 判斷式，並使用一個變數 state 來記錄當前狀態，我們的策略之中總共有 4 種狀態：等待做多、進場做多、等待做空、進場做空，程式中會分別以：wait_long、entry_long、wait_short、entry_short 來代表：

9-1.py

```
01   import bitcoin_module as m
02
03   def strategy(df, total, ma_num, stop_earn):
04       df['ma'] = df['twd'].rolling(window = ma_num).mean()
05       df = df[ma_num-1:]          # 將前面的 none 值去掉
06       entry_price = 0             # 進場點
07       max_price = 0               # 最高點
08       min_price = 0               # 最低點
09       state = 'wait_long'         # 設定初始狀態為'等待做多'
10       for i in range(len(df)):
11           # 等待做多
12           if state == 'wait_long':
13               if df['twd'][i] > df['ma'][i]:
14                   max_price = df['twd'][i]
15                   entry_price = df['twd'][i]     # 記錄進場價格
16                   state = 'entry_long'      ← 進場做多
17           # 等待做空
18           elif state == 'wait_short':
19               if df['twd'][i] < df['ma'][i]:
20                   min_price = df['twd'][i]
21                   entry_price = df['twd'][i]     # 記錄進場價格
22                   state = 'entry_short'     ← 進場做空
23           # 進場做多
24           elif state == 'entry_long':
25               if df['twd'][i] > max_price:
26                   max_price = df['twd'][i]
27               if df['twd'][i] < max_price:
28                   total += df['twd'][i] - entry_price
29                   state = 'wait_short'    ← 出場並等待做空
30               elif df['twd'][i]-entry_price > stop_earn and stop_earn != 0:
31                   total += df['twd'][i] - entry_price
32                   state = 'wait_short'    ← 出場並等待做空
33           # 進場做空
34           elif state == 'entry_short':
35               if df['twd'][i] < min_price:
36                   min_price = df['twd'][i]
```

接下頁

```
37              if df['twd'][i] > min_price:
38                  total += entry_price - df['twd'][i]
39                  state = 'wait_long'        ←— 出場並等待做多
40              elif entry_price-df['twd'][i] > stop_earn \
                    and stop_earn != 0:
41                  total += entry_price-df['twd'][i]
42                  state = 'wait_long'        ←— 出場並等待做多
43      return total
44
45  url = 'https://www.coingecko.com/price_charts/1/twd/90_days.json'
46  bitcoin = m.get_price(url)
47  total = strategy(bitcoin, 1000000, 200, 1000)
48                                    ↙ 期初資金為 100 萬, 均線為
49  print(total)   # 顯示出淨值        200, 停利點為 1000
```

程式說明

- 4   以指定的 MA window 大小計算均線

- 10   迴圈次數為 DataFrame 的總長度

- 13~16   當價格高於均線時, 將進場點與最高點設為現價, 並轉移狀態至 '進場做多'

- 19~22   當價格低於均線時, 將進場點與最低點設為現價, 並轉移狀態至 '進場做空'

- 25~26   當價格高於最高點, 重新設定最高點為現價

- 27~29   當價格小於最高點, 將資金加上進出場價差, 並轉移狀態至 '等待空'

- 30~32   當獲利已高於停利點, 更新資金, 並轉移狀態至 '等待做空' (若停利點設定為 0 則不停利)

- 35~36   當價格低於最低點, 重新設定最低點為現價

- 37~39   當價格低於最低點, 將資金加上進出場價差, 並轉移狀態至 '等待做多'

- 40~42   當獲利已高於停利點, 更新資金, 並轉移狀態至 '等待做多'

最後顯示的結果為：1004049.35535，代表若投入 100 萬的資金，並且每次只買賣一個比特幣，使用這個策略和參數能獲利 4000 多元。

由於比特幣的價格每天都會更新，因此每天的結果可能都會改變，使用者請以自己執行的結果為準。

由此可知這個策略是可以獲利的，不過其中有幾個參數是要自行設定的，想要找出最好的參數就要透過大量回測，最後的實戰就會使用大量回測的方式，找出最佳的參數。

9-3 實戰：找出比特幣最佳買賣點

前幾節的自訂函式都已經放入 **bitcoin_module.py** 之中，因此以下將直接匯入使用。

為了找出最佳的 MA window 大小和停利點，可以使用一個簡單的逼近法：先用兩個大範圍的 for 迴圈找出暫時的最佳值，再把暫時的最佳值放進小範圍的 for 迴圈求出更精細的值，最後再用求出來的值畫出走勢圖和均線：

bitcoin.py

```
01   import bitcoin_module as m
02
03   url = 'https://www.coingecko.com/price_charts/1/twd/90_days.json'
04   bitcoin =  m.get_price(url)
05
06   total=0
07   for i in range(0, 2000, 100):
08       for j in range(0, 2000, 100):
09           tmp_total=m.strategy(bitcoin, 1000000, i, j)
10           if tmp_total>total:
11               total=tmp_total     # 最佳淨值
12               best_ma=i           # 最佳 MA window 大小
13               best_stop_earn=j    # 最佳停利點
14
15   for i in range(best_ma-100, best_ma+100, 10):
16       for j in range(best_stop_earn-100, best_stop_earn+100, 10):
17           tmp_total=m.strategy(bitcoin, 1000000, i, j)
```

接下頁

```
18          if tmp_total>total :
19              total=tmp_total    # 最佳淨值
20              best_ma=i          # 最佳 MA window 大小
21              best_stop_earn=j   # 最佳停利點
22
23  print("total=", total, " Best MA=", best_ma, " Best stop earn",
            best_stop_earn)
24  bitcoin['ma'] = bitcoin['twd'].rolling(window = best_ma).mean()
25  bitcoin[['twd', 'ma']].plot(kind = 'line', figsize=[15, 5],
                        xlim = ('2018-10-01', '2018-10-31'))
```

> 這裡請改為最近 90 天以內的日期範圍

程式說明

- 7~13　大範圍的 for 迴圈，先找出單位為 100 的最佳值
- 15~21　小範圍的 for 迴圈，代入單位為 100 的最佳值，找出單位為 10 的最佳值
- 24~25　以求出的最佳 MA window 大小和價格來繪圖

輸出結果為：

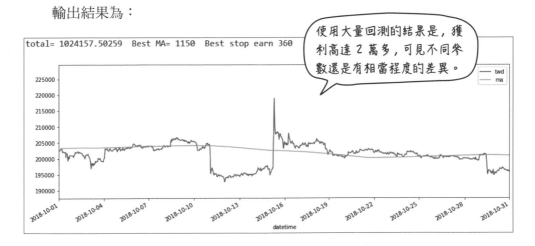

> 使用大量回測的結果是，獲利高達 2 萬多，可見不同參數還是有相當程度的差異。

最後我們得知最佳的進出場點應以 1150 小時均線為標準，價格高於均線時買進，低於均線時賣空，並在單次獲利達 360 或低於最高點、高於最低點時出場。

> 投資有賺有賠，申購前應詳閱公開說明書！實際交易商品時還需考量自身的初始資金、交易的手續費以及交易的等待時間等問題。

MEMO

10 車牌辨識系統

Chapter

車牌辨識已經廣泛應用在生活之中，例如停車場收費、贓車的識別…等等，透過車牌辨識可以大大的降低一些人力上的消耗。

10-0 本章重點

本章將實作車牌辨識系統。透過 **OpenCV** 套件取得車牌影像，並使用 **requests** 模組傳送至微軟 **Azure** 伺服器做文字辨識，最後透過**常規表達式**篩選出車牌內容。

本章將學習到：

- 使用 OpenCV 套件取得影像。
- 使用 Azure 電腦視覺 API，辨識影像中的文字。
- 運用常規表達式篩選出車牌內容。

■ 成果展示

如右圖，會辨識出圖片中的車牌號碼，印在 IPython Console 窗格上。

10-1 OpenCV 套件：操作影像

既然要做車牌識別，首先當然要先讓電腦看到車牌，我們可以使用攝影機做為「眼睛」讀取外面世界的影像資料，有了影像資料，才可以繼續進行後面的影像辨識工作。

本專案需要使用到攝影機，大部分的筆記型電腦已有內建，使用桌上型電腦的讀者請另行安裝攝影機，以便順利進行此專案。

使用 **OpenCV 套件**可以開啟攝影機拍攝影像、進行許多影像處理的工作。請先執行開始功能表的『**Anacond3 (64-bit) / Anaconda Prompt**』，輸入以下指令安裝套件：

```
pip install opencv-python  # 本書安裝版本為 3.4.3
```

我們使用的是 3.4.3 版本的 OpenCV, 參考線上說明文件時可要找對版本號。不只是 OpenCV, 許多套件不同的版本號之間, 指令會有所差異。請參考官方網站:「https://docs.opencv.org/3.4.3/」。

　　安裝完成後請在 **Spyder** 開發環境中匯入套件測試一下, 執行後若無發生錯誤即代表安裝成功:

```
import cv2
```

10-1-0　讀取、顯示、儲存

　　透過 OpenCV 可以讀取電腦上已有的影像檔, 也可以開啟攝影機拍攝影像。

■ 視窗

　　首先我們使用 **namedWindow()** 方法建立一個顯示影像所需的視窗:

```
cv2.namedWindow(視窗名稱 [, 選項])
```

[ ] 代表此參數可以選擇不輸入 (將使用預設值)

　　其中選項可以用來設定影像與視窗的尺寸:

cv2.WINDOW_AUTOSIZE (預設值)	依影像自動調整視窗大小, 使用者無法更改
cv2.WINDOW_FREERATIO	影像與視窗大小皆可任意改變
cv2. WINDOW_KEEPRATIO	可自由改變視窗大小, 改變影像大小時會維持原來比例
cv2.WINDOW_FULLSCREEN	全螢幕視窗, 使用者無法更改
cv2.WINDOW_OPENGL	支援 OpenGL 的視窗

這些選項其實都是一些數值, 例如, cv2.WINDOW_OPENGL 等於 4096。但使用具有意義的名稱來代表一個數值可以加強程式的可讀性!

> **TIPS** **OpenGL (Open Graphics Library)** 是渲染 2D 與 3D 幾何物體的應用程式介面 (Application Programming Interface, **API**)。常用於圖學相關的開發, 例如:電腦遊戲、資料視覺化、虛擬實境…等等。

如果要關閉視窗，則有 2 種方法：

cv2.destroyWindow('視窗名稱')	關閉指定視窗
cv2.destroyAllWindows()	關閉所有視窗

我們來試試打開一個名為 'Frame' 的全螢幕視窗，然後關閉：

```
cv2.namedWindow('Frame', cv2.WINDOW_FULLSCREEN)
cv2.destroyWindow('Frame')
```

■ 讀取影像

影像的來源可以是讀取影像檔案或是從攝影機中獲取，我們先介紹以讀取影像檔案的方式。使用 **cv2** 的 **imread()** 方法讀取影像檔案：

```
影像變數 = cv2.imread (影像檔案路徑 [，選項])
```

若影像檔案與程式碼檔案位於同一個目錄下，路徑位置可以只輸入檔名；若在同目錄下的資料夾 (imgfolder) 中，則為：imgfoler/pic.png，這是相對路徑的方法。也可以使用絕對路徑，例如位於磁碟 (C:) 的 pic.png 檔案：C:/pic.png。

我們可以透過選項選擇讀取模式：

請注意！OpenCV 的色影順序是 BGR，與一般常見的 RGB 順序不同。

cv2.IMREAD_COLOR (預設值)	以彩色模式 (BGR) 讀取
cv2.IMREAD_GRAYSCALE	以灰階模式讀取
cv2.IMREAD_UNCHANGED	以彩色模式 (BGRA) 讀取 (包含 alpha 透明度資訊)

例如，以灰階模式讀取 pic.jpg 檔案：

```
img = cv2.imread('pic.jpg', cv2.IMREAD_GRAYSCALE)
```

OpenCV 支援大多數的檔案格式，例如：jpg、png、bmp…等等。詳細的說明請參考 OpenCV 的官方文件：「https://docs.opencv.org/3.4.3/d4/da8/group__imgcodecs.html#ga288b8b3da0892bd651fce07b3bbd3a56」。

另一個查看方式是在 **IPython Console** 輸入 **?cv2.imread,** 即可看到函式的說明；事實上大部分的函式都可以用這種方式查詢使用方法, 省去了上網找說明文件的麻煩：

請記得先運行過 import cv2 指令

■ 顯示影像

建立了視窗也讀取了影像, 再來就是將兩者結合, 使用 **imshow()** 方法即可將影像顯示於指定視窗中：

```
cv2.imshow('Frame', img)
```

視窗名稱　影像變數

當視窗不存在時, 此方法會自動建立一個視窗。

影像顯示後, 為了觀看結果, 通常會加入 **waitKey(n)** 方法讓程式等待 **n** 毫秒, 直到使用者按下按鍵或超過 **n** 毫秒為止：

例如等待 1 秒 (1000 毫秒)：

```
cv2.waitKey(1000)
```

稍後還會介紹更多用法

■ 儲存影像

可以使用 **imwrite()** 將影像儲存成影像檔案, 儲存成功會回傳布林值 True：

```
cv2.imwrite(存檔路徑, 影像變數 [, 選項])
```

存檔一樣可以使用絕對或相對路徑。

可以使用選項來設定儲存品質, 其格式為 **[檔案格式, 品質]** 的串列:

[cv2.IMWRITE_JPEG_QUALITY, n]	JPEG 檔案格式的品質, n 為 0-100 (越大品質越佳), 預設值為 95
[cv2. IMWRITE_PNG_COMPRESSION, n]	PNG 檔案的壓縮等級, n 為 0-9 (數值越大, 壓縮時間越長), 預設值為速度最快的 1

10-1-1 實例: 讀取並縮小圖片後儲存

綜合以上的講解, 本實例將進行圖片的讀取、顯示、並使用 **resize( )** 方法來對圖片進行縮放後儲存:

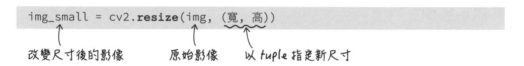

```
img_small = cv2.resize(img, (寬, 高))
```

改變尺寸後的影像　　原始影像　　以 tuple 指定新尺寸

請先放一張檔名為 **car** 的 **JPEG** 圖片於程式碼目錄下。

```
10-0.py
01  import cv2
02
03  try:
04      img = cv2.imread('car.jpg')                # 讀取圖片
05      img_small = cv2.resize(img, (300, 100))    # 改變尺寸
06      cv2.imshow('Frame1', img)                  # 顯示原圖
07      cv2.imshow('Frame2', img_small)            # 顯示新圖
08      cv2.waitKey(0)                             # 等待
09      cv2.destroyAllWindows()                    # 關閉視窗
10      try:
11          cv2.imwrite('small.jpg', img_small)    # 儲存影像
12          print('saved')
13      except:                                    # 儲存的例外處理
14          print('Error:write')
15  except:                                        # 讀取的例外處理
16      print('Error:read')
```

執行後成功後即可在目錄中看到被縮小後的圖片檔案。

10-1-2 攝影機

接下來將打開攝影機取得影像來源, 並即時將拍攝的影像儲存下來。

使用 **VideoCapture** 類別建立攝影機物件：

```
攝影機物件 = cv2.VideoCapture(n)
```

若有多個攝影機可由編號指定要使用哪一個, n 為數字

例如, 以編號 0 的攝影機建立 capture 攝影機物件 (筆記型電腦前置鏡頭)：

```
capture = cv2.VideoCapture(0)
```

建立攝影機物件後, 可以用物件的 **isOpened()** 方法確認是否有打開, 若有回傳 **True**, 若攝影機有問題或者使用者電腦沒有攝影機則回傳 **False**：

```
capture.isOpened()
```

物件的 **read()** 方法可以從攝影機讀取影像, 回傳的是一個 **tuple**：(布林值, 影像變數), 包含了讀取是否成功的布林值 (True/False) 以及影像變數。

```
success, img = capture.read()
```

布林值　影像變數

讀取到影像變數後, 可以使用如同上一小節讀的 **imshow()** 方法顯示於視窗、以 **imwrite()** 方法儲存影像:

```
cv2.imshow(視窗, 影像變數)
cv2.imwrite(存檔路徑, 影像變數 [, 選項])
```

當不再使用攝影機時, 請使用物件的 **release()** 方法釋放攝影機資源:

```
capture.release()
```

■ waitKey()：鍵盤事件方法

開啟攝影機後, 通常我們會使用一個無窮迴圈, 連續讀取影像並顯示於視窗, 例如:

```
while(1):
        sucess, img = capture.read()    ← 不斷從攝影機中讀取影像顯示
        if sucess:
                cv2.imshow('Frame', img)
```

但如果想停止程式時, 該怎麼離開這個無窮迴圈呢?

我們可以使用 OpenCV 提供的鍵盤事件方法, 讓程式偵測到使用者按下某鍵時 (例如: Q), 執行 **break**, 退出無窮迴圈。其實在 **10-1-1 節** 已經使用過 **cv2.waitKey(0)** 將程式暫停, 等待使用者按下任意鍵;接下來我們來看看 **waitKey()** 的更多使用方法。

也可以設定偵測到按下 S 時儲存影像;透過 waitKey() 鍵盤事件方法的使用, 使用者可以建立自己喜愛的程式互動模式。

使用 **waitKey(n)** 方法程式會等待 n 毫秒, 若使用者在 n 毫秒內按下按鍵, 則回傳按鍵碼 (KeyCode), 超過時間則回傳 -1。若 n 指定為 0, 則程式會持續等待, 直到使用者按下按鍵。

例如：按下按鍵「q」將傳回數值 113：

```
k = cv2.waitKey(10000)   # 最多等待 10 秒
print(k)      輸出  113
```

> 請注意，waitKey() 要在 OpenCV 視窗開啟並擁有輸入焦點時才有作用。

雖然我們可以上網查詢每個按鍵的 keyCode 是多少來判斷我們按下什麼，但比較方便的是直接在程式中使用 **ord(按鍵)** 方法取得該按鍵的 KeyCode：

例如，如果按下「q」即結束程式：

```
k = cv2.waitKey(10000)
if k == ord('q'):
    break
```

> 請注意，英文大小寫的 KeyCode 不同。

10-1-3　實例：照相機功能

我們結合在這小節學習到的內容，實作一個按下 ⬚S⬚ 後，會將攝影機的影像儲存起來的程式，最後的實戰我們就會用到這個照相機來對車牌進行拍照。

```
10-1.py
01  import cv2                                    # 匯入 cv2 套件
02
03  capture = cv2.VideoCapture(0)                 # 建立攝影機物件
04  if capture.isOpened():
05      while True:
06          sucess, img = capture.read()          # 讀取影像
07          if sucess:
08              cv2.imshow('Frame', img)          # 顯示影像
09          k = cv2.waitKey(100)                  # 等待按鍵輸入
10          if k == ord('s') or k == ord('S'):    # 按下 S(s)
11              cv2.imwrite('shot.jpg', img)      # 儲存影像
12              print('稍後在此加入車牌辨識功能')
13
14          if k == ord('q') or k == ord('Q'):    # 按下 Q(q) 結束迴圈
15              print('exit')
16              cv2.destroyAllWindows()           # 關閉視窗
17              capture.release()                 # 關閉攝影機
18              break
19  else:
20      print('開啟攝影機失敗')
```

執行程式後, 按下按鍵 S 即可存下攝影機目前看到的影像, 按下 Q 即結束程式。稍後會在第 12 行繼續加入拍完照後進行車牌辨識的程式碼。

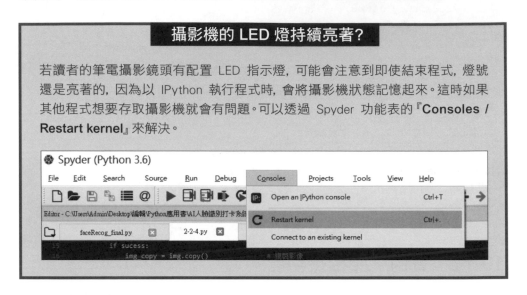

攝影機的 LED 燈持續亮著?

若讀者的筆電攝影鏡頭有配置 LED 指示燈, 可能會注意到即使結束程式, 燈號還是亮著的, 因為以 IPython 執行程式時, 會將攝影機狀態記憶起來。這時如果其他程式想要存取攝影機就會有問題。可以透過 Spyder 功能表的『**Consoles / Restart kernel**』來解決。

10-2 Azure 電腦視覺 API

想要快速開發功能完善的系統, 我們可以使用微軟開發的 **Azure RESTful API**。就像是要開車不需要自己做一部車子, **應用程式介面 (Application Programming Interface, API)** 就是由他人開發好的特定功能 (車子), 並提供管道讓開發者使用功能。我們要做的就是懂得怎麼使用 (開車), 並將那些功能加入到我們的開發應用中。

RESTful 是種軟體架構的風格, 以 **RESTful** 撰寫的 API 讓使用者可以透過**第 5 章**介紹的 **requests 套件**, 以 HTTP 請求來使用 API 各種功能。

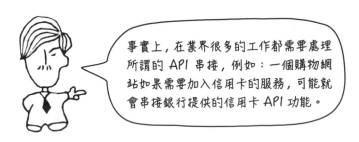

事實上, 在業界很多的工作都需要處理所謂的 API 串接, 例如: 一個購物網站如果需要加入信用卡的服務, 可能就會串接銀行提供的信用卡 API 功能。

10-2-0　創建帳戶

微軟的 Azure API 有許多種類型, 本章要用到的是 **Computer Vision** (電腦視覺) API, 請進行下列步驟建立帳戶取得**金鑰**:

1 連到Azure 的 Computer Vision 網頁, 點選『開始免費使用』:

2 點選『Start free』:

TIPS 若覺得好用, 可以註冊正式帳號，就沒有限制問題, 並且每月也有免費額度可以使用，只有在大量使用時才需付費喔！

3 請自行完成建立帳戶步驟, 回到**步驟 1** 的網站, 再次選擇『**試用電腦視覺 API**』, 即可看到待會我們要發送請求時所需要的**金鑰**:

10-2-1　JSON 資料格式

　　稍後我們會將欲分析的影像透過 **request 套件**發送請求至 Azure 伺服器，伺服器會將辨識結果以 **Json 資料格式**回傳。

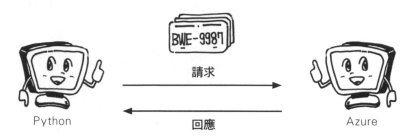

Python　　　　　　　　　　　　　　　　　Azure

{'status': 'Succeeded', 'text': 'BWE-9987'}

　　JSON (JavaScript Object Notation) 是一種輕量級的資料格式，經常用於網路傳輸，待會我們就會用到，所以在此做簡短的介紹。其資料主要有**物件 (Object)** 與**陣列 (array)** 兩種類型：

■ 物件 (Object)

　　類似於 Python 的 dict，物件用鍵值對 (key-value) 來儲存資料，前後再以大括弧「{ }」包起來。

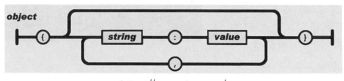

https://www.json.org/

　　例如，記錄姓名 (Name) 與年齡 (Age) 資料的物件：

　　{'Name': 'Mars', 'Age': 29}

■ 陣列 (Array)

　　類似於 Python 的 list，資料以單一元素儲存，前後再以中括弧「[ ]」包起來。

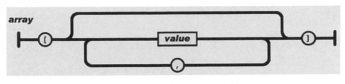

https://www.json.org/

例如, 建立水果清單的陣列：

['apple', 'banana']

■ 互相組合使用

物件與陣列可以互相結合使用。

例如, 建立一個 JSON 儲存 Mars 最喜歡的水果清單：

{ 'Name': 'Mars', 'Age': 29, 'fruit' : ['apple', 'banana'] }

若想更了解 JSON, 可以參考網站：「https://www.json.org/」。

10-2-2　API 使用方法

我們將使用電腦視覺 API 中提供的 **Recognize Text** 來辨識影像中的文字, 使用方法分成 2 個步驟：

1 使用 POST 請求將影像傳送至 Azure 伺服器進行辨識。

2 使用 GET 請求取得辨識結果。

詳細的 API 說明可先連到 Azure 的 Computer Vision 網頁 (網址參見前面創建帳戶的說明), 再點選網頁中的 API 進入說明網頁

■ **進行辨識**

如**第 5 章**介紹, 我們可以使用 **post()** 方法進行 POST 請求, 取得回應:

```
response1 = requests.post(請求路徑, 請求標頭, 請求主體)
```

要進行辨識, 需要告訴 Azure 如下的參數內容:

● **請求路徑**: 格式如下:

位置設定日本西部

https://japanwest.api.cognitive.microsoft.com/vision/v3.1/read/analyze?%/
recognizeText?mode

文字辨識功能　參數　　　　　　　API (網址)

路徑最後的 **mode** 參數有下列 2 種選擇:

Handwritten	可辨識手寫字
Printed	可辨識正體 (印刷) 字

車牌辨識以**正體 (印刷) 字**較為合適, 例如:

```
base = 'https://https://japanwest.api.cognitive.microsoft.com/vision/
        v3.1/read/analyze?%'
recog_url = f'{base}/recognizeText?mode=Printed'
response1 = requests.post(recog_url, 請求標頭, 請求主體)
```

● **請求標頭**: 我們需要在請求標頭中告訴 Azure:

1 **金鑰**: 在你的 API 頁面 (參見 10-11 頁步驟 3)

2 **請求主體的內容型態**: 因為我們要傳送影像, 所以要指定 'application/**octet-stream**'

將兩者組成 dict 指定給 headers 參數, 例如:

```
                你的 key
key = '3aebb4c9bef249aba9dad2d3'
headers_stream = { 'Ocp-Apim-Subscription-Key': key,
                   'Content-Type': 'application/octet-stream'}
                            body 內容類型
response1 = requests.post( 請求路徑,
                           headers=headers_stream,  ← 指定標頭
                           請求主體)
```

● **請求主體**：就是我們的影像資料, 影像資料需在程式中先轉換成 **btyes (位元組)** 接著指定給 **data** 參數, 以**位元流 (octet-stream)** 在網路上傳遞 (稍後以程式碼演示)。

例如, 傳送一張已經轉為 bytes 物件的影像資料 **img_bytes**：

```
response1 = requests.post(recog_url,
                          headers= headers_stream,
                          data=img_bytes)
```

發出辨識的 POST 請求後, 並不會馬上取得結果, 這是因為辨識需要一點時間。伺服器會先傳回一個回應標頭, 其中包含了一個 **Operation-Location** 資訊, 就是用來取得辨識結果的請求路徑。

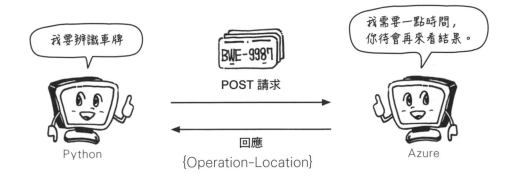

回應標頭 response1.headers 形式如下：

{'Cache-Control': 'no-cache', …, **'Operation-Location':
'https://japanwest.api.cognitive.microsoft.com/vision/v3.1/
textOperations/2891bda8-4739-4bdc-97b7-4a4d2816445e'**,...}

此為 requests 模組中的 **CaseInsensitiveDict** 物件, 它和 dict 類似, 也是以**鍵值對**來儲存資料, 因此我們可以用同樣的方法來以鍵取值：

```
result_url = response1.headers['Operation-Location']
```

■ 取得辨識結果

如同上述, 發出辨識請求後, 我們需要再發出一個 **GET 請求**取得辨識結果:

請問有結果了嗎?

OK

{Operation-Location}
GET 請求

回應

Python

Azure

{'status': 'Succeeded', 'text': 'BWE-9987'}

```
response2 = requests.get(請求路徑, 請求標頭)
```

要取得辨識結果, 需要告訴 Azure 如下的參數內容:

● **請求路徑**: 即上述的 **Operation-Location**。

● **請求標頭**: 因為不需要傳送請求主體, 所以只需要告訴伺服器金鑰資訊。

發出 GET 請求後, 辨識結果以 JSON 格式字串存於回應物件中, 可以使用 **json()** 方法轉換成 **dict**, 方便存取內容:

```
In [22]: response2.json()
Out[22]:
{'status': 'Succeeded',
 'recognitionResult': {'lines': [{'boundingBox': [479,
     343,
     618,
     354,
     615,
     403,
     477,
     395],
   'text': 'Cefiro',
   'words': [{'boundingBox': [503, 344, 617, 352, 613, 404, 499, 396],
     'text': 'Cefiro'}]},
  {'boundingBox': [1223, 371, 1273, 368, 1276, 393, 1226, 394],
   'text': 'VG',
   'words': [{'boundingBox': [1229, 369, 1270, 368, 1271, 393, 1230, 394],
     'text': 'VG',
     'Confidence': 'Low'}]},
  {'boundingBox': [791, 482, 987, 483, 987, 550, 790, 550],
   'text': '9C.9508',
   'words': [{'boundingBox': [785, 481, 994, 482, 993, 550, 785, 549],
     'text': '9C.9508',
     'Confidence': 'Low'}]}]}}
```

如上圖第 1 個箭頭所示, 回應物件內容的 **'status'** 記錄著辨識是否完成 (Succeeded / Running), 但我們並不知道伺服器到底什麼時候才會辨識結束, 理想的做法是每隔一段時間查看辨識結果, 例如每 0.5 秒查看一次結果。

■ 時間模組－sleep()

使用時間模組的 **sleep(n)** 方法可以讓程式進入 n 秒的休眠:

```
time.sleep(n)
```

例如, 休眠 3 秒後喚醒
程式:

匯入 *time* 模組

```
01  import time
02  for i in range(0, 3):
03      print('Sleep...')
04      time.sleep(1)
05
06  print('Wake Up!')
```

若辨識成功即可從上圖第 2、3、4 個箭頭所示的鍵: **'text'** 取得辨識結果, 可以注意到共有 3 個辨識文字, 所以我們還須透過**常規表達式**找出符合車牌格式的內容。

10-2-3 實例:辨識圖片中的車牌內容

此實例的流程如下:

1 使用 OpenCV 讀取本地的一張圖片檔案。

2 接著使用 Azure API 辨識出圖片中的文字。

3 圖片中也許還包含其他非車牌的文字內容, 所以我們還需要用**第 5 章**介紹的**常規表達式**從辨識結果中, 篩選出車牌內容。車牌的常規表達式為: **r'^[\w]{2,4}[-.][\w]{2,4}$'**。

> 代表內容須以 2-4 個英數字為開頭, 中間可以是 '-'、'.'、'空白' 符號, 最後再以 2-4 個英數字為結尾。

■ 建立自訂函式 get_license()

在此實例中，我們建立一個自訂函式 **get_license()**，方便重複使用，此函式接收影像變數，並回傳影像中的車牌內容：

```
text = get_license(img)
```

車牌文字　　影像變數

> **TIPS** 讀者可以使用本書所附的車牌照片 (car.jpg) 進行練習或者自行拍攝車牌照片。請記得將照片置於程式碼目錄下。

　　OpenCV 讀取圖片檔案的程式碼與 **10-1-1 節**相同，我們先建立自訂函式，接著即可將讀取到的圖片傳入自訂函式 **get_license()** 取得車牌結果：

10-2.py

```
01  import requests
02  import cv2
03  import time
04  import re
05
06  base = 'https://https://japanwest.api.cognitive.microsoft.com/vision/ \
            v3.1/read/analyze?%'
07  recog_url = f'{base}/recognizeText?mode=Printed'    # 辨識請求路徑
08  key = '請改成你的金鑰'                                # 金鑰
09  headers = {'Ocp-Apim-Subscription-Key': key}
10  headers_stream = { 'Ocp-Apim-Subscription-Key': key,
11                     'Content-Type': 'application/octet-stream'}
12  def get_license(img):                               # 建立自訂函式
13      img_encode = cv2.imencode('.jpg', img)[1]
14      img_bytes = img_encode.tobytes()
15      r1 = requests.post(recog_url,                   # 發出 POST
16                     headers = headers_stream,
17                     data = img_bytes)
18      if r1.status_code != 202:       # 202 代表接受請求
19          print(r1.json())
20          return '請求失敗'
21      #--↓↓辨識請求成功↓↓--#
22      result_url = r1.headers['Operation-Location'] # 查看結果的請求路徑
```

接下頁

```
23      r2 = requests.get(result_url, headers = headers)   # GET 請求
24      while r2.status_code == 200 and r2.json()['status'] != 'Succeeded':
25          r2 = requests.get(result_url, headers = headers) # 繼續 GET 請求
26          time.sleep(0.5)      # 休眠 0.5 秒
27          print('status: ', r2.json()['status'])   # 顯示辨識狀態
28      #--↓↓辨識完成↓↓--#
29      carcard = ''              # 記錄車牌
30      lines = r2.json()['recognitionResult']['lines']
31      for i in range(len(lines)):
32          text = lines[i]['text']
33          m = re.match(r'^[\w]{2,4}[-. ][\w]{2,4}$', text)
34          if m != None:         # 匹配成功
35              carcard = m.group()
36              return carcard
37      if carcard == '':         # 無匹配結果
38          return '找不到車牌'
39  #-------------------------------------------------#
```

程式說明

- 13   自訂函式接收到 img 影像資料後, 先使用 OpenCV 的 **imencode()** 方法將影像進行 **JPEG** 格式的編碼並暫存於記憶體中, 回傳結果的索引 [0] 為編碼是否成功的布林值、索引 [1] 為暫存區的影像資料。

- 14   編碼後的影像資料再經由 **tobytes()** 方法轉為 **bytes** 物件, 即可透過 POST 傳送。

- 24～27 當 r2 回應物件的 'status' 內容並非 'Succeeded' 時, 會等待 0.5 秒後再發送一次 GET 請求, 直到 'status' 為 'Succeeded' 才離開 while 迴圈, 繼續向下執行。

- 30～32 若辨識成功, 則由 r2 回應物件中取出鍵為 'lines' 的串列, 再以 for 迴圈取出其中所有 'text' 內容。

- 33   將所有 text 匹配車牌的常規表達式：**r'^[\w]{2,4}[-.][\w]{2,4}$'**。代表內容須以 2-4 個英數字為開頭, 中間可以是 '**-**'、'**.**'、'**空白**' 符號, 最後再以 2-4 個英數字為結尾。

最後我們結合 **10-1-1 節**讀取圖片檔，傳給自訂函式 **get_license()**，取得圖片中的車牌內容：

```
(10-2.py 續)
40  try:
41      img = cv2.imread('car.jpg')      # 讀取圖片
42      print('status:  Start')
43      text = get_license(img)          # 辨識圖片中的車牌
44      print('車牌：', text)
45      cv2.imshow('Frame', img)         # 顯示圖片
46      cv2.waitKey(0)                   # 等待
47      cv2.destroyAllWindows()          # 關閉視窗
48  except:
49      print('讀取圖片失敗')
```

讀取圖片後，在 43 行呼叫自訂函式即可取得車牌文字內容。

10-3 實戰：車牌辨識系統

最後實戰中，將場景拉到現實世界中例如停車場，因為真正的車牌辨識應用情境應該是有台攝影機進行即時拍照，並取得車牌結果。

10-2-3 節建立的自訂函式 **get_license()** 我們已經放在 **license_module.py** 程式碼中，請將檔案與程式碼放在同個目錄下，實戰中將以模組形式匯入，直接使用。

接下來實際結合 **10-1-2 節**的內容，以攝影機拍攝現實世界的車牌影像：

10-3-0 完整程式碼

```
license.py
01  import license_module as m      # 匯入自訂模組
02  import cv2
03
04  capture = cv2.VideoCapture(0)   # 建立攝影機物件
```

接下頁

```
05   if capture.isOpened():
06   while True:
07       sucess, img = capture.read()              # 讀取影像
08       if sucess:
09           cv2.imshow('Frame', img)              # 顯示影像
10       k = cv2.waitKey(100)                      # 等待按鍵輸入
11       if k == ord('s') or k == ord('S'):        # 按下 S(s)
12           cv2.imwrite('shot.jpg', img)          # 儲存影像
13           text = m.get_license(img)             # 進行車牌辨識
14           print('車牌:', text)
15
16       if k == ord('q') or k == ord('Q'):        # 按下 Q(q) 結束迴圈
17           print('exit')
18           cv2.destroyAllWindows()               # 關閉視窗
19           capture.release()                     # 關閉攝影機
20           break
21   else:
22       print('開啟攝影機失敗')
```

　　按下按鍵 S 即可進行拍照與車牌辨識, 若讀者使用桌上型電腦, 無法出門測試, 也可以用下頁的圖片, 或是自行印出車牌圖片的方式測試看看功能是否正常：

11 無人車影像辨識
Chapter 子系統：道路辨識

若讀者有開車的經驗就會知道，這是一件需要高度專注的工作，開車的人也無法好好欣賞窗外的風景，必須時刻地注意路況，稍一閃神，後果不堪設想。

所以無人車，絕對是人類未來的光景之一，本專案將著墨於無人車的視覺辨識功能，讓我們來看看到底怎麼讓無人車理解這個世界。

11-0　本章重點與成果展示

請讀者想像安裝了攝影機在車上，透過 **OpenCV** 套件，我們可以對道路影像進行影像處理，找出道路的邊線位置，讓無人車能行駛於車道內。

我們將學習到：

- **高斯模糊**：降低道路影像雜訊
- **Canny**：邊緣偵測
- **Region of Interest**：去除不感興趣的像素
- **Hough 轉換**：取得直線線段座標
- **最小平方法**：找出最佳直線函數
- **OpenCV**：讀取動態影像檔

■ 成果展示

程式可辨識出車道的左右邊線，並畫上紅色線條

11-1　高斯模糊

　　高斯模糊會讓影像變得較為柔和、模糊, 降低影像的細節, 看起來像是隔著一層半透明的玻璃。

高斯模糊

　　其原理就是**近朱者赤, 近墨者黑**, 透過一個**高斯矩陣**將主像素與它周圍的鄰居像素做加權平均, 例如一個被白色像素包圍的黑色像素, 高斯模糊後, 就會變成灰色像素:

255	255	255
255	0	255
255	255	255

高斯模糊 ➡

255	255	255
255	150	255
255	255	255

11-1-0　高斯矩陣

　　高斯矩陣是一個的 **m x n** 的**權重矩陣**, 你可以定義 m、n 的大小, 但必須是**奇數的倍數** (才會有正中間), 例如 3x3、5x7。正中央的主像素會與被高斯矩陣大小涵蓋的鄰居像素做加權平均。也就是高斯矩陣的大小決定主像素的平均程度會與周圍多少鄰居相關。

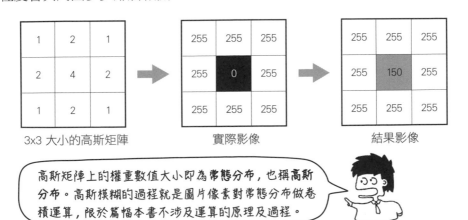

3x3 大小的高斯矩陣　　　　實際影像　　　　　　結果影像

高斯矩陣上的權重數值大小即為常態分布, 也稱高斯分布。高斯模糊的過程就是圖片像素對常態分布做卷積運算, 限於篇幅本書不涉及運算的原理及過程。

高斯模糊在道路辨識的用意在於可以**降低影像的雜訊**，例如上述被白色像素包圍的黑色像素，我們會認為這是一個雜訊而非道路的像素，因為道路的像素應該是較為連續均勻的位置分布，透過高斯模糊就可以降低這個雜訊的強度。

11-1-1 灰階處理

一張 640x480 彩色圖片 (不含透明度) 的像素數量為 640x480x3，x3 是因為每一點都是由 BGR 三個色彩像素組成；進行模糊運算時，高斯矩陣會遍歷圖片中的所有像素，為了降低運算量，通常會先對圖片進行灰階化處理，使得像素數量只剩 640x480，然後再進行高斯模糊：

1 將圖片轉成灰階

2 進行高斯模糊 (為了呈現效果，放大高斯矩陣圖)

使用 **cv2.cvtColor()** 方法並輸入 **cv2.COLOR_BGR2GRAY** 參數將可以對影像做灰階處理：

```
gray = cv2.cvtColor(img, cv2.COLOR_BGR2GRAY)
```

灰階影像　　　　　　輸入原始影像

接下來再使用 **cv2.GaussianBlur()** 方法對輸入影像進行高斯模糊：

輸出高斯模糊影像

其輸入參數說明如下：

參數	說明
輸入影像	要處理的影像
高斯矩陣大小	以 tuple 指定高斯矩陣大小, 例如 (3, 3), 矩陣越大, 模糊效果越大
標準差	高斯分布的標準差, 通常設定為 0

11-1-2　實例：對道路影像進行灰階、高斯模糊處理

我們來讀取一張附於程式碼目錄中的圖片 (road.jpg) 進行高斯模糊處理：

```
11-0.py
01  import cv2
02
03  img = cv2.imread('road.jpg')            # 讀取圖片
04  gray = cv2.cvtColor(img, cv2.COLOR_BGR2GRAY)    # 灰階處理
05  blur = cv2.GaussianBlur(gray, (3, 3), 0)        # 高斯模糊
06  cv2.imshow('Normal', img)          # 顯示原始圖片
07  cv2.imshow('Gray', gray)           # 顯示灰階圖片
08  cv2.imshow('Blur', blur)           # 顯示高斯模糊圖片
09  cv2.waitKey(0)                     # 等待使用者按下任意鍵
10  cv2.destroyAllWindows()
```

高斯模糊的用意在於去除道路影像中的雜訊, 接著下一小節將對高斯模糊後的影像進行邊緣偵測。

11-2　Canny 邊緣偵測

道路影像中的車道邊線, 是我們要辨識的目標, 在影像的種類中, 我們將它視為一種邊緣。

11-2-0　像素梯度

梯度可以用樓梯的傾斜程度比喻, 越陡峭的樓梯, 梯度越大, 每走一階所上升高度也越大。

我們可以判別影像中像素值的變化程度, 來找出影像中的邊緣。變化程度可以用梯度來表示, 變化程度越大, 梯度越大；反之則越小。

例如右圖 2 個區域的像素分布所造成梯度變化的差異：

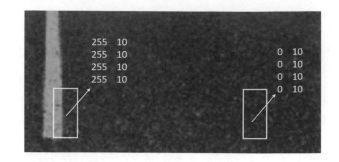

我們可以根據像素與像素之間的梯度變化, 輸出成邊緣影像：

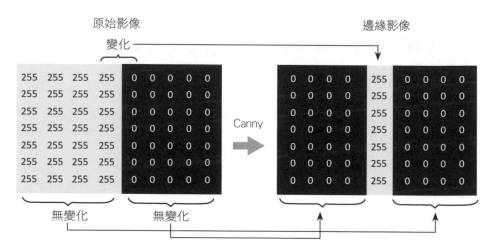

原始影像的梯度變化與邊緣影像的轉換關係是設定 2 個門檻值 (最高與最低)：

1 若梯度變化超過最高門檻值, 輸出 255, 代表為邊緣。

2 若梯度變化低於最低門檻值, 輸出 0, 代表不是邊緣。

3 若介於之間, 會根據此像素的周圍鄰居是否為邊緣, 而判別它是否為邊緣。

11-2-1 取得邊緣影像

使用 **cv2.Canny()** 方法即可對影像進行邊緣偵測, 取得邊緣影像：

```
canny = cv2.Canny(輸入影像, 最低門檻值, 最高門檻值)
```
↑
輸出邊緣影像

門檻值的大小並無一定規則，而兩者之間的比例關係官方文件建議是 1:3。每張圖的像素情況都不一樣，讀者可根據輸出的邊緣影像，調整出最適合道路邊緣的門檻值。

接下來我們對高斯模糊後的影像，進行邊緣偵測，並建立自訂函式 **get_ edge()**，方便重複使用。

11-2-2　實例：進行邊緣偵測

■ 建立自訂函式 get_edge()

本自訂函式可以接收影像，進行**灰階、高斯模糊、Canny 邊緣偵測**的處理，最後輸出影像結果：

```
輸出影像 = get_edge(輸入影像)
```

程式碼如下：

11-1.py

```
01  import cv2
02
03  def get_edge(img):  # 建立自訂函式
04      gray = cv2.cvtColor(img, cv2.COLOR_BGR2GRAY)   # 灰階處理
05      blur = cv2.GaussianBlur(gray, (13, 13), 0)     # 高斯模糊
06      canny = cv2.Canny(blur, 50, 150)               # 邊緣偵測
07      return canny                                   # 回傳邊緣影像
08  #----------------------------------------#
09  img = cv2.imread('road.jpg')
10  edge = get_edge(img)              # 呼叫自訂函式，取得邊緣影像
11  cv2.imshow('Edge', edge)
12  cv2.waitKey(0)
13  cv2.destroyAllWindows()
```

執行後即可看到邊緣影像的輸出結果：

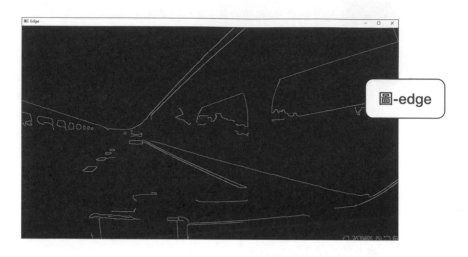

圖-edge

11-3 Region of Interest：以管窺天

以**圖-edge** 的結果來說，我們找到了道路的邊線，但是也找到了不需要的邊線。大部分的情況是你很難只透過 Canny 就得到你想要的乾淨邊緣。

ROI (Region of Interest)，顧名思義就是我們**感興趣的區域**。就像是以管窺天，把影像中不需要的區域都去遮起來不看，只保留我們感興趣區域的。對於道路來說，我們感興趣的區域只有下圖的多邊形的區域：

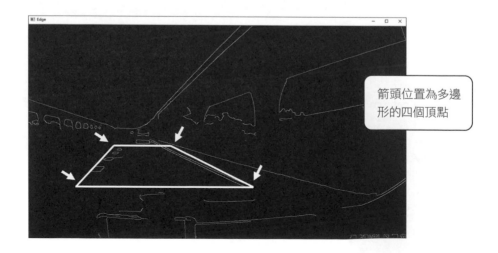

箭頭位置為多邊
形的四個頂點

11-3-0　pyplot 模組：繪製影像座標軸

首先，我們先確認這個多邊形到底在影像的哪個位置。使用 **matplotlib 套件**中的 **pyplot 模組**可以幫助我們畫出影像與座標軸：

```
plt.imshow(輸入影像) # 繪製影像與座標軸
plt.show()          # 顯示影像
```

接著來重新以 **pyplot** 繪製**圖-edge**，我們已經將自訂函式 **get_edge()** 放入 **autocar_module.py**，記得放到你的程式碼目錄下，即可直接使用：

```
11-2.py
01  import cv2
02  import matplotlib.pyplot as plt      # 匯入 pyplot
03  import autocar_module as m           # 匯入自訂模組
04
05  img = cv2.imread('road.jpg')         # 讀取圖片
06  edge = m.get_edge(img)               # 取得邊緣影像
07  plt.imshow(edge)                     # 顯示邊緣影像及座標
08  plt.show()                           # 顯示
```

繪製結果若輸出在 IPython Console 中會顯得太小：

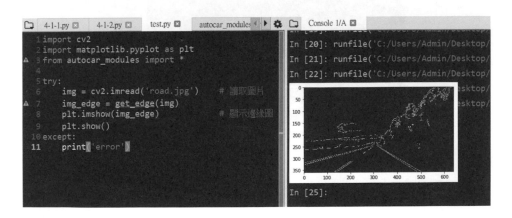

這時候請更改 Spyder 中執行程式的 Console：

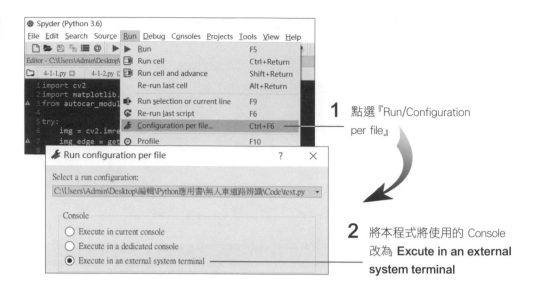

1 點選『Run/Configuration per file』

2 將本程式將使用的 Console 改為 **Excute in an external system terminal**

更改後再執行一次即可看到完整的視窗，將滑鼠移到 pyplot 視窗中如下圖的四個頂點位置，在視窗的右下角可以看到頂點的座標數值：

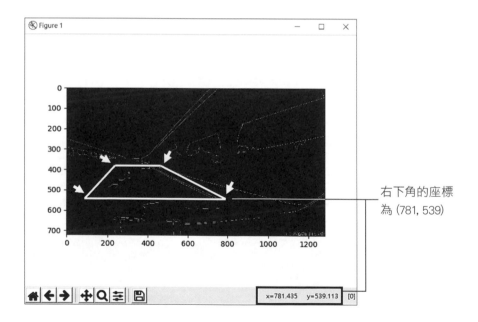

右下角的座標為 (781, 539)

請記下四個頂點的位置座標分別為 (146, 539)、(781, 539)、(515, 417)、(296, 397)。

11-3-1 numpy 套件

請想像現在拿一張與上圖一樣大小的黑色紙張，然後挖掉如上圖多邊形的區域，接著將它蓋在上圖之上，就看不到多邊形以外的內容了，是不是有點像以管窺天的概念呢：

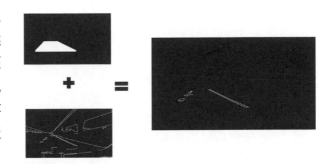

我們稱那張黑色的紙為遮罩，有了多邊形的頂點座標，我們就可以透過 **OpenCV 套件**搭配 **numpy 套件**來建立道路影像要用的遮罩。

■ ndarray 多維陣列物件

numpy 套件是個非常強大的資料科學套件，因為篇幅有限，在這裡我們只會介紹它的核心：**ndarray 多維度陣列物件**。

ndarray 是個快速並且可以節省空間的多維度陣列物件，事實上 OpenCV 也是以 ndarray 儲存影像資料 (像素值)，例如一張 2×3 的灰階影像是以 2 維陣列儲存像素值 (本書將統稱 ndarray 為陣列)：

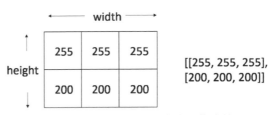

此影像總共有 6 個像素, 有各自的像素值

我們可以查看 ndarray 的 **shape 屬性**來查看陣列的形狀 (以 tuple 儲存)。例如在 **11-0.py** 中你可以加入查看灰階影像的類別與形狀的程式碼：

```
print(type(gray))  輸出 ▶  <class 'numpy.ndarray'>
print(gray.shape)  輸出 ▶  (359, 640)
```

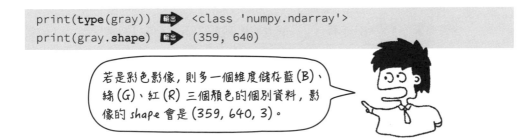

若是影色影像，則多一個維度儲存藍(B)、綠(G)、紅(R) 三個顏色的個別資料，影像的 shape 會是 (359, 640, 3)。

既然影像就是陣列物件，那我們創建陣列物件就相當於創建影像，要創建陣列物件可以使用 **numpy.array()** 方法：

```
numpy.array(串列)    # 也可以傳入 tuple
```

例如，創建 2×3 的灰階影像：

```
import numpy as np # 匯入 numpy 套件，命名為 np

np.array([[255, 255, 255], [200, 200, 200]])
```

11-3-2 實例：製作遮罩

了解 ndarray 與影像的關係後，接著我們開始實際來製作遮罩：

1 首先要先建立一張與原圖大小一樣的黑色紙張，使用 **numpy 套件**的 **zeros_like()** 方法可以建立與輸入影像尺寸相同、像素值全為 0 (黑色) 的影像：

```
mask = np.zeros_like(輸入影像)
```
↑
全黑遮罩影像

2 以 **np.array()** 方法，建立 3 維陣列，儲存一個多邊形的 4 個頂點座標：

```
points = np.array([[ [146, 539], [781, 539],
                     [515, 417], [296, 397]]])    # 建立 3 維陣列
```

3 **cv2.fillPoly()** 方法可以在影像上繪製數個多邊形：

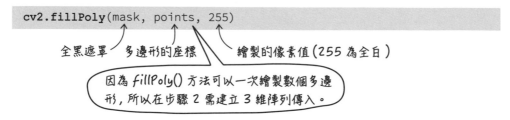

```
cv2.fillPoly(mask, points, 255)
```
全黑遮罩　多邊形的座標　繪製的像素值(255 為全白)

因為 fillPoly() 方法可以一次繪製數個多邊
形，所以在步驟 2 需建立 3 維陣列傳入。

我們來實際執行看看結果：

```
11-3.py
01   import cv2
02   import autocar_module as m
03   import numpy as np
04
05   img = cv2.imread('road.jpg')
06   edge = m.get_edge(img)                      # 邊緣偵測
07   mask = np.zeros_like(edge)                   # 全黑遮罩
08   points = np.array([[[146, 539],             # 建立多邊座標
09                       [781, 539],
10                       [515, 417],
11                       [296, 397]]])
12   cv2.fillPoly(mask, points, 255)             # 繪製多邊形
13   cv2.imshow('Mask', mask)
14   cv2.waitKey(0)
15   cv2.destroyAllWindows()
```

執行後即可看到如下圖的結果：

11-3-3　像素的 AND 運算

現在我們有了遮罩，要怎麼把遮罩蓋在原圖上呢？絕對不會是將兩張圖片相加而已。

前面有提到，目前道路的邊緣影像 (圖-edge) 總共具有**影像寬度×影像長度**個像素 (像素值只有 **0 或 255** 兩種)。現在要做的就是，在遮罩黑色部分下的像素值必須變成 0，白色部分下的像素值要保留原貌。

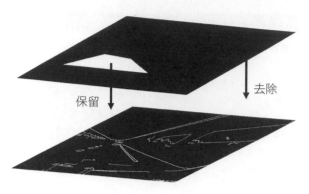

保留　去除

我們可以對兩張影像的所有像素值做 **AND** 運算來達到這個目的。**AND** 運算規則如右：

A	B	A and B
0	0	0
0	1	0
1	0	0
1	1	1

右上表也稱為**真值表 (Truth Table)**，當 A 與 B 都是 1 時，AND 運算才會是 1，其餘情況為 0。影像的像素值 0、255 是十進位表示法，運算時用二進位來觀察比較清楚：

十進位	二進位
255	11111111
0	00000000

運算時每個位元各自做 AND 運算：

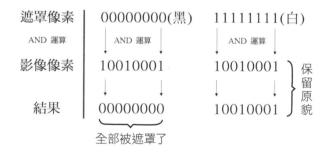

這樣影像就只剩白色遮罩下的像素，使用 OpenCV 的 **bitwise_and()** 方法可以幫我們對兩張影像的所有像素進行 AND 運算：

```
輸入影像 = cv2.bitwise_and(輸入影像，遮罩)
```

11-3-4 實例：取得邊緣影像的 ROI

本小節將從 **11-2 節**的 Canny 邊緣影像結果，取得影像的 ROI。

■ 建立自訂函式 get_roi()

我們在這個實例會建立一個自訂函式 **get_roi()**，可以取出影像中我們設定的 ROI：

```
roi = get_roi(輸入影像)
```

完整程式碼

11-4.py

```
01  import cv2
02  import autocar_module as m
03  import numpy as np
04
05  def get_roi(img):                        # 建立自訂函式
06      mask = np.zeros_like(img)            # 建立全黑遮罩
07      points = np.array([[[146, 539],      # 建立多邊形座標
08                          [781, 539],
09                          [515, 417],
10                          [296, 397]]])
11      cv2.fillPoly(mask, points, 255)      # 繪製多邊形
12      roi = cv2.bitwise_and(img, mask)     # AND 運算
13      return roi
14  #-----------------------------------------------------------#
15  img = cv2.imread('road.jpg')    # 讀取圖片
16  edge = m.get_edge(img)          # 邊緣偵測
17  roi = get_roi(edge)             # 取得 ROI 影像
18  cv2.imshow('ROI', roi)
19  cv2.waitKey(0)
20  cv2.destroyAllWindows()
```

執行後可以看到我們已經取得道路的 ROI 影像了：

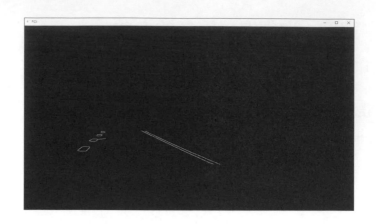

11-4 Hough 轉換

上圖代表我們已經有了道路邊緣的所有像素了 (所有白點), 接下來我們要根據這些白點, 決定道路的線段。從數學上我們知道 2 點可以決定一條直線, 而 3 點以上可以透過數學方法找到最適配這些點的直線:

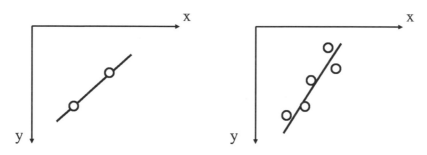

影像的座標方向與一般數學不同 (Y 軸向下)

請將上圖座標上的白點想像成上上圖道路邊線的白色像素, 現在我們就是要透過這些白色像素的座標位置, 找到可以代表邊緣的直線。

11-4-0 Hough 空間－使用直角座標系

要怎麼從 "一群點" 找到 "最適配的直線" 呢？我們先介紹**平面直角坐標系 (也稱為笛卡兒座標系)** 與 **Hough** 空間的轉換關係, 例如一條直線方程式 y=3x+5 在 Hough 空間代表一個點 (3, 5):

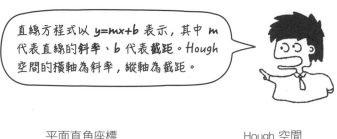

直線方程式以 y=mx+b 表示，其中 m 代表直線的斜率、b 代表截距。Hough 空間的橫軸為斜率，縱軸為截距。

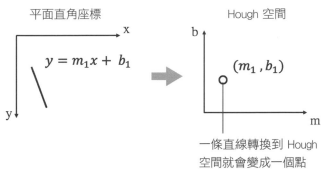

平面直角座標　　　　　　　　　　Hough 空間

$$y = m_1 x + b_1$$

(m_1, b_1)

一條直線轉換到 Hough 空間就會變成一個點

在直角座標系中的一個點可以有很多直線經過它, 這些直線在 Hough 空間就是多個 (m, b) 座標點, 而這些點會連成一條直線：

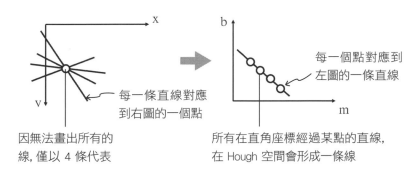

每一個點對應到左圖的一條直線

每一條直線對應到右圖的一個點

因無法畫出所有的線, 僅以 4 條代表

所有在直角座標經過某點的直線, 在 Hough 空間會形成一條線

例如, 直角坐標系中有 2 點：A、B, 在 Hough 空間就形成兩條線, 而這兩條線相交的點 (m1, b1) 就是同時穿過 A、B 兩點的直線 $y = m_1 x + b_1$：

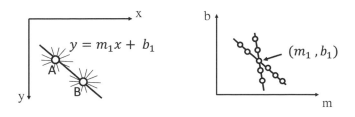

$$y = m_1 x + b_1$$

(m_1, b_1)

當 3 點以上時, 這些點在 Hough 空間形成的直線會有許多交點, 且很難剛好只有共同一個交點, 所以我們將 Hough 空間切成許多**小窗格,** 看看哪些窗格中具有最多的交點：

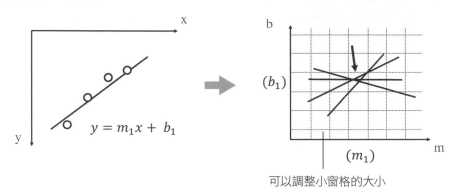

然後就以該窗格的 (m, b) 值做為 x, y 空間裡直線的 m 與 b, 這樣最適配的直線就找出來了。這就是做 Hough 轉換的目的：找出交點最多的窗格以決定 (m, b) 值。但是這樣的 Hough 空間, 會有下圖**垂直線斜率無限大**的問題, 因此要改用下一單元介紹極座標系來處理：

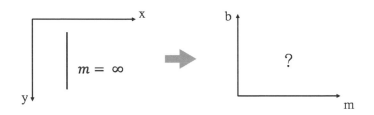

11-4-1　Hough 空間－使用極座標系

因為使用直角座標系來表示直線方程式時, 會有斜率無限大的問題, 所以現在將用**極座標系**來取代直角座標系, 例如經過 (3, 4) 的直線方程式可以寫成 $\rho = 3\cos\theta + 4\sin\theta$ 如右圖：

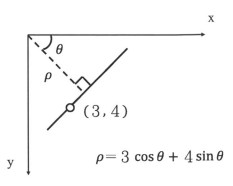

$$\rho = 3\cos\theta + 4\sin\theta$$

TIPS　註：有關極座標的直線方程式, 請參考高中數學相關書籍。

其中 ρ 代表直線到原點的垂直距離 (法線距離), θ 代表 x 軸與 ρ 的夾角。不同的 ρ、θ 代表經過 (3, 4) 這個點的不同的直線, 這樣的直線方程式表示法就解決了垂直線斜率無限大的問題：

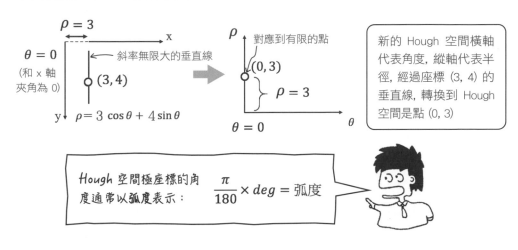

後續處理方式就與直角座標系一樣, 透過找到最多交點的窗格, 決定一條最適配的直線。此窗格大小可以透過指定 ρ、θ 調整：

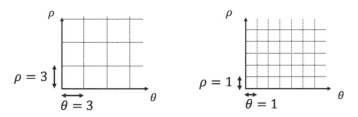

窗格較小會找到比較準確的線, 但是相對的運算量也會上升

所以透過 Hough 轉換, 我們可以在道路影像中找到代表邊緣的『線段』：

注意！Hough 轉換最後的結果是邊緣的線段, 線段與直線的差別在於, 線段以起點與終點表示, 而直線可以用方程式 $y = mx + b$, 其長度為無限延伸。

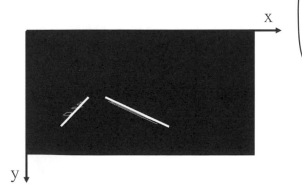

11-4-2　Hough 轉換線段

要進行 Hough 轉換找直線線段非常容易, 只要使用 **cv2.HoughLinesP()** 方法即可取得線段兩端點的座標 (傳回 **3 維陣列**), 若影像中無線段則傳回 **None**:

```
lines = cv2.HoughLinesP(image
                        rho,
                        theta,
                        threshold,
                        minLineLength,
                        maxLineGap)
```

例如若找到 5 條線段, 則傳回以下儲存端點座標的陣列:

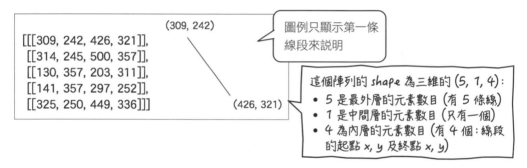

```
[[[309, 242, 426, 321]],
 [[314, 245, 500, 357]],
 [[130, 357, 203, 311]],
 [[141, 357, 297, 252]],
 [[325, 250, 449, 336]]]
```

(309, 242)

(426, 321)

圖例只顯示第一條線段來說明

這個陣列的 *shape* 為三維的 (5, 1, 4):
- 5 是最外層的元素數目 (有 5 條線)
- 1 是中間層的元素數目 (只有一個)
- 4 為內層的元素數目 (有 4 個: 線段的起點 x, y 及終點 x, y)

Hough 轉換的參數較為複雜, 如下一一說明:

● **image**:即輸入影像, 例如我們要轉換的邊緣圖。

● **rho**:以 ρ 控制窗格大小, 單位為 pixel。例如 rho=2。

● **theta**:以 θ 控制窗格大小, 單位為弧度。例如 theta= np.pi/180。

● **threshold**:代表找到的線段需要穿過多少資料點才符合。例如以下是不同 threshold 找到的線:

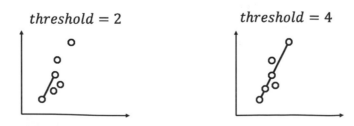

threshold = 2　　　　　*threshold* = 4

- **minLineLength**：找到的線段最短長度 (單位為 pixel) 須符合此參數, 例如 minLineLength=40, 低於 40 的直線將被忽略。

- **maxLineGap**：點跟點之間的距離 (單位為 pixel) 若小於此參數, 會視為相同的線段而相連, 此參數越大, 找出的線段越長：

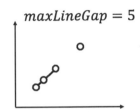
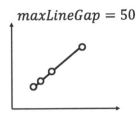

11-4-3 實例：繪製道路直線

我們來試試對 ROI 影像 (11-3-4 小節實作出的結果影像) 進行 Hough 轉換, 取得線段座標陣列, 並且繪製在原圖上。底下建立自訂函式 **draw_lines()** 來繪製直線線段於影像中：

■ 建立自訂函式 draw_lines()

繪製後的影像 = **draw_lines**(原始影像, 線段座標陣列)

完整程式碼

```
11-5.py
01  import cv2
02  import autocar_module as m
03  import numpy as np
04
05  def draw_lines(img, lines):          # 建立自訂函式
06      for line in lines:
07          points = line.reshape(4,)    # 降成一維 shape = (4,)
08          x1, y1, x2, y2 = points      # 取出直線座標
09          cv2.line(img,                # 繪製直線
10                  (x1, y1), (x2, y2),
11                  (0, 0, 255), 3)
```

接下頁

```
12        return img  # 回傳繪製直線後的影像
13  #----------------------------------------------------------------#
14  img = cv2.imread('road.jpg')
15  edge = m.get_edge(img)                  # 邊緣偵測
16  roi = m.get_roi(edge)                   # 取得 ROI
17  lines = cv2.HoughLinesP(image=roi,      # 取得線段座標陣列
18                          rho=3,
19                          theta=np.pi/180,
20                          threshold=60,
21                          minLineLength=40,
22                          maxLineGap=50)
23  print(lines)
24  if lines is not None:                   # 如果有找到線段
25      img = draw_lines(img, lines)        # 在原圖繪製線段
26  else:
27      print('偵測不到直線線段')
28  cv2.imshow('Line', img)
29  cv2.waitKey(0)
30  cv2.destroyAllWindows()
```

程式說明

- 05～13 建立自訂函式 draw_lines()。

- 17   對 ROI 影像進行 Hough 轉換取得所有線段端點座標陣列 lines,
         其 shape 為 (9, 1, 4), 因為找出了 9 條線段 (註：不同的影像可能
         會不一樣)。

- 06   使用 for 迴圈一一取出線段的座標陣列 line, 其 shape 為 (1, 4)。

- 07   使用 **reshape()** 方法可以改變陣列的 shape。line 原本是 2 維陣
         列 (1, 4), 透過 **reshape(4,)** 可以降一維, 變成一維陣列, shape 為
         (4,), 其中就是 4 個端點的座標值。

         ↳ 此為 tuple 中只有 1 個元素的寫法 (參見 2-2 節)

- 08   一維陣列也可以像 Python 的串列一樣, 以**多重指定** (參考**第 2 章補
         充學習**) 的方式一次指定到多個變數。這些變數就是線段的端點座
         標。

- 09   有了座標就可以使用 OpenCV 的 **line(影像, 起始點座標, 結束點座
         標, 線條顏色, 線寬)** 方法, 在指定的影像中繪製直線。

執行後可以看見在原圖上已經繪製了紅色的線段,這些紅線共有 9 條而且都集中在道路二側的邊線上:

因黑白印刷緣故, 無法看出紅色, 故以箭頭標示

11-5　最小平方法：取得最佳直線

以 **road.jpg** 來說, Hough 轉換在影像中總共找到 9 條線段, 都集中在道路左右邊線的附近。但是道路其實只需要左右兩條邊緣的線段, 因此我們想要整合這 9 條線段, 將之變成最能代表這 9 條線的左右 2 條線。不過線段不適合做平均計算, 因此我們要先將**線段**轉換為**直線方程式**。

11-5-0　最小平方法

還記得 2 點可以決定一條直線嗎?現在我們可以根據線段的端點座標, 求得它的直線方程式 **y = mx + b (m：斜率, b：截距)**。

numpy 的 **ployfit()** 方法實作了**最小平方法 (Least Squares Method)** 來找出一個最符合所有資料點的多項式 (直線就是一次多項式):

```
a, b… = numpy.polyfit(x, y, deg)
```

參數及傳回值	說明
x	所有資料點的 x 分量座標, 以 list 或 tuple 傳入, 例如 (x1, x2)
y	所有資料點的 y 分量座標, 以 list 或 tuple 傳入, 例如 (y1, y2)
deg	決定擬合出幾次多項式函數, 例如 deg = 1 為一次多項式函數 (直線)
a, b...	多項式的降冪係數, 其數量隨著 deg 而變, 以 1 維陣列回傳

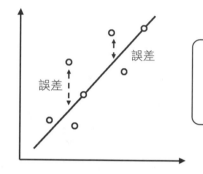

最小平方法就是找到一個多項式函數, 此函數與每一個資料點的誤差平方和為最小。圖中為一次多項式函數 (直線函數)。

例如, 我們給 2 個座標點 (1, 3)、(2, 4), 希望擬合出直線 y = ax + b :

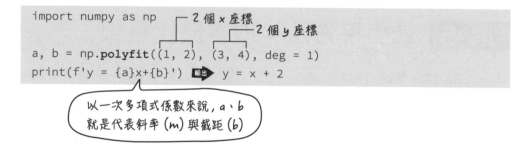

```
import numpy as np        2 個 x 座標
                             2 個 y 座標
a, b = np.polyfit((1, 2), (3, 4), deg = 1)
print(f'y = {a}x+{b}')  輸出  y = x + 2
```

以一次多項式係數來說, a、b 就是代表斜率 (m) 與截距 (b)

11-5-1 實例：繪製道路的左右平均線

了解到 **polyfit()** 的威力後, **11-4-3.py** 的程式碼已經取得 Hough 轉換的所有線段 (lines) 了, 我們接著繼續下去, 先算出所有線段的直線方程式, 並根據直線斜率的正負, 將它們區分成左右兩組, 然後再分別取其平均線。

■ 建立自訂函式 get_avglines()

底下我們撰寫一個 **get_avglines(lines)** 函式來將傳入的 9 條線段, 先將線段都轉換成直線方程式, 然後依斜率分成左右 2 組, 每組各取一條平均線, 最後將這 2 條平均線的斜率與截距打包成 list 傳回, 如果有錯誤則傳回 None :

```
11-6.py
01 import cv2
02 import autocar_module as m
03 import numpy as np
04
05 def get_avglines(lines):
06     if lines is None:                          # 如果沒有找到線段
07         print('偵測不到直線線段')
08         return None
09     #-----↓先依斜率分到左組或右組↓-----
10     lefts = []
11     rights = []
12     for line in lines:
13         points = line.reshape(4,)
14         x1, y1, x2, y2 = points
15         slope, b = np.polyfit((x1, x2), (y1, y2), 1)  # y = slope*x + b
16         # print(f'y = {slope} x + {b}')   # 若有需要可將斜率與截距印出來觀察
17         if slope > 0:    ← 斜率 > 0, 右邊的直線函數
18             rights.append([slope, b]) # 以 list 存入
19         else:            ← 斜率 < 0, 左邊的直線函數
20             lefts.append([slope, b])   # 以 list 存入
21
22     #-----↓再計算左組與右組的平均線↓-----
23     if rights and lefts:   # 必須同時有左右兩邊的直線函數
24         right_avg = np.average(rights, axis=0)← 取得右邊的平均直線
25         left_avg = np.average(lefts, axis=0)  ← 取得左邊的平均直線
26         return np.array([right_avg, left_avg])
27     else:
28         print('無法同時偵測到左右邊緣')
29         return None
```

程式說明

• 15　　　用線段的端點座標, 擬合出一次多項式 y = **slope***x + **b**。取得代表直線方程式的**斜率**與**截距**。

• 17～20　根據斜率的正負, 將左右直線的斜率與截距以 list 形式存入 list 中。

• 23～26　如果左、右二組都有線條, 就各取一條**平均線** (詳見下文), 否則印出錯誤訊息並傳回 None。

以上 24、25 行是使用 **numpy.average()** 方法直接對儲存左、右直線的串列取其平均值，它會根據指定的軸方向，對輸入取平均值，然後傳回陣列結果，如下圖所示：

$$\text{np.average} \left(\begin{array}{c} [1, 2], \\ [3, 4],] \end{array} \right) \dashrightarrow \left[\frac{1+2}{2}, \frac{3+4}{2} \right]$$

軸方向：axis = 1 的運算結果

$$\left[\frac{1+3}{2}, \frac{2+4}{2} \right]$$

軸方向：axis = 0 的運算結果

平均值陣列 = **numpy.average**(輸入, axis)

參數	說明
輸入	除了接收陣列以外, 也可以接收 list、tuple。我們可以稱它們為 array_like 物件
axis	以整數指定軸向, 也可以用 tuple 指定多重軸向

■ 建立自訂函式 get_sublines()

有了左、右的平均直線方程式 (斜率與截距)，我們就可以將之以紅線畫在圖片中，代表偵測出的車道線條。不過，我們只想由圖片的底部往上畫到約圖片 3/5 高度的位置 (如右下圖)，因此底下我們再建立一個自訂函式 **get_sublines()**，來算出左、右直線方程式在特定區域 (由圖片的底部往上到圖片 3/5 高度) 中的線段：

線段陣列 = **get_sublines**(影像, 直線方程式陣列)

內含左右 2 條線段的端點座標　　內含左右 2 條直線的斜率與截距

11-6.py (續1)

```
31 def get_sublines(img, avglines):
32   sublines = []                    # 用於儲存線段座標
33   for line in avglines:            # 一一取出所有直線函數
34     slope, b = line                # y = slope*x + b
35     y1 = img.shape[0]     ← 影像高度 (即影像的最底部位置為線段一端)
36     y2 = int(y1*(3/5))    ← 取影像高度的 3/5 位置為線段另一端
37     x1 = int((y1 - b) / slope)
38     x2 = int((y2 - b) / slope)     } x = (y-b/m), 取得線段 x 座標
39     sublines.append([x1, y1, x2, y2])   # 座標存入串列中
40   return np.array(sublines)        # 將串列轉為陣列回傳
```

接著, 我們就可以在程式中呼叫以上 2 個函式來計算並畫出車道線條了：

11-6.py (續2)

```
43 img = cv2.imread('road.jpg')            # 讀取圖片
44 edge = m.get_edge(img)                  # 邊緣偵測
45 roi = m.get_roi(edge)                   # 取得 ROI
46 lines = cv2.HoughLinesP(image=roi,      # Hough 轉換取得線段座標陣列
47                         rho=3,
48                         theta=np.pi/180,
49                         threshold=60,
50                         minLineLength=40,
51                         maxLineGap=50)
52 avglines = get_avglines(lines)          # 取得左右 2 條平均線方程式
53 if avglines is not None:
54     lines = get_sublines(img, avglines) # 取得要畫出的左右 2 條線段
55     img = m.draw_lines(img, lines)      # 畫出線段
56     cv2.imshow('Line', img)
57     cv2.waitKey(0)
58     cv2.destroyAllWindows()
```

執行後可以看到如右
圖的結果：

程式繪出的 2 條紅線

11-6 實戰：讀取行車紀錄器，模擬開車情況

本節將讀取行車紀錄器的影像檔，模擬實際開車的畫面，分析動態道路影像，請將本書所附的 **road.mp4** 檔案放到你的程式碼目錄中。

11-6-0 讀取動態影像檔

OpenCV 除了可以讀取電腦上已有的靜態影像檔以外，也可以使用 **VideoCapture 類別** 建立一個物件，讀取動態影像檔 (如 mp4、avi⋯)：

```
capture = cv2.VideoCapture(檔案名稱)
```

物件　　　　　　　　可以使用相對、絕對路徑

其操作流程幾乎與第 10 章讀取攝影機影像相同，動態影像檔就是由一大堆連續的靜態影像組成，可以想像成在 while True 迴圈中不斷地從動態影像檔抽出一張一張的影像，進行影像處理：

```
if capture.isOpened():              # 判斷是否讀取成功
    while True:
        sucess, img = capture.read()    # 依序讀取動態影像檔中的單一影像
        if sucess:
            …操作 img 影像…
```

11-6-1 完整程式碼

 TIPS 請匯入自訂模組 autocar_module.py 使用前面建立的自訂函式。

autocar.py

```
01   import cv2
02   import autocar_module as m
03   import numpy as np
```

接下頁

```
04
05    capture = cv2.VideoCapture('road.mp4')    # 建立 VideoCapture 物件
06    if capture.isOpened():
07        while True:
08            sucess, img = capture.read()              # 讀取影像
09            if sucess:
10                edge = m.get_edge(img)                 # 邊緣偵測
11                roi = m.get_roi(edge)                  # 取得 ROI
12                lines = cv2.HoughLinesP(image=roi,     # Hough 轉換
13                                        rho=3,
14                                        theta=np.pi/180,
15                                        threshold=30,
16                                        minLineLength=50,
17                                        maxLineGap=40)
                  # 取得左右 2 條平均線方程式
18                avglines = m.get_avglines(lines)
19                if avglines is not None:
                      # 取得要畫出的左右 2 條線段
20                    lines = m.get_sublines(img, avglines)
21                    img = m.draw_lines(img, lines)  # 畫出線段
22                cv2.imshow('Frame', img)              # 顯示影像
23            k = cv2.waitKey(1)                        # 檢查是否有按鍵輸入
24            if k == ord('q') or k == ord('Q'):  # 按下 Q(q) 結束迴圈
25                print('exit')
26                cv2.destroyAllWindows()              # 關閉視窗
27                capture.release()                    # 關閉攝影機
28                break
29    else:
30        print('開啟攝影機失敗')
```

程式說明

• 10~21   依序呼叫前面各節介紹的自訂函式來偵測並畫出道路邊線。

• 24~28   加上按鍵偵測, 結束迴圈的功能。

　　讀者若要使用自己的影像檔, 需要依照道路影像的情況, 細心地調整各種影像處理的參數, 也要決定適當的 ROI, 才能有最佳的辨識結果。

讀者可以參考旗標科技公司的「無人自駕車」。
展示影片，參考如下網址：
「https://www.youtube.com/
playlist?list=PLA5TE2ITfeXS
9yNfjsx8aVNrPpQgDwCUt」。

MEMO

12 無人車影像辨識子系統：交通標誌辨識

Chapter

12-0 本章重點與成果展示

在**第 11 章**我們介紹了無人車的道路辨識, 讓無人車可以行駛於車道中, 但是如果遇到紅綠燈、停止路標呢？所以只有道路辨識是不夠的。在本章將介紹 **Haar 特徵分類器**, 讓無人車可以辨識各種交通標誌。

本章將學習到：

● 自行訓練分類器, 取得 Haar 特徵檔

● 透過 OpenCV 套件使用 Haar 特徵分類器辨識交通標誌

■ 成果展示

偵測出影像中的右轉交通標誌, 並以 OpenCV 繪製矩形框：

12-1 Haar 特徵

要了解 Haar 分類器如何做辨識, 我們必須先了解什麼是 **Haar 特徵 (Haar-like features)**, 如右圖：

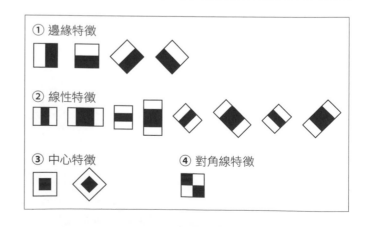

我們知道每個映入眼簾的畫面都可以由最基本的**點、線、面**來構成，以這個觀點來了解 Haar 特徵，就是用這些不同的 Haar 特徵圖樣，來描繪一張影像。

它們就像是各種不同形狀的**遮罩 (mask)**，你也可以把它們視為一張張只有黑跟白的**小圖片**。

這些 Haar 特徵影像會與影像中的各個區域做運算，得到一個 **Haar 特徵值**。這個值越高，代表此區域越符合某特定的 Haar 特徵 (也就是長得越像)。以人臉為例，眼睛的部分也許可以視為是一個**中心特徵**：

也許眉毛的部分具有**邊緣特徵**：

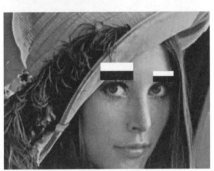

12-2 訓練 Haar 特徵分類器，產生 Haar 特徵檔

假設現在要偵測右轉交通標誌，我們必須先**訓練分類器**，讓分類器分析右轉標誌的樣子，然後以 Haar 特徵描繪，產生一個**右轉標誌的 Haar 特徵檔 (XML 檔案)**。

Haar 特徵檔可以說是替特定物體，畫了一幅只有 Haar 特徵圖樣的草圖，分類器在偵測某物體是否存在影像中時，就會去對照一下草圖，看看像不像。

12-2-0　準備訓練資料

OpenCV 官方提供使用者訓練自己的分類器並產生 Haar 特徵檔的方法：「https://docs.opencv.org/2.4/doc/user_guide/ug_traincascade.html」。但訓練前需要經過繁瑣的準備影像資料並且標記位置座標的流程。

我們可以使用第三方提供的標記小工具 **Haar-Training-master**，來加快訓練的手續。請至網址：「https://github.com/sauhaardac/Haar-Training」並點選『Code/Download ZIP』下載：

我們現在來訓練分類器，讓它可以認得右轉標誌。首先，必須先準備 "**正樣本圖片**" 與 "**負樣本圖片**"，所謂的正樣本是指圖片中有出現你想要辨識的物體 (右轉標誌)，讓分類器看看 (學習) 它的模樣：

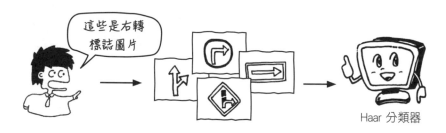

分類器除了要學習什麼是對的以外，也要學習什麼是錯的，而**負樣本**就是要告訴分類器這些圖片裡面，沒有右轉標誌：

正樣本與負樣本數量越多，分類器則有可能學得越好，兩者數量的比例大約 1：3 為佳。

12-2-1 標記資料

本章要來訓練一個可以辨識**右轉標誌**的分類器，訓練所需的圖片資料已經附在本章程式碼資料夾中，其中可以找到「Haar 訓練圖檔資料夾」，內含正樣本的右轉標誌圖片 3 張，以及負樣本 20 張。我們先來訓練分類器，產生右轉標誌的 Haar 特徵檔：

1 請先將 **Haar 訓練圖檔/正樣本**資料夾內的圖片都複製到訓練小工具的 **training/positive/rawdata** 資料夾中：

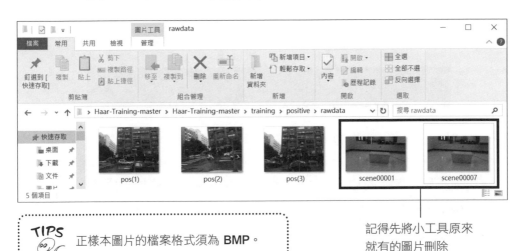

記得先將小工具原來就有的圖片刪除

> **TIPS** 正樣本圖片的檔案格式須為 **BMP**。

2 回到上一層 **positive** 資料夾，點擊 **objectmarker** 應用程式會開啟**標記圖片的介面**與黑色文字視窗，我們可以透過介面來標記圖片中右轉標誌的位置：

文字視窗

圖片標示介面

3 在介面上用滑鼠點擊拉曳，將右轉標誌框住：

4 框好位置後按下**空白鍵**會將框的座標資訊記錄下來，並顯示在黑色文字視窗中：

5 如果圖片中同樣的物體出現多次，可以繼續將之一一標示出來，不過此處只有一個向右轉標誌，所以標一個就好。標記結束後，按下 Enter 即結束這張正樣本圖片的標記，載入下一張正樣本圖片繼續標記位置。請將所有正樣本進行標記，結束後會自動關閉程式。而剛剛的位置資訊都會記錄在 **positive** 資料夾中的 **info.txt** 文字檔中：

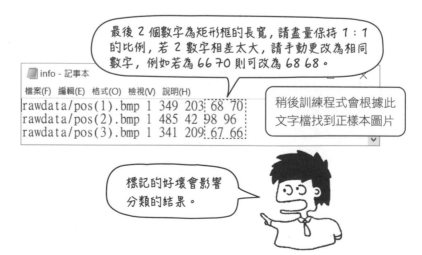

6 接著將 **Haar 訓練圖檔/負樣本**資料夾內的圖片都複製到訓練小工具的
training/negative/ 資料夾中：

記得先將小工具原來就有的圖片刪除

負樣本須為灰階圖片，
且格式須為 JPEG。

7 負樣本圖片不需要標示位置, 只需要點擊資料夾內的 **create_list** 程式, 它
會幫我們將負樣本圖片的檔名作成清單, 存於同資料夾下的 **bg.txt** 文字檔
中：

稍後訓練程式會根據此
清單找到負樣本圖片

以上步驟完成了訓練資料的準備, 接下來可以開始訓練分類器了。

12-2-2　訓練分類器

請依下列步驟訓練分類器，讓它可以產生右轉標誌的 Haar 特徵檔：

1 請於 **training** 資料夾中找到 **samples_creation.bat** 批次檔，按右鍵以**編輯**開啟批次檔，若出現以下畫面，請選擇**仍要執行**：

2 批次檔的參數設定說明如下，更改完後存檔離開，並雙按執行 **samples_creation.bat** 批次檔：

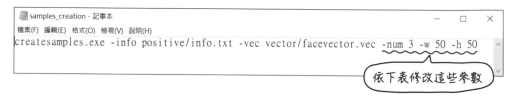

參數	說明
-num	正樣本數量的參數，本例請更改為 -num 3
-w、-h	辨識物體（右轉標誌）的寬高比例，若維持比例並加大數字，分類器會辨識的越準確，相對的訓練時間也會越長；請更改為 -w 50 -h 50

3 接著找到 **training/cascades** 資料夾，請先清空裡面的資料：

4 接著找到 **training/haarTraining.bat**，按右鍵以**編輯**開啟批次檔，設定參數說明如下：

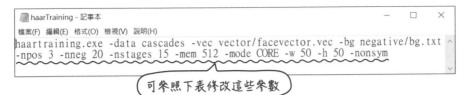

可參照下表修改這些參數

參數	說明
-npos	正樣本數量的參數，本例請更改為 -npos 3。
-nneg	負樣本數量的參數，本例請更改為 -nneg 20。
-nstages	分類器的訓練層數，可以想像成等級，等級越高，辨識得越好（相對訓練時間越長），建議為 15-25。本例設定為 15 即可。
-mem	指定要使用多少記憶體來進行訓練，越高訓練越快完成。本例設定為 512。
-mode	指定要用哪些 Haar 特徵來進行訓練。ALL 代表所有種類、BASIC 代表僅用線性 Haar 特徵、CORE 則為線性與中心 Haar 特徵。本例使用 CORE。
-w、-h	物體的寬高比，須與 samples_creation.bat 中的設定相同：-w 50 -h 50。
rem	請將此刪除！
-nonsym	若加入此參數代表物體為非對稱，若你的物體是對稱的，可以改為 -sym，訓練對稱的物體 Haar 特徵只需要使用一半，可以增快訓練速度。本例為非對稱。

5 編輯完存檔離開後，並雙按啟動 **haarTraining.bat** 批次檔，出現如右視窗即開始訓練：

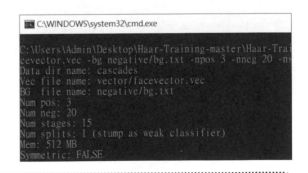

TIPS 若出現以下畫面，代表你電腦的記憶體不足以分配給訓練分類器使用，請調降 -mem 參數。

6 訓練結束後視窗會自動關閉，在 **training/cascades** 資料夾中可以看到剛剛訓練的成果：

名稱	修改日期	類型
📁 0	2018/11/2 下午 02:22	檔案資料夾
📁 1	2018/11/2 下午 02:22	檔案資料夾
📁 2	2018/11/2 下午 02:22	檔案資料夾
📁 3	2018/11/2 下午 02:22	檔案資料夾
📁 4	2018/11/2 下午 02:23	檔案資料夾
📁 5	2018/11/2 下午 02:23	檔案資料夾

📁 > Haar-Training-master > Haar-Training-master > training > cascades

6 接下來我們要把這些訓練成果轉成 **Haar 特徵檔 (XML)**：請到 Haar-Training-master/cascade2xml 資料夾中，找到 **convert.bat** 批次檔並按右鍵以**編輯**開啟，並依下表修改參數：

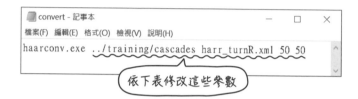

convert - 記事本

檔案(F) 編輯(E) 格式(O) 檢視(V) 說明(H)

haarconv.exe ../training/cascades harr_turnR.xml 50 50

依下表修改這些參數

參數	說明	替換成
data	設定訓練成果所在的資料夾	../training/cascades
myfacedetector.xml	設定 XML 檔名	haar_turnR.xml
80 40	物體的寬高比例，須與之前設定的相同	50 50

8 替換完成後，雙按執行 **convert.bat** 批次檔即可在同目錄下看到 **haar_turnR.xml** 特徵檔。請將它複製到你的程式碼所在目錄下，稍後我們就可以透過 OpenCV 套件來使用它。

 TIPS 若辨識效果不佳想重新訓練時，記得要重新執行所有的訓練批次檔喔 (samples_creation.bat、haarTraining.bat、convert.bat)。

12-3 Haar 特徵分類器

有了某物體的 Haar 特徵檔後，我們可以將這個特徵檔告訴 Haar 特徵分類器，請它在影像中尋找是否有符合 Haar 特徵檔所描繪的影像。

12-3-0 OpenCV 的 Haar 特徵分類器

在 **OpenCV** 套件中, 我們可以使用 **CascadeClassifier()** 類別並指定欲辨識物體的 Haar 特徵檔來建立一個 **Haar 特徵分類器物件**:

```
detector = CascadeClassifier(物體的特徵檔.xml)
```
↳ 分類器物件　　　　　　　路徑一樣可以使用相對與絕對

此分類器物件可以使用 **detectMultiScale()** 方法對影像進行辨識, 若有辨識到物體, 會將物體在影像中的位置與尺寸以 **Numpy 的 2 維陣列物件 (ndarray)** 回傳 (說明請參考**第 11 章**), 若無則回傳 **None**:

```
objects = detector.detectMultiScale(影像變數, scaleFactor, minNeighbors,
           ↳ ndarray                         minSize, maxSize)
```

回傳的 **2 維陣列物件**的第一個維度代表辨識出幾個物件, 第二個維度的內容紀錄了物體的座標與寬高資訊: **[左上角 x 座標, 左上角 y 座標, 寬度, 高度]**。例如以下辨識出一個 STOP 標誌的位置, 會回傳 [[184, 216, 428, 364]]:

有了這些位置資訊, 我們就可以透過 **OpenCV 的繪圖功能**, 在影像上繪製矩形, 標出物件位置。

12-3-1 分類器的指名參數

分類器 **detectMultiScale()** 方法的指名參數：**scaleFactor**、**minNeighbors**、**minSize**、**maxSize**，影響了辨識成果的好壞。要了解這些參數該怎麼調整，我們必須先稍微了解一下分類器是如何辨識影像中是否存在特定物體的。

■ minSize

辨識時，會在待檢測的影像上建立一個 "**檢測窗口**"，窗口的最小尺寸以指名參數 **minSize** 指定，例如 minSize = (50, 40) 表示最小尺寸為 50 x 40：

此窗口會在影像中來回滑動 (**Sliding Window**)，可以把它想成是一隻**眼睛**，會辨識窗口內的影像是否符合 Haar 特徵檔內的 Haar 特徵：

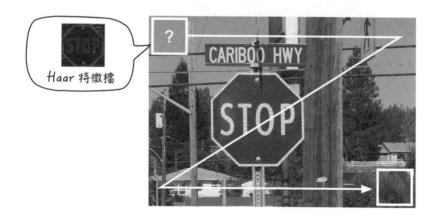

■ scaleFactor

但如果以同樣尺寸的窗口來做辨識，會出現窗口尺寸與物體大小不合的問題：

所以窗口會在辨識過程中，由最小尺寸逐漸放大 (窗口內的特徵也會隨之放大)，放大的倍率以指名參數 **scaleFactor** 指定，例如 scaleFactor = 1.1 表示以 1.1 倍率的逐漸放大窗口：

所以當 minSize 設定越小，檢測窗口所需放大的次數越多，辨識所耗費的時間也會越長。也可以透過最小窗口的設定，來過濾掉尺寸小於最小窗口的物體，例如：若最小窗口為 50x50，將永遠無法辨識 30x30 的 STOP 交通標誌。

■ maxSize

此指名參數設定窗口最大的尺寸，例如 maxSize = (200, 200)，表示窗口放大到 200x200 後即不在繼續放大。若不指定，則窗口最終會放大到影像最大尺寸才結束辨識。

若你確定要辨識的物體在影像中不會超過某個最大尺寸，可以設定 maxSize，減少運算量。如果你將 minSize、maxSize 設為相同，則分類器只能偵測固定尺寸的物體。

■ minNeighbors

我們可以用 "**附近的鄰居**" 來理解這個參數, 此指名參數涉及到辨識過程中, 因為檢測時容許小量的誤差, 所以在目標物體附近, 多個鄰近窗口都會辨識成功, 結果如右圖。越符合特徵的物體, 其檢測成功的鄰近窗口數也會越多, 而這個參數可以把成功數少於參數值的物體剔除, 例如底下的誤檢測物體。

檢測窗口有可能因為雜訊關係, 而對某些區域做出錯誤判斷, 我們可稱它們為**零散分布的誤檢測**:

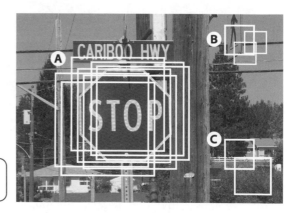

圖中的 B、C
區域為誤檢測

而 Haar 分類器會將這些檢測框進行分組, 將相似性高的檢測框分成同一組, 如上圖共分成 A、B、C 3 組。

接著我們再來透過指名參數 **minNeighbors** 指定某個門檻值, 剔除掉檢測框數量低於門檻值組別。例如設定 **minNeighbors = 4**, 檢測框數量低於 4 的 B, C 群組將被剔除, 接著再對留下來的群組進行檢測框的平均, 找到平均框:

12-4 實戰：無人車系統, 交通標誌辨識

現在就實際用 OpenCV 來建立一個分類器，並使用我們在 **12-2 節**訓練的右轉標誌 Haar 特徵檔來辨識影像中是否有右轉標誌吧！

> **TIPS** 請將附於本章程式碼資料夾中的具有右轉標誌的照片（**pic_turnR.jpg**）放到你的程式碼目錄下。

■ 完整程式碼

trafficSign.py

```
01  import cv2
02
03  img = cv2.imread('pic_turnR.jpg')  # 讀取圖片
04  detector = cv2.CascadeClassifier('haar_turnR.xml') # 建立分類器物件
05  signs = detector.detectMultiScale( img,
06                                     scaleFactor=1.1,
07                                     minNeighbors=2,
08                                     minSize=(30, 30))
09  if len(signs) > 0 :              # 判斷是否有偵測到右轉標誌
10      for (x, y, w, h) in signs:
11          cv2.rectangle( img,        # 繪製紅色矩形框, 參考下方程式說明
12                         (x, y), (x+w, y+h),
13                         (0, 0, 255), 2)
14  else:
15      print('nothing')
16
17  cv2.imshow('Frame', img)
18  cv2.waitKey(0)
19  cv2.destroyAllWindows()
```

程式說明
....

- 04　以右轉標誌的 Haar 特徵檔建立一個分類器物件。

- 09　偵測是否有右轉標誌出現在 img 影像中。

- 10　若有出現, 以 for 取出位置資訊, 並以 **cv2.rectangle(影像, 矩形起點座標, 矩形終點座標, (B,G,R), 線寬)** 方法繪製矩形框。

　　　　　　　　　　　　↑　　↑　　↑
　　　　　　　　　　　　藍　綠　紅

　　讀者可以自己去收集一些想辨識的圖片來訓練分類器。若出現辨識效果不理想是常見的，須細心調整訓練參數、增加正、負樣本的數量、不同角度、光線；另外分類器 **detectMultiScale()** 方法也需要調整到適合辨識物體的參數，才可以達到理想的辨識結果。

MEMO

13 Chapter

影像移動偵測 -
以簡訊、E-mail
防盜通報

13-0　本章重點與成果展示

　　害怕家中遭闖空門嗎？本章將打造一個防盜監視器，在你離開家門後，若有人偷偷闖進你家中，會即時發出簡訊通知你，還會將畫面拍下來，透過 E-mail 傳給你。

　　本章將學習到：

● 使用 OpenCV 套件進行移動偵測

● 使用 smtplib 模組發送 E-mail

● 使用 twilio 套件發送簡訊

■ 成果展示

　　攝影機偵測到有物體在移動時，會進行拍照，並將照片以 E-mail 發出以及發出手機簡訊通知：

2 將照片以 E-mail 發送

1 偵測到有物體移動

3 發送簡訊通知

13-1 透過 Python 自動發送 E-mail

當有小偷闖進家門後, 我們希望監視器可以將小偷的影像拍下來, 做為 E-mail 的附件傳給我們。

13-1-0 SMTP 簡易郵件傳輸協定

Simple Mail Transfer Protocol (SMTP) 簡易郵件傳輸協定是一項在網路上傳遞電子郵件的通訊協定, 定義了傳送的規範與細節。

它與我們在**第 5 章**介紹的 HTTP 通訊協定不同 (一次請求-回應就結束處理程序), 只要與**郵件伺服器**保持連線狀態, 即可不斷執行指令與取得回應。回應時會回傳一個 3 位數的回應碼來表示工作結果。例如登入郵件伺服器成功會回傳 235。

回應碼的類型大致可以分為右表幾類:

回應碼類型	說明
2xx	成功
3xx	重新導向
4xx	暫時性錯誤 (稍後重試可能會成功)
5xx	永久性錯誤

■ SMTP 郵件伺服器

我們可以用 Python 發送 E-mail 這件事其實是透過與郵件服務商的 SMTP 郵件伺服器連線 (SMTP server), 再請它們來發出 E-mail, 它們就像是郵差一樣。

幫我寄信給 xxx, 內容:……

ok

Python   SMTP server

想要進行連線得先知道它們的網域名稱。右表為常見的服務商 SMTP 伺服器網域:

郵件服務	SMTP 郵件伺服器網域
Gmail	smtp.gmail.com
Yahoo Mail	smtp.mail.yahoo.com
Hotmail	smtp.live.com
Outlook	smtp-mail.outlook.com

稍後我們就會透過 Python 與 Gmail 進行連線。

13-1-1　smtplib 模組

要使用 Python 來發送 E-mail, 我們可以使用內建模組 **smtplib**：

```
import smtplib      # 使用時匯入 smtplib 模組
```

要發送 E-mail 首先必須與郵件伺服器進行連線, 可以使用模組的 **SMTP 類別**來進行連線, 建立一個 SMTP 物件。例如連到 Gmail 伺服器：

```
import smtplib
try:     # 以 try…except…來處理連線失敗
    smtp_gmail = smtplib.SMTP('smtp.gmail.com', 587)
except:
    print('連線失敗')
```

有關 try…except… 的說明可參考 3-4 節。

伺服器連接埠 (Port) 號碼

伺服器網域

伺服器 Port 號碼以 25、465、587 為常見, 在使用前請先查詢郵件服務商的設定說明。例如 Gmail：

https://support.google.com/mail/answer/7104828?hl=zh-Hant

SSL (Secure Sockets Layer) 是一種保障網際網路安全傳輸的技術, 可避免在傳輸的過程中被竊取資訊

TLS (Transport Layer Security) 則是更新、更安全的 SSL 加強版

以上二種安全技術的通訊埠不同, 我們選擇較安全的 TLS, 埠號為 587

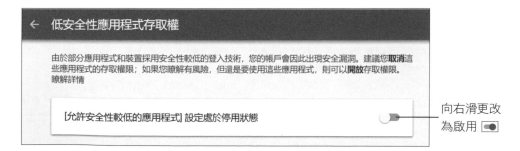

連線成功後, 若要請伺服器幫我們寄信, 必須先使用 **ehlo()** 方法跟它打個招呼 (Say Hello), 傳回 tuple 的第 0 個元素為回應碼, 若為 **250** 代表打招呼成功:

```
smtp_gmail.ehlo()        輸出   (250, b'smtp.gmail.com at your se….)
```
↖ 回應碼

成功打完招呼後, 接著要使用 **starttls()** 方法啟動 **TLS 郵件加密模式**, 傳回 tuple 的第 0 個元素為回應碼, 若為 **220** 代表啟動成功, 接下來的郵件內容將進行加密:

```
smtp_gmail.starttls()     輸出   (220, b'2.0.0 Ready to start TLS')
```

啟動加密成功後, 我們可以安心的使用 Gmail 郵件地址與密碼來登入郵件伺服器, 登入的方法為 **login()** 方法, 若回應碼為 **235** 代表登入成功:

```
smtp_gmail.login(Gmail郵件地址, 密碼)  輸出   (235, b'2.7.0 Accepted')
```

若出現以下錯誤畫面, 代表你的 Gmail 目前不允許較低安全性的應用程式進行存取:

```
SMTPAuthenticationError: (534, b'5.7.14 <https://accounts.google.com/signin/continue?
sarp=1&scc=1&plt=AKgnsbt8\n5.7.14
eOWSOix8NiB4QBtDVy2ODhoDe6vyOxRBH4LyV55gfKUDn3ADPTEULK0h_SryCxvmXNhuri\n5.7.14
ooityEP-3LzezLf7P7YEcVO3FzWVWBFvU43oV2_HH4Xd_AUy2OJNZDBM2xwx82VeH-y11P\n5.7.14 zf9ogfQKrYAESDR-
rwyYmX1DVaFO_vTlvByscNQqPHRuy6giAMONxMVqsciRMDfGMnLbT9\n5.7.14
ZcDKAFtgPcl55vabnPjk_jjzPm_V5o2J_wHpZyabdpHgau_iTH> Please log in via\n5.7.14 your web browser and
then try again.\n5.7.14  Learn more at\n5.7.14  https://support.google.com/mail/answer/78754 w125-
v6sm966908pfd.145 - gsmtp')
```

請前往 Gmail 設定頁面 (https://myaccount.google.com/lesssecureapps), 啟用低安全性應用程式存取權限:

← 低安全性應用程式存取權

由於部分應用程式和裝置採用安全性較低的登入技術, 您的帳戶會因此出現安全漏洞。建議您**取消**這些應用程式的存取權限; 如果您瞭解有風險, 但還是要使用這些應用程式, 則可以**開放**存取權限。瞭解詳情

[允許安全性較低的應用程式] 設定處於停用狀態   向右滑更改
                                                      為啟用

登入後即可使用物件的 **sendmail()** 方法來傳送 E-mail：

```
status = smtp_gmail.sendmail(from_addr, to_addrs, msg)
```

三個指名參數說明如下：

參數	說明
from_addr	以字串輸入寄件者地址。
to_addrs	以 list 輸入收件者們的地址，可以一次寄給多人。例如：['test@gmail.com', 'test2@gmail.com']
msg	以字串輸入信件資訊，其規定格式為：'Subject: Mail Title\nMail Content'。Subject: 後方為信件標題、\n 後方為信件內容。

sendmail() 方法會傳回一個 dict，若傳送成功，此 dict 為**空**；若失敗，印出此 dict 可以看到失敗原因：

```
if not status:
    print('寄信成功')
else:
    print('寄信失敗', status)
```

■ 建立自訂函式 send_gmail()

我們來寫一個 **send_gmail(帳號，密碼，收件人，信件內容)** 函式，只要傳入 Gmail 的帳號、密碼、收件人 list、以及要傳送的信件內容，即可幫我們以 Gmail 郵件伺服器送出郵件。底下寄出一封信給兩個人：

```
13-0.py
01   import smtplib
02
03   def send_gmail(gmail_addr, gmail_pwd, to_addrs, msg):
04       smtp_gmail = smtplib.SMTP('smtp.gmail.com', 587) # 建立 SMTP 物件
05       print(smtp_gmail.ehlo())                # Say Hello
06       print(smtp_gmail.starttls())            # 啟動 TLS 加密模式
07       print(smtp_gmail.login(gmail_addr, gmail_pwd)) # 登入
08       status = smtp_gmail.sendmail(gmail_addr, to_addrs, msg) # 寄出
```

接下頁

```
09      if not status:
10          print('寄信成功')
11      else:
12          print('寄信失敗', status)
13      smtp_gmail.quit()      # 結束與郵件伺服器的連線
14  #----------------------#
15  gmail_addr = '你的 Gmail 郵件地址'
16  gmail_pwd = '你的 Gmail 密碼'
17  to_addrs = ['第一個收件者的郵件地址', '第二個收件者的郵件地址']
18  send_gmail(gmail_addr, gmail_pwd, to_addrs, 'Subject:Hello\nTesting')
```

主旨　　　內容

輸出

```
(250, b'smtp.gmail.com at your service, [220.135.49.167]\nSIZE
35882577\n8BITMIME\nSTARTTLS\nENHANCEDSTATUSCODES\nPIPELINING\
nCHUNKING\nSMTPUTF8')
(220, b'2.0.0 Ready to start TLS')
(235, b'2.7.0 Accepted')
寄信成功
```

主旨

Hello ∑ 收件匣 ×   🖨 ☒

▓▓▓▓@gmail.com   下午9:40 (9 分鐘前) ☆ ↩ ⋮
寄給 ▾

🔤 英文 ▾ ❯ 中文 ▾ 翻譯郵件   關閉下列語言的翻譯功能：英文 ×

Testing

內容

若讀者在郵件內容中使用中文字, 將出現以下的錯誤：

```
UnicodeEncodeError: 'ascii' codec can't encode characters in position 1-2:
ordinal not in range(128)
```

下一節要介紹的 **MIME** 可以讓我們在信件中使用中文內容。

13-1-2　MIME

MIME，全名為**多用途網際網路郵件擴展 (M**ultiplepurpose **I**nternet **M**ail **E**xtensions**)**。早期的電子郵件僅能在內容中使用 7 位 ASCII (0-127) 字元集以內的字元，這意味著像是中文、聲音、圖片…等等的非英文字元皆無法使用。

後來出現了 MIME，它擴展了電子郵件的標準，制定各種資料的表示法，讓郵件開始可以傳送各類型的資料。後來在 HTTP 通訊協定中也使用了 MIME 的框架，成為了網際網路媒體類型的標準。例如在**第 10 章**時，因為要將影像以位元組數據傳送，所以我們在請求標頭中放了 **{'Content-Type': 'application/ octet-stream'}**，其中的 'application/octet-stream' 即為 MIME 資料類型。MIME 的格式如下：

```
Type/Subtype
```

Type 為資料的主要類型，而 Subtype 用於指定 Type 的詳細規格，下表列出常見的幾種：

Type	說明	常見組合
text	文字	text/plain：純文字 text/html：HTML 文件
image	圖片	img/jpeg：JPEG 圖片 img/png：PNG 圖片
audio	聲音	audio/wav：WAV 聲音檔 audio/mpeg：MP3 或其他 MPEG 聲音檔
video	影片	video/mp4：MP4 影片檔
application	應用程式類型資料	application/pdf：PDF 文件 application/octet-stream： 無特定類型，可為任意位元組數據 (二進位數據)

要以 **MIME** 傳送一封 Type (主要類型) 為 text 的文字郵件，我們可以從 **email.mime.text** 模組中匯入 **MIMEText** 類別創建一個 **MIMEText** 物件：

```
from email.mime.text import MIMEText
```

接著建立一個 **MIMEText** 物件：

```
mime_text = MIMEText('郵件內容', 'text 類型的 Subtype', 字元編碼)
```

例如：plain 或 html（見上表）　使用 'utf-8' 可支援多國語言

我們可以透過以下設定 **mime_text** 物件的方式, 來設定郵件的相關資訊, 最後記得使用物件的 **as_string()** 方法來將物件轉換成字串：

```
mime_text ['Subject'] = '郵件標題'
mime_text ['From'] = '寄件者名稱'
mime_text ['To'] = '收件者名稱'
mime_text ['Cc'] = '副本接收者'
mime_text = mime_text.as_string()
```

接著一樣透過 **SMTP** 物件的 **sendmail()** 方法將 **mime_text** 傳送給收件者：

```
smtp_gmail.sendmail(from_addr, to_addrs, mime_text)
```

底下就來寄出一封**中文內容**的郵件, 我們已將前面寫好的 send_gmail() 自訂函式放到 monitor_module.py 自訂模組中, 請將此自訂模組放到主程式所在的資料夾中, 以方便匯入使用：

13-1.py

```
01   import monitor_module as m     ← 匯入自訂模組並更名為 m
02   from email.mime.text import MIMEText
03
04   gmail_addr = '你的 Gmail 信箱'
05   gmail_pwd = '信箱密碼'
06   to_addrs = ['第一個收件者的 E-mail', '第二個收件者的 E-mail']
07
08   mime_text = MIMEText('收信愉快', 'plain', 'utf-8') ←
09   mime_text['Subject'] = '您好'                    建立 MIMEText 物件
10   mime_text['From'] = '旗標科技'
11   mime_text['To'] = '親愛的讀者'
12   mime_text['Cc'] = '親愛的副本接收者'
```

接下頁

```
13    mime_text = mime_text.as_string()  ← 轉為字串
14    m.send_gmail(gmail_addr, gmail_pwd, to_addrs, mime_text) ←
```

 寄出郵件

```
(250, b'smtp.gmail.com at your service, [220.135.49.167]\nSIZE
35882577\n8BITMIME\nSTARTTLS\nENHANCEDSTATUSCODES\nPIPELINING\
nCHUNKING\nSMTPUTF8')
(220, b'2.0.0 Ready to start TLS')
(235, b'2.7.0 Accepted')
```

寄信成功

> 要以 HTML 做為信件內容只需要將 MIMEText() 類別的 'plain' 改為 'html', 並且將 HTML 內容以字串傳入即可。例如寄出 '這是 <b> 中文 </b> 郵件' (<b> 為粗體的 HTML 標籤) 會收到 這是**中文郵件**。

13-1-3　實例：照相機－拍完照後以 E-mail 傳送

有了 **MIME** 的幫忙, 不只中文內容, 連圖片也可以附加在郵件中一起傳送了。我們結合**第 10 章**的照相機來做一個拍完照會將照片寄給自己或它人的功能。

■ MIMEImage 物件

在上一節為了要傳送中文內容的郵件, 我們建立了一個 **MEMIText** 物件；若要傳送影像的話, 我們要建立 **MIMEImage** 物件。首先一樣要先匯入類別：

```
from email.mime.image import MIMEImage    # 匯入 MIMEImage 類別
```

接著將影像資料傳入類別中, 建立 **MIMEImage** 物件：

```
mime_img = MIMEImage(影像內容)
```

> **TIPS** 與第 **10** 章相同, 透過攝影機取得的影像, 須先經由 **JPEG** 編碼, 再轉為 **bytes** 才可以做為郵件傳送。

可以透過以下的方式來設定郵件的相關資訊：

```
mime_img['Content-type'] = 'application/octet-stream' # 設定 MIME 類型
mime_img['Content-Disposition'] = 'attachment; filename="Filename.jpg"'
mime_img['Subject'] = '主題：小偷入侵'
mime_img['From'] = '來自：鷹眼防盜監視器'
mime_img['To'] = '傳送：收件者'
mime_img = mime_img.as_string()    # 將物件轉為字串
```

接著一樣透過 **SMTP** 物件的 **sendmail()** 方法將 **mime_img** 傳送給收件者：

```
smtp_gmail.sendmail(from_addr, to_addrs, mime_img)
```

■ 建立自訂函式 get_mime_image()

我們建立一個 **get_mime_image()** 自訂函式, 可將影像 (img) 製作成 MIMEImage 格式的字串, 然後即可使用前面寫好的 send_gmail() 來寄出：

MIMEImage 格式的字串

```
msg = get_mime_img(subject, fr, to, img)
```

主旨　寄件者　收件者　影像內容

請先確定 monitor_module.py 自訂模組已和主程式放在同一個資料夾中, 以便匯入使用。底下將結合**第 10 章**照相機拍照功能, 當使用者按下 S 鍵時就會拍照並將照片寄到指定的收件地址 (按 Q 則可關閉視窗結束程式)：

13-2.py

```
01   import monitor_module as m   ← 匯入自訂模組並更名為 m
02   from email.mime.image import MIMEImage
03   import cv2
04
05   def get_mime_img(subject, fr, to, img):
06       # 將 img 編碼為 JPEG 格式, [1]為返回資料, [0]為返回是否成功
07       img_encode = cv2.imencode('.jpg', img)[1]
08       # 再將資料轉為 bytes, 此即為要傳送的資料
09       img_bytes = img_encode.tobytes()
10       mime_img = MIMEImage(img_bytes)   # 建立 MIMEImage 物件
11       mime_img['Content-type'] = 'application/octet-stream'
12      mime_img['Content-Disposition'] = 'attachment; filename="pic.jpg"'
13       mime_img['Subject'] = subject
14       mime_img['From'] = fr
15       mime_img['To'] = to
16       return mime_img.as_string()   ← 轉為字串後傳回
17   #--------------------#
18   gmail_addr = '你的 Gmail 信箱'
19   gmail_pwd = '信箱密碼'
20   to_addrs = ['第一個收件者的 E-mail', '第二個收件者的 E-mail']
21
22   cap = cv2.VideoCapture(0)          # 打開攝影機
23   while cap.isOpened():
24       success, img = cap.read()
25       if success:
26           cv2.imshow('frame', img)   # 在視窗中顯示影像
27       k = cv2.waitKey(1)             # 讀取鍵盤輸入
28       if k == ord('s'):   ← 如果按下 s 鍵
29           msg = get_mime_img('小偷入侵','鷹眼防盜監視器','警察局',img)
30           m.send_gmail(gmail_addr, gmail_pwd, to_addrs, msg)
                       ↖ 以 gmail 寄出郵件
31       elif k == ord('q'):             # 按下小寫 q 結束程式
32           cv2.destroyAllWindows()
33           cap.release()
34           break
```

輸出 ▼

接下頁

按 S 鍵拍照
並寄出郵件

也許有讀者注意到, 在設計自訂函式參數時, 需傳入了很多固定的資料 (例如寄件者地址、密碼…), 為什麼不像**第 10 章**一樣, 將那些固定的資料寫到自訂模組做為全域變數共同使用就好？

我們在這章特別做了不同的設計讓讀者感受兩種做法的優缺點。**第 10 章**的做法可以讓自訂函式需要的參數較少, 但是使用者必須跟模組綁在一起, 要修改資料也需要到模組中；而將所需資料透過自訂函式傳遞到模組中的方法, 讓你可以不需要依賴模組中的資料。

13-2　透過 Python 自動發送手機簡訊

除了 E-mail 的通知, 我們也可以用 Python 來發出簡訊, 即時告訴你家裡有人闖入了。

13-2-0　Twilio 服務

我們將使用美國 **Twilio** 公司提供的簡訊服務, 它們提供了 **twilio** 套件讓使用者可以透過套件, 請他們替我們發出簡訊。先到網站 https://www.twilio.com/ 註冊一個免費試用帳號：

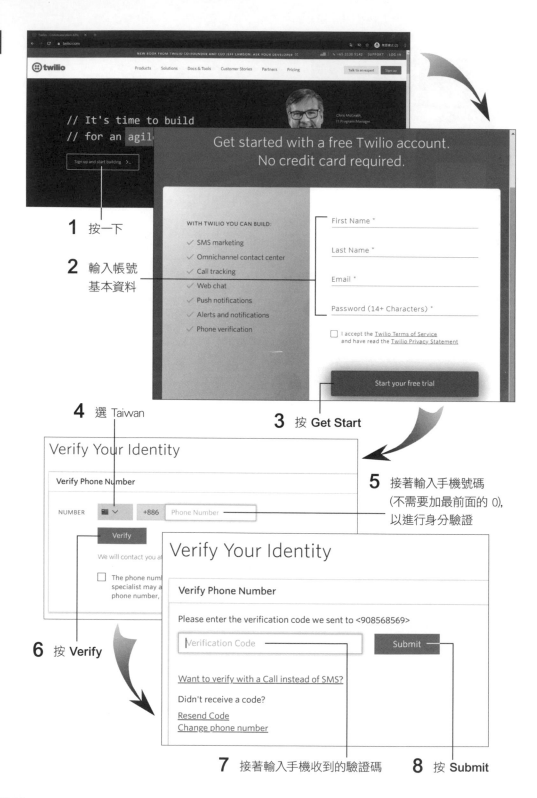

1 按一下

2 輸入帳號基本資料

3 按 **Get Start**

4 選 Taiwan

5 接著輸入手機號碼 (不需要加最前面的 0), 以進行身分驗證

6 按 **Verify**

7 接著輸入手機收到的驗證碼

8 按 **Submit**

完成後我們會看到以下畫面, 接著我們要取得帳號的 SID 及 TOKEN, 請如下操作:

在 Dashboard 中可以找到 **ACCOUNT SID** 與 **AUTH TOKEN**。請將它們複製起來, 待會在 Python 會用到

接著我們要取得 Twilio 幫我們發送簡訊所用的手機號碼。簡單來說, Twilio 可以幫我們發簡訊這件事, 可以想像成他們公司有好多手機, 而我們註冊帳號就是選一隻來發送簡訊, 所以我們現在要取得一個手機號碼:

1 在 Dashboard 頁面中左邊欄位中可以看到一個 **#** 符號, 請按一下

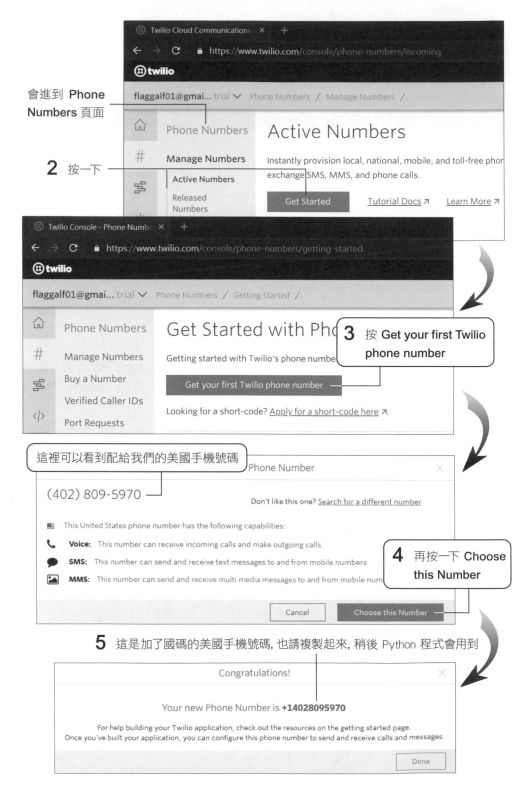

會進到 Phone
Numbers 頁面

2 按一下

3 按 Get your first Twilio phone number

這裡可以看到配給我們的美國手機號碼

(402) 809-5970

4 再按一下 Choose this Number

5 這是加了國碼的美國手機號碼, 也請複製起來, 稍後 Python 程式會用到接著請回到 Dashboard 頁面中, 因為我們不是在美國本土, 所以還要設定簡訊的使用地區。點擊右圖指示的圖案, 並點選 **Programmable SMS**:

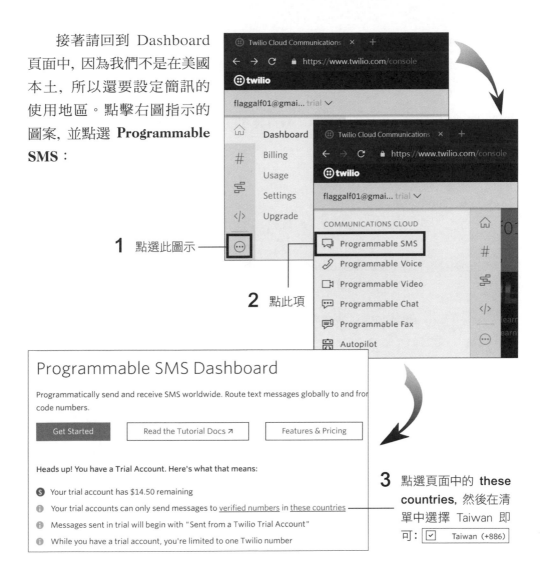

1 點選此圖示

2 點此項

Programmable SMS Dashboard

Programmatically send and receive SMS worldwide. Route text messages globally to and from code numbers.

Get Started | Read the Tutorial Docs ↗ | Features & Pricing

Heads up! You have a Trial Account. Here's what that means:

💲 Your trial account has $14.50 remaining

ℹ️ Your trial accounts can only send messages to <u>verified numbers</u> in <u>these countries</u>

ℹ️ Messages sent in trial will begin with "Sent from a Twilio Trial Account"

ℹ️ While you have a trial account, you're limited to one Twilio number

3 點選頁面中的 **these countries**, 然後在清單中選擇 Taiwan 即可: ☑ Taiwan (+886)

13-2-1 twilio 套件

上一節我們取得了 Twilio 的 **ACCOUNT SID**、**AUTH TOKEN**、**美國手機號碼**。有了這三樣, 我們就可以透過 twilio 套件來發送簡訊。請先安裝套件:

```
pip install twilio   # 本書安裝版本為 6.19.2
```

安裝完成後即可在程式中匯入套件中的 Client 類別：

```
from twilio.rest import Client
```

接著將你的 **ACCOUNT SID**、**AUTH TOKEN** 傳入類別, 建立一個 **Client** 物件：

```
sid = '你的 ACCOUNT SID'
token = '你的 AUTH TOKEN'
client = Client(sid,token)    # 建立 Client 物件
```

Clinet 物件的 **messages.create()** 方法可以發出簡訊：

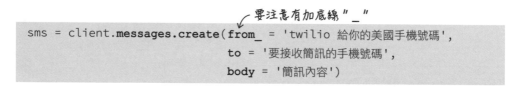

要注意有加底線 " _ "

```
sms = client.messages.create(from_ = 'twilio 給你的美國手機號碼',
                             to = '要接收簡訊的手機號碼',
                             body = '簡訊內容')
```

> **TIPS** 要接收簡訊的手機號碼 (臺灣) 要以 +886 為開頭, 後面加上手機號碼 (最前面的 0 不需要)。

發送成功後, 回傳的 sms 物件的 **date_created** 屬性可以查看發送時間：

```
sms.date_created
```

因為我們是免費帳號, 所以簡訊內容開頭都會有 Sent from your trial account：

另外, 由於是免費帳號的緣故, 若你輸入其他人的手機號碼, 會出現以下的錯誤訊息：

```
TwilioRestException: Unable to create record: The number  is unverified.
Trial accounts cannot send messages to unverified numbers; verify  at
twilio.com/user/account/phone-numbers/verified, or purchase a Twilio number
to send messages to unverified numbers.
```

若要傳送給其他人有兩個辦法：購買商用帳號, 或是到網站：twilio.com/user/account/phone-numbers/verified 將其他人的手機進行驗證：

13-2-2　實例：傳送一封手機簡訊

我們來實際發一封簡訊給自己, 並建立一個自訂函式, 以方便重複使用：

■ 建立自訂函式 send_sms()

send_sms (簡訊內容)

完整程式碼如下：

```
13-3.py
01  from twilio.rest import Client
02
03  sid = '你的 ACCOUNT SID'
04  token= '你的 AUTH TOKEN'
05  us_phone = '你的美國手機號碼'
06  tw_phone = '你的台灣手機號碼'
```

接下頁

```
07   def send_sms(text, sid, token, us_phone, tw_phone): # 建立自訂函式
08       client = Client(sid, token)     # 建立 Client 物件
09       sms = client.messages.create(from_ = us_phone, # 發出簡訊
10                                    to = tw_phone,
11                                    body = text)
12       print('簡訊發送時間: ', sms.date_created)
13   #-----↓↓發送簡訊↓↓-----#
14   send_sms('注意！！家中有人闖入！！', sid, token, us_phone, tw_phone)
```

輸出

晚上10:13 ⋯ ∩ ⟳ ⊙ ↓↑ ▬ 台灣之星 4G ⚡

＜ **+17852848410** 📞 👤
美國

自 Python 的第 6 封簡訊
─────────────────

11-4 晚上9:20

Sent from your Twilio trial account - 注
意！！家中有人闖入！！

13-3 OpenCV 移動偵測

在**第 10 章**我們已經知道如何透過攝影機取得影像了，在本節我們要使用 OpenCV 套件進行一連串的影像處理與分析，最終目的是偵測到畫面中有東西在移動。

13-3-0 影像相減：大家來找碴

不知道你們是否有玩過大家來找碴的遊戲 (就是在兩張看起來幾乎一模一樣的圖片中找出不同之處)。就像遊戲，要偵測畫面中有沒有東西移動其實概念很簡單，透過比較攝影機此刻與前一刻的影像，若有不同，代表有東西進入畫面造成變化了。

> 我們看到的攝影機連續影像，其實是一張張的靜態影像連續播放，就像逐格動畫一樣，因為視覺暫留，所以看起來會像連貫的。

我們可以用像素相減後取絕對值的方式來看前後影像是否有變化, 例如靜止的畫面, 前後影像皆相同, 像素相減則全部都變成 0 (黑色):

但事實上相減後的結果並非像上圖如此完美, 即使是靜止的畫面, 總會有某些像素有差異 (就像一部很多雜訊的電視), 相減後就不會是全黑的影像:

所以在相減之前, 我們得先使用**第 11 章**介紹的**高斯模糊 (Gaussian Blur)** 來降低影像中的雜訊的強度, 如此相減後才會有如上上圖一樣乾淨的結果。

而當有物體 (小蛇) 進入畫面後, 前後影像有差異的地方相減後就不為 0 (黑色):

我們可以使用 OpenCV 套件中的 **cv2.absdiff()** 方法來對兩張影像進行**像素相減後取絕對值**:

我們來實際透過攝影機試試：

```
13-4.py
01   import cv2
02
03   cap = cv2.cv2.VideoCapture(0)              # 建立攝影機物件
04   img_pre = None  ←── 前影像, 預設是 None (空的)
05   while cap.isOpened():
06       success, img = cap.read()               # 讀取此刻影像
07       if success:
08           gray = cv2.cvtColor(img, cv2.COLOR_BGR2GRAY)   # 灰階處理
09           img_now = cv2.GaussianBlur(gray, (13, 13), 15) # 高斯模糊
10           if img_pre is not None: ←── 如果前影像不是空的, 就和前影像比對
11               diff = cv2.absdiff(img_now, img_pre) ←── 前後影像相減
12               cv2.imshow('frame', diff)  # 顯示相減後的影像
13               img_pre = img_now.copy() ←── 將現在影像設為前影像
14           k = cv2.waitKey(30)                 # 稍做暫停並檢查按鍵
15           if k == ord('q'):                   # 若按「q」則結束程式
16               cv2.destroyAllWindows()
17               cap.release()
18               break
```

請注意, 因為程式一開始執行時, 並不存在前一刻的**前影像 (img_pre)**, 所以第 10 行會判斷是否有前影像, 若有 (不是 None) 才進行比對, 以防止執行到第 11 行 **absdiff(img_now, img_pre)** 因沒有前影像可進行相減而出錯。

執行程式後, 當你在鏡頭前靜止不動時畫面應為全黑, 當你有動作時畫面如右：

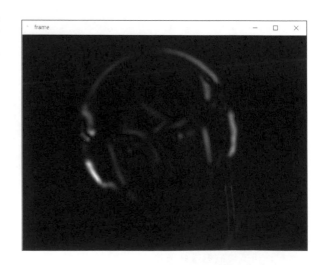

13-3-1 門檻值：非黑即白

執行上面的程式後，靜止時畫面雖然看起來是全黑的，可不代表像素值為 0。簡單來說這個黑不夠還不夠純，你可以把程式碼的 diff 像素印出來看看：

```
IPython console
  Console 1/A
In [9]: diff
Out[9]:
array([[0, 0, 0, ..., 1, 0, 1],
       [0, 0, 0, ..., 2, 1, 1],
       [0, 0, 1, ..., 1, 1, 1],
       ...,
       [3, 3, 2, ..., 1, 1, 1],
       [3, 3, 2, ..., 1, 1, 1],
       [3, 3, 2, ..., 0, 0, 0]], dtype=uint8)
```

> 在 IPython console 輸入變數名稱可以快速查看

可以看到很多像素值為 1、2、3…雖然畫面中看起來是黑的，不過還不夠純 (像素值 0)。這是因為**高斯模糊**是幫我們降低了影像中雜訊的強度，可不是完全移除它。

不過高斯模糊已經幫了很大的忙，至少因雜訊產生的像素值已經很小了，接下來我們可以用更武斷的方法來去除這些雜訊像素值。

使用 OpenCV 套件的 **cv2.threshold()** 方法可以設定一個門檻值，影像的像素值將依門檻值而重新設定；設定完後回傳一個有 2 個元素的 tuple：第 1 個為門檻值、第 2 個為依門檻值重新設定的新影像：

```
ret, thresh = cv2.threshold(輸入影像,
                            門檻值,
                            maxval,
                            設定模式)
```
影像結果

maxval 與**設定模式**參數說明如下表：

設定模式	將低於門檻值的像素設為	將高於門檻值的像素設為
cv2.THRESH_BINARY	0	maxval
cv2.THRESH_BINARY_INV	maxval	0

 TIPS 更多的設定模式可以參考網址：「https://docs.opencv.org/3.4.3/d7/d4d/tutorial_py_thresholding.html」。

例如我們可以對程式 **13-4.py** 中相減後的影像結果 (diff) 重新設定它的像素質：低於門檻值 25 的像素值都設定為 0 (黑)、其他的則設定為 255 (白)：

```
ret, thresh = cv2.threshold(diff, 25, 255, cv2.THRESH_BINARY)
```

13-3-2　輪廓偵測：抓出兇手

現在我們有乾淨的影像 (thresh) 了，接著我們要對這個影像進行**輪廓偵測**。輪廓就是具有相同顏色 (像素值) 的連續的點，所連成的一條曲線。

因為影像中有變化才會有像素值，而有像素值才偵測得到輪廓。我們透過偵測是否有輪廓而判定畫面中是否有移動的物體。

使用 OpenCV 套件中的 **cv2.findContours()** 方法可以偵測出影像中物體的輪廓，並回傳一個有 2 個元素的 tuple：第 1 個為 list，儲存輪廓點的座標、第 2 個為輪廓的階層 (hierarchy) 關係。

```
輪廓座標, 輪廓階層關係 = cv2.findContours(image, mode, method)
```

我們先講解 3 個參數：

● **image**：可以輸入灰階影像 (8-bit single-channel)，不過為了準確性，最好輸入黑白影像 (只有 0、255)，因為你輸入的灰階影像也會在函式中被轉為黑白影像。在 **13-3-1 節**的 **cv2.threshold()** 已經幫我們把影像轉為只有黑白的了。

此函式會直接對原始輸入影像進行修改，若需要保留原始影像可以用 **image. copy()** 方法先複製一份。

另外要注意的是 **cv2.findContours()** 是在黑色的背景中，找出白色物體的輪廓，這也是為什麼我們需要先對影像進行 **cv2.threshold()** 的其中一個原因。

● **mode**：搜尋輪廓的模式, 以下列出 2 種選擇：

搜尋模式	說明
cv2.RETR_EXTERNAL	只搜尋最外層的輪廓, 例如在下圖中只會得到輪廓 A
cv2.RETR_LIST	搜尋內外層所有輪廓（輪廓中還有輪廓）, 但不建立階層關係。例如右圖中輪廓 A、B 都會得到：

更多搜尋模式可以參考網址：https://docs.opencv.org/3.4/d3/dc0/group__imgproc__shape.html#ga819779b9857cc2f8601e6526a3a5bc71

● **method**：輪廓的近似表示法 (即要用多少輪廓點座標來表示一個輪廓), 以下說明常用的 2 種：

近似表示法	說明
cv2.CHAIN_APPROX_NONE	儲存所有的輪廓點, 兩個相鄰的點位置距離不超過 1
cv2.CHAIN_APPROX_SIMPLE	壓縮水平、垂直、對角線方向, 只留下這些方向的端點座標。例如右圖, 一個矩形的輪廓只需要 4 個頂點座標點就能描述：

更多的近似法可以參考：https://docs.opencv.org/3.4/d3/dc0/group__imgproc__shape.html#ga4303f45752694956374734a03c54d5ff

　　如上所述, 執行 **findContours( )** 後會回傳**輪廓影像、輪廓座標、輪廓階層關係**。輪廓階層關係較為複雜, 在此應用也不會使用到, 若讀者有興趣可以參考網址：https://medium.com/@zhoumax/opencv-contour-%E8%BC%AA%E5%BB%93-2a4c8e7974d3。

如果偵測到一個以上輪廓, 則將這些輪廓的資訊以 list 回傳。list 中的每個元素都代表一個輪廓, 以一個 3 維的 **Numpy array (陣列)** 來儲存每個輪廓的座標。例如若偵測到上圖一個正方形的 4 個頂點座標, 則傳回：

```
[array([[[30, 30]],
        [[30, 90]],
        [[90, 90]],
        [[90, 30]], dtype=int32)]
```

若沒有偵測到輪廓, 則傳回一個空的 list。我們可以藉此判斷影像是否出現變化。

■ 繪製輪廓

偵測到輪廓後, 我們可以將輪廓輸入到 **cv2.drawContours()** 方法, 此方法可以幫我們在指定的影像上畫出輪廓：

```
cv2.drawContours(image, contours, contourIdx, color, thickness)
```

指名參數說明如下表：

參數	說明
image	輸入影像
contours	輪廓座標的 list
contourIdx	可以指定要繪製哪個輪廓 (根據索引), 若指定 -1 則會繪製所有輪廓
color	繪製的顏色, 以 tuple (B, G, R) 指定
thickness	繪製的寬度

■ 輪廓面積

我們也可以透過 **cv2.contourArea()** 來幫我們計算輪廓中的面積：

```
area = cv2.contourArea(輸入輪廓的 Numpy array )
```

13-3-3 實例：移動偵測

我們來試試上述移動偵測的程式：

```
13-5.py
01   import cv2
02
03   cap = cv2.cv2.VideoCapture(0)
04   img_pre = None      # 前影像，預設是空的
05   while cap.isOpened():
06       success, img = cap.read()
07       if success:
08           gray = cv2.cvtColor(img, cv2.COLOR_BGR2GRAY)   # 灰階處理
09           img_now = cv2.GaussianBlur(gray, (13, 13), 5) # 高斯模糊
10           if img_pre is not None:  ← 如果前影像不是空的，就和前影像比對
11               diff = cv2.absdiff(img_now, img_pre) ← 前後影像相減
12               ret, thresh = cv2.threshold(diff, 25, 255, # 門檻值 25
13                                           cv2.THRESH_BINARY)
14               ontours, _ = cv2.findContours(thresh,  # 找到輪廓
15                                           cv2.RETR_EXTERNAL,
16       此為合法的變數名稱，一般常用        cv2.CHAIN_APPROX_SIMPLE)
         它來承接不會使用到的傳回值
17               if contours:    # 如果有偵測到輪廓
18                   cv2.drawContours(img, contours, -1, (255, 255, 255), 2)
19                   print('偵測到移動')
20               else:
21                   print('靜止畫面')
22
23           cv2.imshow('frame', img)
24           img_pre = img_now.copy()
25       k = cv2.waitKey(50)
26       if k == ord('q'):
27           cv2.destroyAllWindows()
28           cap.release()
29           break
```

程式說明

- 1～11　與 **13-4.py** 相同，第 11 行進行前後影像相減。

- 12　　我們將相減後的影像，以門檻值 25 進行黑白化。

- 14　　搜尋黑白影像中的輪廓，若有找到在 18 行在原影像上繪製輪廓線。

執行後，移動物體的輪廓線會以白色畫出：

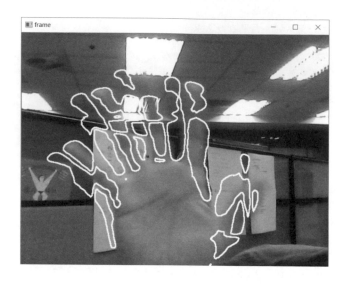

接下來的實戰我們會將移動偵測與 E-mail、簡訊通報結合。

13-4 實戰：鷹眼防盜監視器

本實戰中，我們將偵測影像中是否有移動物體，並結合 **13-1 節**的 E-mail 與 **13-2 節**的簡訊來進行入侵者通報。

發送圖片 E-mail 與發送簡訊的自訂函式 **get_mime_img()**、**send_gmail()**、**send_sms()** 我們已經放入自訂模組 **monitor_module.py** 了，請記得將此模組放到你的程式碼目錄中，並匯入此模組：

```
import monitor_module as m
```

monitor.py

```
01   import cv2
02   import monitor_module as m
03
04   #----------↓↓E-mail資料設定↓↓------------#
05   gmail_addr = '你的 Gmail 信箱'
```

接下頁

```
06  gmail_pwd = '信箱密碼'
07  to_addrs = ['第一個收件者的 E-mail', '第二個收件者的 E-mail']
08  #----------↓↓簡訊資料設定↓↓------------#
09  sid = '你的 ACCOUNT SID'
10  token= '你的 AUTH TOKEN'
11  us_phone = '你的美國手機號碼'
12  tw_phone = '你的台灣手機號碼'
13  #-------------↓↓開啟攝影機開始運作↓↓-----------------#
14  cap = cv2.cv2.VideoCapture(0)
15  skip = 1   ⟵ 設定不比對的次數, 由於前影像是空的, 因此略過一次比對
16  while cap.isOpened():
17      success, img = cap.read()
18      if success:
19          gray = cv2.cvtColor(img, cv2.COLOR_BGR2GRAY)    # 灰階處理
20          img_now = cv2.GaussianBlur(gray, (13, 13), 5)  # 高斯模糊
21          if skip > 0:   ⟵ 如果 skip 大於 0 就略過比對 (不和前影像比對)
22              skip -= 1      # 將 skip 減 1
23          else:   ⟵ 如果 skip==0 就和前影像比對
24              diff = cv2.absdiff(img_now, img_pre)
25              ret, thresh = cv2.threshold(diff, 25, 255, # 門檻值
26                                              cv2.THRESH_BINARY)
27              contours, _ = cv2.findContours(thresh,  # 找到輪廓
28                                              cv2.RETR_EXTERNAL,
29                                              cv2.CHAIN_APPROX_SIMPLE)
30              if contours:      # 如果有偵測到輪廓
31                  cv2.drawContours(img, contours, -1, (255, 255, 255), 2)
32                  msg = m.get_mime_img('小偷入侵', '鷹眼防盜監視器',
                                          '警察局', img)
33                  m.send_gmail(gmail_addr, gmail_pwd, to_addrs,
                                  msg) # 以 gmail 寄出
34                  m.send_sms('小偷來了', sid, token, us_phone, tw_phone)
35                  print('偵測到移動')
36                  skip = 200   ⟵ 略過 200 次不比對
37              else:
38                  print('靜止畫面')
39          cv2.imshow('frame', img)
40          img_pre = img_now.copy()
41      k = cv2.waitKey(50)   ⟵ 暫停 50 毫秒 (0.05 秒), 並檢查是否有按鍵輸入
42      if k == ord('q'):
43          cv2.destroyAllWindows()
44          cap.release()
45          break
```

13

- 15   skip 變數代表要略過比對前、後影像的次數, 因為一開始前影像是空的, 所以將 skip 設為 1, 便可略過第一迴圈不做比對。(前一迴圈拍攝的影像, 會變成後一迴圈的**前影像**。)

- 36   偵測到輪廓並發完 E-mail、簡訊後, 將 skip 設為 200, 表示要略過 200 次迴圈不做比對。由於每次迴圈會在第 41 行暫停 0.05 秒, 因此 0.05 * 200 約等於 10 秒, 就相當於接下來的 10 秒都不檢查, 以避免發送訊息過於密集。

執行程式後, 偵測到移動物體時, 就會收到如下 E-mail 與簡訊的通知:

包含照片的 E-mail 通知

簡訊通知

14

Chapter

利用 Flask 建構網路服務 - 以留言板、假新聞辨識系統為例

Python 套件中有許多能用於創建 Web app 和 Web API 的框架, 其中最著名的是 Flask, Flask 提供了架設網站需要的各種工具, 包括路由 (Routes)、網頁模板 (Templates)、表單 (Forms) 等等的模組, 從架設網站中最簡單的元素到複雜的應用, Flask 幾乎都能幫你實現。本節將帶領讀者學習 Flask 幾個基礎的概念, 並且一步步成功的架設出網站。

14-0 本章重點與成果展示

本章將會利用 Flask 套件建構 2 個網站, 一個為網頁留言板, 可從中學習到表單、模板、SQLite 套件的相關用法;另一個是將第 8 章訓練完成的分類器佈署到網頁中構成網路服務, 從中學習部屬機器學習模型的技巧。

● **建立網頁**:Flask 套件。

● **熟悉路由 (Routes)、網頁模板 (Templates) 等用法**:Flask 套件。

● **網頁表單 (Forms) 的用法**:WIForms 套件。

● **SQLite 資料庫的用法**:sqlite3 套件。

成果展示:

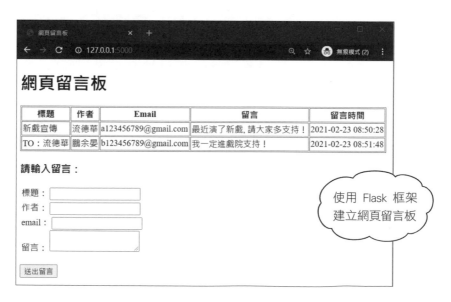

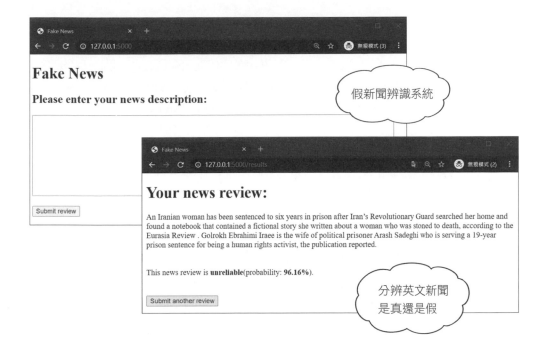

14-1 Flask 框架

　　Flask 是一個用來開發輕量級網站的 Python 微框架 (micro-framework)，Flask 語法淺白，容易學習。只要有一點 Web 基礎，就算是初學者也能跟著書上的程式碼來學習，很快就能上手。

　　Flask 的核心十分簡單，主要是由 Werkzeug WSGI 函式庫和 Jinja2 模板引擎所組成，Flask 給予開發者非常大的彈性，也可以選用其他不同的模組來增加功能。

> WSGI 全名為 Web Server Gateway Interface，是為 Python 語言定義的 Web 伺服器和 Web 應用程式之間的一種簡單而通用的介面，可以幫你省去不少麻煩。其中最大的 WSGI 函式庫就是 Werkzeug，而 Flask 就是基於 Werkzeug 下開發的一個 Framework。

14-1-0　路由 (route)

　　第 5 章我們有簡單敘述過 HTTP 協定的運作, 不過當時我們的目的是要取得網頁伺服器傳回的資料, 而本章要做的則是反過來, 我們要透過 Python 的 Flask 框架來提供網路服務, 更具體的說是打造一個簡易的網頁伺服器。

　　當使用者在瀏覽器輸入網址, 例如："http://www.flag.com.tw/books", 前方 www.flag.com.tw 代表網站主機, 而後方的 "/books" 就是這部主機所提供的網路資源路徑, 如此處主機回應書籍資訊的網頁。如下圖：

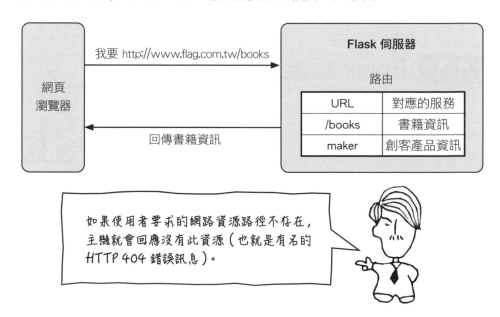

　　所以 Flask 的任務就是去處理使用者發送的服務請求, 依照網址中的路徑, 提供對應的網路資源或服務。Flask 框架將每個路徑所提供的網路資源稱為**路由 (route)**, 例如：要在網路主機上提供 3 個網頁供人瀏覽, 對 Flask 來說就是要建立 3 個路由。建立的方法很簡單, 做法就是使用 Flask 框架所提供的 route() 函式。

route() 函式是 Flask 物件所提供的 method, 所以我們先匯入函式庫並建立一個 Flask 物件。程式如下:

```python
from flask import Flask # 匯入 Flask 類別
app = Flask(__name__)    # 透過 Flask 類別建立一個物件, __name__等等會解釋

@app.route('/') # 使用 route() 函式設定路由
def hello():
    return 'Hello World!'
```

這段程式的作用是在 app 類別中使用了 route() 函式設定網頁的路由, 使用者可以利用該路由來訪問網頁 (「/」是指網址的根目錄), 訪問這個路由後, 程式會執行底下的 hello() 函式, 其函式的回傳值將作為 HTTP 回應的內容 (也就是 'Hello World!')。在 Flask 中常使用 route() 去建立各式各樣的路由, 然後依照不同的路徑傳回對應的資源或處理特定程序。例如下圖我們在程式中建立了 3 個路由, 讓使用者可以訪問路徑 A、B、C 等 3 個網頁, 至於這 3 個頁面要提供的內容或服務, 則再分別以 A()、B()、C() 來定義:

設定 Flask 的路由會使用到一個 Python 的進階語法:**修飾器 (Decorator)**。修飾器是 Python 的進階用法, 它能夠讓你**修改可呼叫的物件 (函式、類別) 的行為**, 而不會永久改變這些物件本身。使用修飾器要在函式或類別物件前加上「@」符號, 然後在下面定義要新增的 method。簡單來說, 此處我們用修飾器讓 Flask 的 route() 函式可以處理我們自訂的路由, 又不會更動到 route() 原來的功能。

 TIPS 因篇幅關係, 無法細講修飾器, 想了解更多的讀者, 可以參考旗標出版的「Python 技術者們 - 練功!老手帶路教你精通正宗 Python 程式」。

14-1-1　實例：建立 Flask 網站

有了前面的基礎, 要透過 Flask 來建立網站非常簡單快速, 通常 Anaconda 已經幫我們安裝好 Flask 了, 所以我們不需要再額外安裝。

如果出現 …\click\utils.py…UnsupportedOperation:not writable 的錯誤, 請開啟 Anaconda prompt 視窗執行 pip install --upgrade click 來更新 click 套件至最新版本, 然後再重新啟動 Spyder。

先講解建立網站時, 必備的幾個函式：

● 建立 Flask 物件

```
物件名稱 = Flask(__name__)
```

　└─── 物件名稱 (使用者可自行決定)

使用 Flask 類別來建立一個 Flask 物件, 以 __name__ 做為引數傳入, 這是 Python 中的特殊變數, 當這支程式被直接執行時, __name__ == '__main__'；而若是這支程式被當成模組, 匯入到其他程式中, __name__ 會變成模組名稱。而透過 __name__ 來建立 Flask 物件已是約定成俗的用法。

● 設定路由

```
@物件名稱.route('/')   ←── 裡面的字串參數為路由的路徑
def 函式名稱():        ←── 設定此路由下要執行的函式
  return 執行結果       ←── 將執行結果回傳給瀏覽器
```

如果搞不清楚 @ 修飾器的用法也無妨, 這裡只要先記得使用上面的語法設定路由即可。

　　如同前面所提到的, Flask 透過 @物件名稱.route() 來設定這個網站有哪些路由可以使用。例如在 @物件名稱.route() 之中放入了 '/'：代表這個網站的根路徑 (首頁), 用戶端在瀏覽器中輸入根路徑後, 網站就會執行 @物件名稱.route('/') 下方的自訂函式, 函式的回傳值將會以 HTTP 回應的方式顯示在用戶端的瀏覽器上面。而我們也可以定義其他的路徑, 例如：/new。

● 啟動伺服器

前面建立的 Flask 物件

```
物件名稱.run(debug=True)
```

設定啟動的模式, 這裡就示範
以 debug 模式啟動伺服器

　　執行 run() 函式就會啟動伺服器。在 run() 函式中可以加入 debug=True, 讓伺服器以 debug 模式啟動, 方便除錯以及網站程式碼有變動時, 會觸發整個專案重新啟動(自動重啟伺服器), 因此不需要每次更改完程式碼再自行重新啟動, 這無形之中替開發人員節省了很多開開關關的時間 (發現錯誤 → 關閉伺服器 → 修改程式碼 → 重啟伺服器)。但是當網站要正式營運時, 千萬要把 debug 模式關閉, 以免洩漏網站內部資訊。

　　現在馬上來試試建立一個簡單的網站：

14-0.py

```
01 from flask import Flask # 匯入 Flask 類別
02 app = Flask(__name__)    # 透過 Flask 類別建立一個物件
03
04 @app.route('/')  ← 建立路由：網址 (URL) 為根路徑
05 def hello():
06     return 'Hello Flask!'
07
08 if __name__ == '__main__':
09   app.run()  # 啟動網站
10   print('網站已結束')
```

程式說明

- 05　當被導到 hello() 函式後，函式直接執行了 return 'Hello Flask! ' 回傳給用戶端的瀏覽器去顯示。

- 08　判斷本程式是否被直接執行 (而不是作為其他程式碼的模組來執行)，是的話才會運行 09～10 行的程式區塊。

- 10　執行 run() 啟動伺服器後，會進入循環，所以當網站結束執行後，第 10 行才會執行。

執行後，在 IPython 可以看到如下的畫面：

```
(FT1700) C:\Users\Admin\Desktop\F1700>python -u "c:\Users\Admin\Desktop\F1700\ch14_new\14-0.py"
 * Serving Flask app "14-0" (lazy loading)
 * Environment: production
   WARNING: This is a development server. Do not use it in a production deployment.
   Use a production WSGI server instead.
 * Debug mode: off
 * Running on http://127.0.0.1:5000/ (Press CTRL+C to quit)
```

這個畫面的最後一行告訴了我們：網站正以 http://127.0.0.1:5000 (預設) 的位址被啟動，用戶端可以輸入此網址瀏覽網頁、若想關閉網站，請在 IPython 中按下 『 Ctrl + C 』。我們現在打開瀏覽器，輸入網址看看：

執行後也可以在 IPython 看到網站接收到的請求資訊：

請求時間

請求類型：GET 與傳回的狀態碼 200 (表示 OK)

```
127.0.0.1 - - [11/Mar/2021 11:22:11] "GET / HTTP/1.1" 200 -
```

請求來源 (本地端)

而我們也看到了 run() 函式以本地位址 127.0.0.1 做為網站位址做為測試使用 (只監聽本地端的請求), 若要讓外部用戶端來使用此網站 (網站正式上線), 可以在 run() 設定主機的 IP 位址與通訊埠：

```
app.run(host='168.95.192.xxx', port=5001)
```

■ 建立新路由 (route)

我們當然還可以替這個網站添加其他路由, 例如建立一個新路由 '/new', 並且指定用戶端針對這路由需使用 GET 方法來進行請求：

```
14-1.py
01 from flask import Flask
02 app = Flask(__name__)
03
04 @app.route('/')                              route() 函式預設是使用
05 def hello():                                 GET method, 在函式裡也
06     return 'Hello Flask!'                    可以指定 POST method
07
08 @app.route('/new', methods=['GET']) # 建立新路由
09 def name():
10     return 'Mary!'
11
12 if __name__ == '__main__':
13   app.run()
```

執行後, 並在瀏覽器中輸入新的請求路徑 /new 看看：

稍後我們就會將網站透過建立各種路由來讓節點進行路徑請求, 好方便使用網站的各種功能。到這裡你已經認識了 Flask 最基本的網頁架構了, 很簡單吧！

14-2 網頁模板 (Template)

在上節的範例中我們使用 return string 成功的將字串印在網頁上，但如果我們是要建立一個完整的網頁，用同樣的方法，難不成要在 Python 硬刻整個 HTML 頁面，這樣程式不但又臭又長也不利於除錯。

這時候就可以利用 Flask 中的 render_template() 函式來建立網站的樣式，做法是先建立一個**網頁模板 (HTML 檔)**，功能就像簡報的範本一樣，程式設計師只要專注於網頁要顯示的訊息內容，網頁樣式的呈現就直接套用模版就行了 (實務上模版還可以請設計師操刀)。在 Flask 中，將套用模版來產生實際網頁的動作稱為**渲染 (render)**。以下就用例子講解。

14-2-0 使用 render_template() 函式渲染 HTML 模板

首先將 render_template() 函式匯入到 app.py 裡面。程式碼如下：

```
from flask import render_template
```

render_template() 函式的用法如下：

要套用的模板名稱(html 檔)

```
render_template('模板名稱')
```

Flask 中預設的模板引擎是 Jinja2，當 return render_template ('html 模板') 的時候，Flask 會先到專案資料夾 **templates** 去尋找相對應的 HTML，因此你需要先在專案底下建立一個資料夾，並且命名為 templates。檔案的相對位置如下：

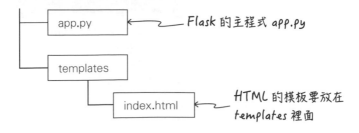

app.py ← Flask 的主程式 app.py

templates

index.html ← HTML 的模板要放在 templates 裡面

接著 在 templates 資料夾內新增一個 HTML 檔並命名為 index.html, 檔案內容如下：

First_app/templates/index.html

```html
<!DOCTYPE html>
<html>
<head>
  <title>First APP</title>
  <meta charset="utf-8"/>
</head>
<body>
  <h1>First APP</h1>
</body>
</html>
```

接著撰寫 Flask 的主程式並命名為 app.py。程式碼如下：

First_app/app.py

```python
from flask import Flask
from flask import render_template          # 匯入render_template 函式

app = Flask(__name__)

@app.route('/')
def index():
    return render_template('index.html') # 套用的模板為 index.html

if __name__ == '__main__':
    app.run(debug = True)
```

程式執行到這，會去找 index.html 這個模板

index.html ⟶

```html
<!DOCTYPE html>
<html>

<head>
  <title>First APP</title>
  <meta charset="utf-8" />
</head>

<body>
  <h1>First APP</h1>
</body>

</html>
```

執行後, 開啟瀏覽器連結至 http://127.0.0.1:5000/ 會顯示以下的畫面:

14-2-1　使用 render_template() 函式傳遞參數到 HTML

透過 render_template() 函式可以將整個 HTML 的內容渲染到網頁瀏覽器上面, 但這樣只是分兩個檔案, 好像跟直接寫到 Python 裡面的差異不大, 上面的例子可還沒完全發揮模板屬害的地方, 例如模板可以接收傳來的參數, 並將 HTML 語法套用在參數上面, 做法是利用**路由參數**的方式將 python 的參數傳遞到 HTML 裡面。語法如下:

要套用的模板名稱 (html 檔)

```
render_template('模板名稱', 模板的參數)
```

套用時可以傳遞變數到模板上面, 此外
可以設定多個參數利用「, 」隔開即可

接著我們修改剛剛的 app.py, 在 render_template() 函式中加入要傳遞到模板的參數, 如下所示:

First_app/app.py

```
from flask import Flask
from flask import render_template  # 匯入 render_template 函式

app = Flask(__name__)

@app.route('/')
def index():
    return render_template('index.html', Name='旗標科技')

if __name__ == '__main__':
    app.run(debug = True)
```

套用樣式為 index.html, 並傳遞
字串 '旗標科技' 給變數 Name

在 Python 中傳遞參數到模板後, 接著對應的 HTML 模板也要同步調整, 必須要用 2 個大括號的語法來接收傳遞過來的參數, 如下所示：

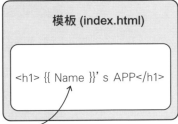

接著將 index.html 修改如下：

```
First_app/templates/index.html

<!DOCTYPE html>
<html>
<head>
  <title>First APP</title>
  <meta charset="utf-8"/>
</head>
<body>
<header>
  <h1> {{ Name }}' s APP</h1>
</header>
</body>
</html>
```

可以試著直接用瀏覽器開啟剛剛修改好的 HTML 檔, 會看到右邊的畫面：

會出現「{{ Name }}」是正常的, 因為這是 Jinja2 顯示參數的語法, 瀏覽器會視為一般的文字顯示, 等一下執行 app.py, 透過 Flask 來渲染網頁就可以正常顯示了。

執行 app.py 後, 在瀏覽器輸入網址: http://127.0.0.1:5000/。畫面如下:

可以看到變數 Name 接收到字
串後顯示在網頁瀏覽器上面

14-2-2　在HTML中使用樣板語言

除了可以傳遞變數到模板以外, 還可以藉由 Jinja2 的 **樣板語言** 在 HTML
裡面使用流程控制、迴圈等指令, 做法是利用 {% %} 將樣板語言包在裡面。
以下就以 for 迴圈作為範例, 將傳入的 list 參數一一讀出顯示在網頁上:

使用 {% %} 將樣板語言包
起來, 這裡以 for 迴圈示範

```
<body>
    {% for i in text %}
    <div>{{ text[i] }}</div>
    {% endfor %}
</body>
```

將 text 裡面的元素顯示出來, 注意
HTML 中的 <div> 標籤會跟著迭代

結束這個 for 迴圈。在樣板語言當中, 縮排不重要,
因此需要這一行宣告 for 迴圈的結束。就像 HTML
的標籤是成對使用一樣例如 <body></body>, 一個
宣告開始, 另一個宣告結束

樣板語言的寫法有點像 Python 語法, 有些地方也確實
可以使用 Python 內建的函式, 關於詳細的使用方法請
參考: https://jinja.palletsprojects.com/en/2.11.x/

接著看範例您會比較清楚, app.py 程式碼如下：

```python
from flask import Flask, render_template
app = Flask(__name__)

@ app.route('/')
def index():
    text = [0, 1, 2, 3]
    return render_template('index.html', text = text)

if __name__ == '__main__':
    app.run(debug=True)
```

將 text 這個 List
當參數傳入

index.html 的程式碼如下：

```html
<!DOCTYPE html>
<html>
<head>
  <title>First APP</title>
  <meta charset="utf-8" />
</head>
<body>
  {% for i in text %}
  <div>{{ text[i] }}</div>
  {% endfor %}
</body>
</html>
```

用樣板語言, 使用 for
迴圈取出 text 的內容

執行此程式後, 在瀏覽器輸入網址：http://127.0.0.1:5000/。畫面如下：

14-2-3 實例：用模板建立一個個人介紹的網頁

具備 Flask 模板的概念後，接著我們就試著用模板建立一個個人介紹的網頁，模板只會有基本的網頁樣式，個人資料會透過 Python 來傳遞，完整的程式碼如下：

First_app/app.py

```python
from flask import Flask, render_template

app = Flask(__name__)

@ app.route('/')
def index():
    introduction = ["旗標科技", "台北市中正區 杭州南路一段15-1號19樓",
                    "service@flag.com.tw"]
    return render_template('index.html', introduction=introduction)

if __name__ == '__main__':
    app.run(debug=True)
```

---

index.html 模板的設計如下：

First_app/templates/index.html

```html
<!DOCTYPE html>
<html>
<head>
  <title>First APP</title>
  <meta charset="utf-8" />
</head>
<body>
  <header>
    <h1>Introduction</h1>
  </header>
                            旗標科技
                              ↓
  <div>
    <h1>Name：{{introduction[0]}}</h1>
  </div>
                    台北市中正區 杭州南路一段 15-1 號 19 樓
                              ↓
  <div>
    <h1>Address：{{introduction[1]}}</h1>
  </div>
  <div>
```

接下頁

```
                            service@flag.com.tw
                                    ↓
    <h1>Email：{{introduction[2]}}</h1>
  </div>
</body>
</html>
```

執行後可以在瀏覽器中看到以下的畫面：

14-3 WTForms 表單框架

在建立網站時, 常常會碰到需要取得使用者輸入的資料, 例如會員註冊、登入表單、訂閱電子報等。隨著資料越來越多, 怎麼有效的處理表單資料, 並且能在使用者提交資料時檢查格式是否正確, 這些都是目前網站開發中必備的一項技能。

雖然在 Flask 中可以透過 request.form 來取得表單資料, 但不免俗的還是要處理一堆 HTML 語法, 例如在主程式中要設定表單、template 裡面也要設定表單的內容, 如果要更改表單的欄位要來回修改, 這時候就可以用上 WTForms 表單框架。在使用之前要先安裝套件, 請先執行開始功能表的『Anacond3 (64-bit) / Anaconda Prompt』, 輸入以下指令來安裝：

```
pip install WTForms  # 本書使用的版本為 0.24.1
```

WTForms 完整的說明參見
https://pypi.org/project/WTForms/

14-17

14-3-0　認識 WTForms 框架

　　WTForms 支援多個網頁框架, 不但可以建構表單, 還提供了許多**資料驗證**的函式, 其易上手、效果好的特性, 贏得許多網頁開發者的青睞, WTForms 依照功能來說可以分為以下幾個類別:

● **Forms**：主要用於建構表單、表單驗證。

● **Fields**：主要負責產生表單欄位 (產生 HTML 語法) 和資料轉換, 包括：StringField、TextAreaField 等等。

● **Validator**：主要用於驗證用戶輸入資料的合法性。例如 Length() 可以驗證輸入資料的長度。

● **Meta**：用於使用者自己定義的功能。

● **Extensions**：豐富的函式庫，可以與其他框架結合使用，例如 django、Flask。

　　接著來介紹如何在 Flask 中使用 WTForms。 一開始都要先從繼承 Form 類別開始, 再各別從 WTForms 去匯入需要的欄位類別以及驗證函式。語法如下：

```
class 類別名稱(Form)
    表單欄位 = 欄位類別(欄位的 label, 驗證函式)
```

　　這裡就示範定義一個 ReviewForm 類別。程式碼如下：

```
                利用 StringField()              設定資料驗證, 可以設定多個驗證機制
                設定字串欄位                    (將要驗證的函式用 list 包起來)
                            字串欄位的 label
class ReviewForm(Form):
    name = StringField('請輸入名字：', validators=
                        [validators.DataRequired()])
                                                設定必填欄位
```

單憑一行程式碼，就做到了建立、驗證、驗證失敗時處理，不但方便修改也增加可讀性，如果寫成 HTML 語法至少要多花上 5、6 行。除了可以設定字串欄位以外，WTForms 還提供了其他欄位類別以及驗證用的函式，如下表所示：

WTForms 表單常用的欄位

欄位類型	說明
StringField	字串欄位
TextAreaField	多行字串欄位
PasswordField	密碼欄位 (例如輸入密碼時會以*顯示)
HiddenField	隱藏欄位
DateField	日期欄位 (datetime.date)
DateTimeField	日期時間欄位 (datetime.datetime)
IntegerField	整數欄位
FloatField	浮點數欄位
BooleanField	布林欄位
RadioField	單選按鈕
SelectField	下拉表單
SelectMultipleField	下拉表單 (可多選)
FileField	文件上傳欄位
SubmitField	提交表單按鈕
FormField	Form 中有 Form

WTForms 表單常用的驗證函式

函式	說明
Email	驗證電子郵件欄位
EqualTo	比較兩欄位數值是否相同
IPAddress	驗證 ip 位址
Length	驗證字串長度
NumberRange	驗證數值區間
DataRequired	必填欄位
Regexp	以常規表示法驗證
URL	驗證網址
AnyOf	驗證輸入值有在列表中
NoneOf	驗證輸入值不在列表中

定義完 ReviewForm() 類別後就可以在 Flask 建立表單，例如以下的程式碼：

```
@ app.route('/')
def index():                    ← 建立表單
    form = ReviewForm()
    return render_template('index.html', form=form)
```

套用模板時可以將整個表單作為物件參數 form 傳遞過去，這讓我們可以在 HTML 中利用 Jinja2 的語法來呼叫表單

接著進到實例來講解更多細節，以及如何在 HTML 中進行表單的設計。

14-3-1 實例：使用 WTForms 表單框架建立表單

本例將會使用 Forms 建立表單，使用者可以輸入資訊到表單中，按下送出後會連結到另外一個頁面並顯示剛剛輸入的資訊，以下程式碼都包含在 **Form_app** 資料夾中。如下圖所示：

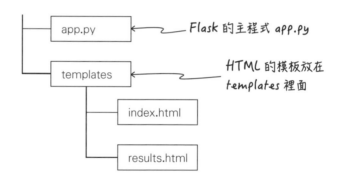

app.py ← Flask 的主程式 app.py

templates ← HTML 的模板放在 templates 裡面

index.html

results.html

首先在 app.py 中定義表單類別：

```
Form_app/app.py
01 from flask import Flask, render_template, request
02 from wtforms import Form, StringField, validators
03
04 app = Flask(__name__)
05
06 class ReviewForm(Form):
07     name = StringField('請輸入名字：', validators=[
08         validators.DataRequired()])
                    ↑ 會利用 HTML 的表單驗證機制
```

接下頁

```
09
10 @ app.route('/')
11 def index():
12     form = ReviewForm()
13     return render_template('index.html', form=form)
14
15 @ app.route('/results', methods=['POST'])
16 def results():
17     form = ReviewForm(request.form)
18     if request.method == 'POST' and form.validate():
19         name = request.form['name']
20         return render_template('results.html', name=name)
21     return render_template('index.html', form=form)
22
23 if __name__ == '__main__':
24     app.run(debug=True)
```

程式說明

- 02　　　從 WTForms 匯入用到的類別及函式。

- 06　　　定義表單類別。

- 07~08 建立一個字串欄位 StringField(), 並利用 validators 來設置欄位的驗證函式, 其中 DataRequired 代表這個欄位必填。

- 12　　　利用剛剛定義的類別 ReviewForm() 建立表單。

- 13　　　套用網頁模板 index.html, 並利用**路由參數**傳遞剛剛建立的表單物件 form 到 index.html。

- 15　　　設定路由指示的路徑到 results.html, 並只接收 POST 請求。

- 17　　　接收從用戶端送來的表單 (request.form)。

- 19　　　取出客戶端在表單中填入的字串。

- 20　　　將接收的字串傳遞給 results.html, 並指定傳遞的變數名稱與值。

接下來要設定渲染用的 2 個 HTML 模板，我們先從 index.html 開始介紹：

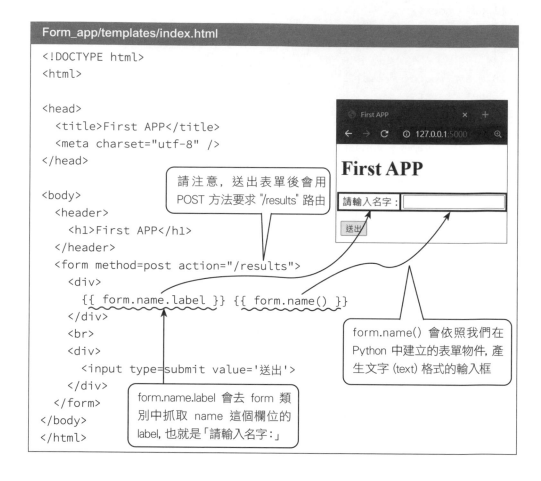

Form_app/templates/index.html

```html
<!DOCTYPE html>
<html>

<head>
  <title>First APP</title>
  <meta charset="utf-8" />
</head>

<body>
  <header>
    <h1>First APP</h1>
  </header>
  <form method=post action="/results">
    <div>
      {{ form.name.label }} {{ form.name() }}
    </div>
    <br>
    <div>
      <input type=submit value='送出'>
    </div>
  </form>
</body>
</html>
```

請注意，送出表單後會用 POST 方法要求 "/results" 路由

form.name() 會依照我們在 Python 中建立的表單物件，產生文字 (text) 格式的輸入框

form.name.label 會去 form 類別中抓取 name 這個欄位的 label, 也就是「請輸入名字:」

接著還需要撰寫一個 results.html 顯示我們輸入的字串。程式碼如下：

Form_app/templates/results.html

```html
<!DOCTYPE html>
<html>
<head>
  <title>First APP</title>
  <meta charset="utf-8" />
</head>
<body>
  <header>
    <h1>Your name is:{{ name }}</h1>  # 接收 app.py 送出的變數
```

接下頁

```
    </header>
    <div>
      <form action="/">
        <input type=submit value='Back to homepage'>  # 返回前頁
      </form>
    </div>
  </body>
</html>
```

建立好上面的文件後我們來看看效果，執行後在瀏覽器輸入網址：http://
127.0.0.1:5000/。畫面如下：

可以看到我們成功新增了表單元件到網頁裡面，接著我們可以嘗試打開網
頁的開發者工具看看。如下圖：

由上圖可以看出來 HTML 語法中的 <label> 標籤是經由 {{ form.name. label }} 自動產生的、<input> 標籤則是由 {{ form.name() }} 產生的, 並且自動填入 id = "name" 以及 name = "name", 透過這樣的方式可以省去許多麻煩, 事後要進行修改也很容易。接著回到網頁這邊輸入字串到欄位裡面, 這裡是以輸入名字作為範例, 您可以試試看輸入名字並且按下「送出」, 結果如下：

可以看到我們輸入的字串從 index. html 中的表單利用 POST 傳遞到 results.html 中, 其中經過了 Flask 伺服器以及 Jinja2 模板引擎。最後可以試試看不輸入資料直接按下送出。畫面如右：

可以看到 DataRequired() 驗證函式偵測到使用者未輸入資料就做送出的請求, 所以依照 HTML 的 required 驗證機制 印出「**請填寫這個欄位**」的訊息, 透過驗證函式可以處理大部分網頁的情況。

14-4 SQLite 資料庫

由於本章會實作一個網頁留言板, 除了利用 Flask 建構網站外, 我們還需要有一個資料庫來儲存訪客的留言資訊, 包括：標題、作者、email、留言。

由於要儲存的資訊不多，因此我們會選用一套小型的資料庫系統 – SQLite，有別於其他架構複雜的大型資料庫系統，SQLite 只使用一個檔案(副檔名為 .sqlite) 來儲存整個資料庫的資料，並且可以透過 SQL 語法對資料庫進行新增、修改、刪除、查詢的操作。

在 Python 中可以使用 sqlite3 套件來存取 SQLite 資料庫：

```
import sqlite3 # 匯入 sqlite3 套件
```

14-4-0　建立與操作資料庫

使用 connect() 方法可以對指定的資料庫進行連線，若資料庫不存在，會自動新建一個資料庫。連線成功後，回傳一個連線物件，可以用來操作資料庫。

```
connect = sqlite3.connect('database.sqlite')
```

連線物件　　　　資料庫名稱，通常會以 .sqlite 為副檔名，假如連線時找不
　　　　　　　　到 database.sqlite, 套件會自動產生一個 database.sqlite

若對資料庫內容進行變更，須執行連線物件的 commit() 方法才會更新資料庫內容：

```
connect.commit()
```

使用完資料庫後，記得使用 close() 方法，把資料庫關閉：

```
connect.close()
```

14-4-1　執行 SQL 語法

連線物件的 execute() 方法可以執行 SQL 語法，程式碼如下：

```
connect.execute(SQL 語法)
```

■ 新建資料表

以下將示範在資料庫中新增一個資料表來儲存留言標題、作者、email、留言、留言時間：

新建資料表
的 SQL 語法　　當指定的資料表
不存時才會建立　　　資料表名稱

```
creat_sql = 'create table if not exists message_board (
        "title" TEXT "username" TEXT, "email" TEXT,
        "message_text" TEXT, "date" TEXT)'
conn.execute(creat_sql) # 執行 SQL 語法
```

欄位名稱　　　　　　　　　　欄位類型

SQL 語法中會遇到字串中還有子字串的情況，若用相同引號會出現錯誤，因此本書統一以單引號「'」包住整個字串，以雙引號「"」包住內部子字串。另外，SQL 語法是不分大小寫的，例如以上將 create 寫成 CREATE 也可以。

■ 新增資料

以下示範在 message_board 資料表中新增一筆資料：

新增一筆資料
的 SQL 語法　　資料表名稱　　　　　欄位名稱

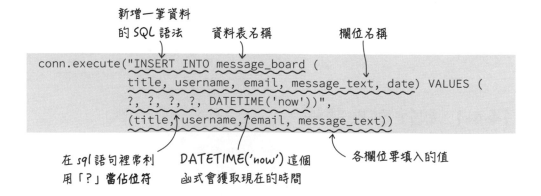

```
conn.execute("INSERT INTO message_board (
        title, username, email, message_text, date) VALUES (
        ?, ?, ?, ?, DATETIME('now'))",
        (title, username, email, message_text))
```

在 sql 語句裡常利　　DATETIME('now') 這個　　各欄位要填入的值
用「?」當佔位符　　函式會獲取現在的時間

補充學習

佔位符是程式語言中一種常用的語法，它可以將變數暫訂一個位置，等待變數傳值進來。如果不好理解你可以想像我先訂飯店裡面的一間房間，當我們告訴飯店要進行入住的時候，飯店的系統裡會有我們的預定位置。以下面的 sql 為例：

變數會依序填入前面的佔位符

```
VALUES (?, ?, ?, ?, DATETIME('now'))", (title, username, email, message_text))
```

■ 查詢資料

以連線物件執行查詢資料的 SQL 指令 (見下文) 後，會傳回一個 cursor 物件，透過此物件的 fetchall() 方法可以將每一筆符合查詢條件的資料包成 1 個 tuple，再放進串列傳回，若無資料則傳回 None。例如，若查詢到 2 筆資料，則會傳回：

第一筆資料

```
[('新戲宣傳', '流德華', 'a123456789@gmail.com', '最近演了新戲,
請大家多支持！', '2021-02-23 08:50:28'), ('TO：流德華', '鵬余晏',
'b123456789@gmail.com', '我一定進戲院支持！', '2021-02-23 08:51:48')]
```

第二筆資料

本節只會介紹到 SQLite 基本使用方法，在第 16 章我們還會利用 SQLite 做其他應用。

關於 sqlite3 模組的更多說明請參考：
「https://docs.python.org/3.6/library/sqlite3.html」。

14-5 實戰：使用 Flask 框架建立網頁留言板

熟悉 Flask 套件建構網頁的基本操作後，接下來我們就要架設一個簡單的網站 – 網頁留言板。開始前請先新增一個資料夾並取名為 message_board 並在 message_board 底下完成 3 個檔案及 templates 資料夾，如右所示：

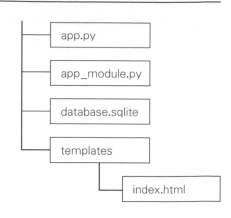

每個檔案的用途如下：

● **app.py**：Flask 的主程式。

● **app_module.py**：自訂模組，包含新增、讀取資料庫的函式以及 WTForms 表單類別。

● **database.sqlite**：由 SQLite 資料庫產生的檔案，專門用來儲存留言板上面的留言。

● **templates 資料夾**：用來存放網頁模板，資料夾中包含 index.html。

> database.sqlite 不用特別建立，只要執行 sqlite3.connect() 函式就會自動產生。

14-5-0 撰寫自訂模組 app_module.py

首先建立一個自訂模組來實現網站留言板的功能，並命名為 app_module.py，以方便之後的程式進行呼叫。app_module.py 會包含 3 個函式，我們一個一個來介紹：

■ 匯入套件

先匯入所需要的套件：

---

message_board/app_module.py

```
from wtforms import Form, StringField, TextAreaField, validators
from wtforms.fields.html5 import EmailField  # 用於驗證 Email 的欄位，
import sqlite3                                使用 html5 的驗證機制
                                            (type = 'email')
```

■ sqlite_insert ()

建立可新增資料到資料庫的函式 sqlite_insert()。程式碼如下：

---

message_board/app_module.py

```
                           傳入各欄位的值
def sqlite_insert(title, username, email, message_text):
    connect = sqlite3.connect('message_board/database.sqlite')
    connect.execute("INSERT INTO message_board (title, username,
                  email, message_text, date)
     VALUES(?, ?, ?, ?, DATETIME('now'))",(title, username,
          email, message_text))
    connect.commit()
    connect.close()
```

■ sqlite_read()

接著建立讀取資料表的函式 sqlite_read() 用於顯示歷史留言。程式碼
如下：

---

message_board/app_module.py

```
def sqlite_read():
    conn = sqlite3.connect('message_board/database.sqlite')
    creat_sql = 'create table if not exists message_board (
              "title" TEXT, "username" TEXT, "email" TEXT,
              "message_text" TEXT, "date" TEXT)'
```
如果資料庫中沒有資料表 *message_board* 就先建立資料表

接下頁

```
conn.execute(creat_sql)
read_sql = 'select * from message_board'
read_data = conn.execute(read_sql)
dataset = read_data.fetchall()
conn.close()
return list(dataset)  ← 將查詢的資料傳回
```

> 將 create_sql 寫在 read_sql 中不是個很好的
> 寫法, 每讀取一次就會去判斷一次資料表是
> 否有建立, 正常來說應該是要分開來寫。

■ 建立表單類別 ReviewForm

撰寫好資料庫的部分後, 就可以來建立本例要使用的表單, 一樣先繼承
Form 類別, 再各別從 WTForms 匯入需要的欄位類別以及驗證函式。程式
如下:

```
message_board/app_module.py
```
```
class ReviewForm(Form):
    title = StringField('標題：', validators=[validators.
                        DataRequired()])
    username = StringField('作者：', validators=[validators.
                            DataRequired()])
    email = EmailField('email：', validators=[validators.
                        DataRequired()])
    message_text = TextAreaField('留言：', [validators.
                    DataRequired()])
```

> 其中 email 欄位的驗證機制會先驗證是不是必填欄位, 再經由 HTML
> 的 required 屬性去檢查有沒有符合 email 的格式 (type = 'email')

建立好模組後接著來建立 Flask 的主程式。

14-5-1　撰寫 app.py 主程式

再來建立 app.py 主程式, 這裡會使用到兩個新的函式, 快速的介紹一下:

■ url_for (函式名稱)

url_for() 是 Flask 的內建函式。url_for(路由器處理函式的名稱) 的回傳值是找到函式名稱的路由, 舉例來說如果 url_for('index') 它就會傳回 index() 的路由, 也就是'http://127.0.0.1:5000/'。注意 url_for() 只會回傳路由的路徑而已, 並不會對該路徑發送任何請求。

■ redirect (路由)

redirect() 顧名思義, 就是重新導向參數路由指定的路徑。

redirect()、url_for() 能幫助我們動態的調整路由, 本例將利用這兩個函式透過重新導向的機制在同個頁面中新增留言, 簡單來說就是在同個頁面中送出留言, 並且結果可以直接顯示在頁面的上方。我們直接看例子, 程式碼如下：

message_board/app.py

```
01 from flask import Flask, render_template, request, url_for, redirect
02 import app_module as m   # 匯入自訂模組
03
04 app = Flask(__name__)
05
06 @ app.route('/', methods=['GET', 'POST'])
07 def index():
08     if request.method == 'GET':
09         form = m.ReviewForm()
10         says = m.sqlite_read()
11         return render_template('index.html', says=says, form=form)
12     else:
13         form = m.ReviewForm(request.form)
14         if request.method == 'POST' and form.validate():
15             title = request.form['title']
16             username = request.form['username']
17             email = request.form['email']
18             message_text = request.form['message_text']
19             m.sqlite_insert(title, username, email, message_text)
20         return redirect(url_for('index'))
21
22 if __name__ == '__main__':
23     app.run(debug=True)
```

- 08~11 根據 GET 方法獲取 index.html 的路由接著建立表單, 並執行讀取資料庫的語法, 將資料庫的資料顯示到網頁上面, 參數 says 用來儲存歷史留言。

- 12~18 如果是 POST 方法獲取路由進入到 index.html 並且通過表單的驗證機制, 代表是輸入新的留言進來, 就分別存到不同的變數中。

- 19 將輸入的留言使用 sqlite_insert() 存入資料庫。

- 20 重新導向到 index.html, 此時網頁上方會顯示出最新的留言列表。

14-5-2 撰寫 index.html

接著撰寫要套用的 HTML 模板 index.html, 程式碼如下：

message_board/templates/index.html

```
<!DOCTYPE html>
<html>
<head>
  <title>網頁留言板</title>
  <meta charset="utf-8" />
</head>
<body>
  <header>
    <h1>網頁留言板</h1>
  </header>
  <div>
    <table border="1">
      <thead>
        <tr>
          <th>標題</th>
          <th>作者</th>
          <th>Email</th>
          <th>留言</th>
          <th>留言時間</th>
        </tr>
      </thead>
      <tbody>
        {% for say in says %}
        <tr>
```

接下頁

```html
          <td>{{ say[0] }}</td>
          <td>{{ say[1] }}</td>
          <td>{{ say[2] }}</td>
          <td>{{ say[3] }}</td>
          <td>{{ say[4] }}</td>
        </tr>
        {% endfor %}
      </tbody>
    </table>
  </div>
  <div>
    <h3>請輸入留言：</h3>
  </div>
  <div>
    <form method=post action="{{ url_for('index') }}">
      <table>
        <tr>
          <td>
            {{ form.title.label }} {{ form.title() }}
          </td>
        </tr>
        <tr>
          <td>
            {{ form.username.label }} {{ form.username() }}
          </td>
        </tr>
        <tr>
          <td>
            {{ form.email.label }} {{ form.email() }}
          </td>
        </tr>
        <tr>
          <td>
            {{ form.message_text.label }} {{ form.message_text() }}
          </td>
        </tr>
      </table>
      <br>
      <div>
        <input type=submit value='送出留言'>
      </div>
    </form>
  </div>
</body>
</html>
```

準備完成之後就可以執行app.py。執行後在瀏覽器輸入網址：http://127.0.0.1:5000/。畫面如下：

可以試著輸入一筆留言看看：

可以看到輸入的留言已儲存到資料庫中，然後 redirect() 重新導向到原網址，因此網址雖然沒有變，但是上面的顯示區域已經顯示出來剛剛輸入的留言。

而當 email 這個欄位沒有填寫時，會先判定 WTForms 的驗證機制，再交由 HTML 的 required 屬性去判斷輸入資料符不符合 email 格式。如下所示：

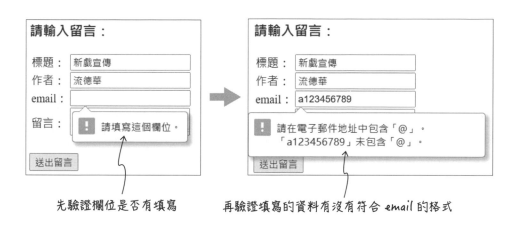

先驗證欄位是否有填寫　　　　再驗證填寫的資料有沒有符合 email 的格式

本節利用 WTForms 表單框架、SQLite 套件實作了網頁留言板，下一節將帶大家實作不一樣的範例。

14-6 實戰：使用Flask框架 建立假新聞識別服務

第 8 章我們曾經利用機器學習的演算法，訓練出假新聞分類器，本章第 2 個實戰案例要延續第 8 章的範例，建立一個網頁版本的假新聞識別服務。開始前請先新增一個資料夾並取名為 Fake_news，並在 Fake_news 裡面建立如右的資料夾及檔案：

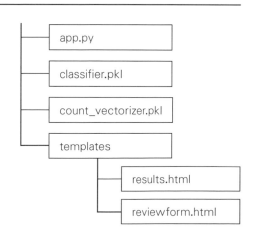

每個檔案的用途如下：

● **app.py**：Flask 的主程式, 稍後會建立。

● **classifier.pkl**：請自行複製 8-2 節所儲存的分類器 (訓練好的假新聞分類器)
檔案。

● **count_vectorizer.pkl**：請自行複製 8-2 節儲存的向量化轉換器檔案。

● **templates 資料夾**：存放網頁模板, 資料夾中包含 reviewform.html、
results.html, 稍後會建立。

跟前一個實戰一樣, 我們會用 Flask 跟 templates 來建構網頁以及
表單, 使用者透過表單提交新聞內容後, 再依照第 8 章的方法, 先利用
count_vectorizer.pkl 轉成向量形式後, 再輸入到訓練好的分類器 classifier.pkl
中, 最後將識別的結果顯示到網頁上。

14-6-0　撰寫 app.py 主程式

首先從 app.py 主程式開始撰寫。程式碼如下：

```
Fake_news/app.py

01 from flask import Flask, render_template, request
02 from wtforms import Form, TextAreaField, validators
03 from sklearn.feature_extraction.text import CountVectorizer
04 import os
05 import joblib
06
07 cur_dir = os.path.dirname(__file__)  ←── 取得本程式所在的資料夾路徑
08 count_vectorizer = joblib.load(open(os.path.join(cur_dir,
                                   'count_vectorizer.pkl'), 'rb'))
09 classifier = joblib.load(open(os.path.join(cur_dir,
                             'classifier.pkl'), 'rb'))
10
11 def classify(document):
12     label = {0: 'reliable', 1: 'unreliable'}
13     document_text = count_vectorizer.transform([document])
14     y = classifier.predict(document_text)[0]
```

接下頁

```
15      proba = classifier.predict_proba(document_text).max()
16      return label[y], proba
17
18  app = Flask(__name__)
19
20  class ReviewForm(Form):
21      review = TextAreaField('', [validators.DataRequired(),
                                      validators.length(min=15)])
22
23  @ app.route('/')
24  def index():
25      form = ReviewForm()
26      return render_template('reviewform.html', form=form)
27
28  @ app.route('/results', methods=['POST'])
29  def results():
30      form = ReviewForm(request.form)
31      if request.method == 'POST' and form.validate():
32          review = request.form['review']
33          label, proba = classify(review)
34          return render_template('results.html',
35                                  content=review,
36                                  prediction=label,
37                                  probability=round(proba*100, 2))
38      return render_template('reviewform.html', form=form)
39
40  if __name__ == '__main__':
41      app.run(debug=True)
```

程式說明

- 08~09 利用 joblib.load() 函式分別將訓練好的分類器以及轉換器匯入進來。

- 11　　定義 classify() 函式用於分類真、假新聞，其中 document 會接收從 reviewform.html 輸入的新聞。

- 12　　建立一個字典，用意是將等一下預測出來的 0 或 1 轉換成字串「reliable」或「unreliable」。

- 15　　利用 sklearn 的 predict_proba() 函式計算出為假新聞的機率。

- 21　建立一個多行字串欄位 TextAreaField(), 其中 length() 函式的參數 min 設定為 15, 如果欄位輸入的內容小於 15 個字元就會觸發驗證 機制, 導致不能送出表單。

- 32　讀取接收網頁中所輸入的新聞, 並命名為 review。

- 34　套用模板 results.html, 並利用路由參數傳遞了 3 個變數 (content、 prediction、probability) 以及它們的值, 其中將 probability 的值利 用 round() 函式轉換成百分比的形式。

14-6-1　撰寫 reviewform.html

接下來設定的 2 個 HTML 模板, 我們先從 reviewform.html 開始。程式 碼如下:

Fake_news/templates/reviewform.html

```html
<!DOCTYPE html>
<html>
<head>
  <title>Fake News</title>
  <meta charset="utf-8" />
</head>
<body>
  <header>
    <h1>Fake News</h1>
    <h2>Please enter your news description:</h2>
  </header>
  <form method=post action="/results">
    <div>
      {{ form.review.label }} {{ form.review(cols='100', rows='10') }}
    </div>
    {% if form.review.errors %}
    <ul>
      {% for error in form.review.errors %}
      <li>
        {{ error }}
      </li>
      {% endfor %}
    </ul>
    {% endif %}
```

在產生表單欄位時, 可以在函式裡面設 定欄位的大小

在 app.py 中我們設定了 Form. Reivew 的驗證機制, 也就是輸入 的字數要大於 15 個字, 如果欄 位輸入時沒有大於 15 個字, 會 引發 error, 這裡就將這個 error 印出來做為驗證的機制, 等等會 看到這個機制是如何運作的。

接下頁

```
      <br>
      <div>
        <input type=submit value='Submit review'>
      </div>
    </form>
  </body>
</html>
```

14-6-2 撰寫 results.html

results.html 的程式碼如下：

Fake_news/templates/results.html

```
<!DOCTYPE html>
<html>
<head>
  <title>Fake News</title>
  <meta charset="utf-8" />
</head>
<body>
  <header>
    <h1>Your news review:</h1>
  </header>
  <div>
    {{ content }} # 利用 Jinja2 的語法顯示由 reviewform.html 輸入的新聞
  </div>
  <br>
  <br>
  <div>
    This news review is <strong>{{ prediction }}</strong>
    (probability: <strong>{{ probability }}%</strong>).
  </div>
  <br>
  <div>
    <form action="/">
      <input type=submit value='Submit another review'>
    </form>
  </div>
</body>
</html>
```

將傳遞過來的變數 *prediction* 跟 *probability* 利用 *Jinja2* 的語法渲染到 *results.html* 上面

建構完以上的檔案後就算完成網頁版本的假新聞分類器了，可以執行 app.py，並且開啟瀏覽器連結至 http://127.0.0.1:5000/ 看看成果如何，執行時會花一點時間匯入 sklearn 的函式。執行結果如下：

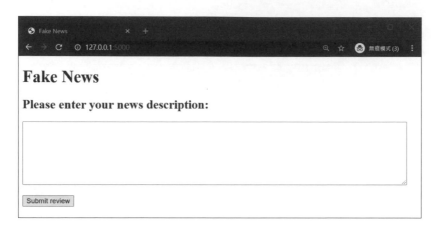

接著試著貼入一篇假新聞到表單裡面並且送出執行辨識看看，本次輸入的假英文新聞如下：

An Iranian woman has been sentenced to six years in prison after Iran's Revolutionary Guard searched her home and found a notebook that contained a fictional story she written about a woman who was stoned to death, according to the Eurasia Review . Golrokh Ebrahimi Iraee is the wife of political prisoner Arash Sadeghi who is serving a 19-year prison sentence for being a human rights activist, the publication reported.

提交的結果如下：

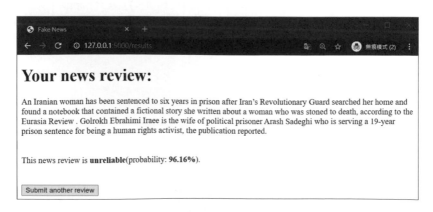

由結果可以看出，假新聞辨識系統不但可以正常執行，並且可以將分類的結果顯示到網頁上面！我們已成功地部屬機器學習的分類模型到網頁上。接著試試看輸入小於 15 個字的字串進去會發生什麼事：

欄位下面會顯示沒有通過欄位的驗證機制，利用這種印出 error 當作訊息的方式在 Flask 中是蠻常使用的機制。

MEMO

15 語音聊天機器人 - 萬事通

Chapter

我問, 你答。就是**聊天機器人 (Chatbot)** 最基本的精神, 除了陪你聊聊天的消遣功能以外, 越來越多專業領域也開始打造他們的專屬客服聊天機器人。例如銀行業也許會需要一個 24 小時不休息的客服機器人來回答顧客申請信用卡需要準備哪些文件。甚至你會發現有些購物網站或是 Facebook 粉絲團也出現聊天機器人的蹤跡, 幫忙回答問題、銷售產品, 在你睡覺時也幫你賺錢。

15-0 本章重點與成果展示

本章將打造一個屬於你自己的聊天機器人 (暫且稱為萱萱), 你可以建立它的問題與答案的詞庫, 來達到你想要的問答機制;但我們太不可能把所有問題與答案都告訴聊天機器人, 所以機器人一定會遇到它不知道答案的時候。

想想看, 如果你遇到一個不知道答案的問題時, 你的下一步是什麼?很多人的反射動作就是打開瀏覽器問問看 Google 大神, 從這個概念出發, 我們將會替我們的聊天機器人導入**網路爬蟲 (Web Crawler)** 的能力, 讓它遇到不懂的問題時, 可以到維基百科搜尋答案來回答你。

> 網路爬蟲, 又稱網路蜘蛛, 是一種透過程式自動進行瀏覽並擷取網頁內容。如果把全球網路之間的連結視為一張「網」的話, 此程式就像是一隻「蜘蛛」, 在這張網上爬行、擷取資料。

我們將學習到:

- 語音轉文字 (Speech-to-Text)
- 文字轉語音 (Text-to-Speech)。
- 向網站發出 HTTP GET 請求, 取得網頁原始碼。
- 透過 BeautifulSoup 套件解析網頁原始碼。
- 使用常規表達式來優化爬回來的文章。

■ **成果展示**

15-1 語音轉文字 (Speech-to-Text)

當人類說出一句話時, 我們希望聊天機器人可以把這句話轉變為文字 (字串), 因為程式擅長操作字串, 例如:

語音辨識
SpeechRecognition

你是誰？

你是誰

15-1-0 SpeechRecognition 套件

我們將利用語音轉文字套件 **SpeechRecognition** 來達成這個目的, 它就像是「聽打員」一樣, 負責把聽到的話語轉成文字。另外, 電腦的麥克風就像是 **SpeechRecognition** 的耳朵, 要使用麥克風會用到需要 **PyAudio** 套件, 所以也要安裝。

請執行開始功能表的『**Anacond3 (64-bit) / Anaconda Prompt**』, 依序輸入以下指令安裝套件:

```
pip install SpeechRecognition   # 本書安裝版本為 3.8.1
pip install PyAudio             # 本書安裝版本為 0.2.11
```

■ 使用語法

要使用此套件需先匯入, 可以用 **as** 語法為它命名 (**sr**) 以節省打字:

```
import speech_recognition as sr
```

使用套件中的 **Recognizer** 類別來建立物件 (聽打員), 此物件可以將聲音轉為文字:

```
recog = sr.Recognizer()
```
辨識物件

要使用麥克風取得聲源 (**source**) 可以用套件的 **Microphone()** 類別來建立一個麥克風物件, 通常會搭配 **with** 語法來開啟與關閉:

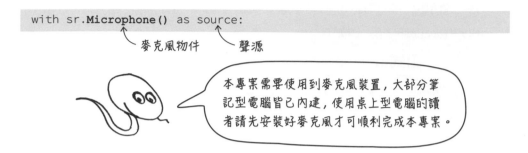

```
with sr.Microphone() as source:
```

麥克風物件　　聲源

本專案需要使用到麥克風裝置, 大部分筆記型電腦皆已內建, 使用桌上型電腦的讀者請先安裝好麥克風才可順利完成本專案。

Recognizer 物件的 **listen()** 方法可以「聆聽」聲源, 並建立一個聲源儲存物件:

```
audioData = recog.listen(聲源)
```

聲源儲存物件

使用 **Recognizer** 辨識物件的 **recognize_google(聲源儲存物件, 指定語言)** 方法可以將**聲源儲存物件**轉為**指定語言**的文字:

```
try:
    文字 = recog.recognize_google(audioData, language = 'zh-tw')
except:
    print('聽不懂')
```

聲源儲存物件　　　　　　指定語言

若聲音內容中沒有語言的成分存在, 將無法成功轉換。你可以試著隨便說一句火星文:「ˆ%%*&$$」, recognize_google() 方法將無法辨識而出現錯誤, 所以我們用了例外處理來避免程式因為這個錯誤而當掉。

recognize_google() 方法可以將聲音轉換成指定的語言, 本例指定 **'zh-tw'** 表示將轉為中文, **'en'** 則可以轉為英文, 可以透過網址「http://stackoverflow.com/a/14302134」查看可以使用哪些語言。

15-1-1 實例：讓程式聽到「你是誰？」後轉換成文字

我們實際來試試讓程式聽到聲音後，轉為文字輸出，建立一個自訂函式 **bot_listen()**，方便稍後重複使用：

■ 建立自訂函式 bot_listen()

此自訂函式不需要輸入參數，呼叫後會打開麥克風聆聽聲音，回傳轉換後的文字，若聽不懂則回傳字串 '聽不懂'。

```
text = bot_listen()
```

完整程式碼如下：

```
15-0.py
01   import speech_recognition as sr     # 匯入套件並命名為 sr
02
03   def bot_listen():                    # 建立自訂函式
04       recog = sr.Recognizer()          # 建立辨識物件
05       with sr.Microphone() as source:
06           audioData = recog.listen(source) # 聆聽聲源，建立聲源儲存物件
07       try:
08           text = recog.recognize_google(audioData, language = 'zh-tw')
09           return text
10       except:                          聲源儲存物件        指定語言
11           return '聽不懂'
12   #-------------------#
13   question = bot_listen()              # 呼叫自訂函式，進行語音辨識
14   print(question)   輸出 你是誰
```

執行程式後對著麥克風說「你是誰？」，即可在 **IPython console** 介面看到文字結果。

 TIPS 若想更深入了解 **SpeechRecognition** 套件可以參考網址「https://pypi.org/project/SpeechRecognition/」。

15-2 文字轉語音 (Text-to-Speech)

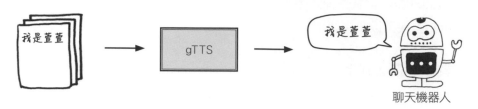

聊天機器人

　　既然是聊天機器人, 那當然需要具有「說話」的能力, 我們可以使用 **gTTS** 套件, 來將文字內容轉成語音。在 **15-1 節** 中, 程式已經具有「聽」的能力了, 在這節要讓程式說出:「我是萱萱」。

15-2-0 gTTS 套件

　　請執行開始功能表的『**Anaconda3 (64-bit) / Anaconda Prompt**』, 並輸入以下指令安裝 gTTS 套件:

```
pip install gTTS    # 本書安裝版本為 2.0.1
```

■ 使用語法

　　使用時, 先匯入套件中的 **gTTS** 類別:

```
from gtts import gTTS
```

　　透過類別 **gTTS(text = '文字內容', lang = '指定語言')** 建立一個語音內容物件, 此物件將文字內容以指定語言轉為語音內容物件:

```
tts = gTTS(text = '文字內容 ', lang = 'zh-tw') # 'zh-tw' 表示用中文
```
↖ 語音內容物件

　　使用語音內容物件的 **save('檔案名稱.mp3')** 方法即可將語音內容儲存成 **mp3** 音訊檔案, 此檔案將儲存在與程式碼的相同目錄下:

```
tts.save('檔案名稱.mp3')    # 也可以用相對及絕對路徑儲存到其他地方
```

■ 查看 gTTS 套件支援的語言

我們可以使用套件中 **lang** 的 **tts.langs()** 方法, 查看共有支援哪些語言:

```
from gtts import lang

print(lang.tts_langs())
```

➡️

```
Out[5]:
{'af': 'Afrikaans',
 'sq': 'Albanian',
 'ar': 'Arabic',
 'hy': 'Armenian',
 'bn': 'Bengali',
 'bs': 'Bosnian',
 'ca': 'Catalan',
 'hr': 'Croatian',
 'cs': 'Czech',
 'da': 'Danish',
```

15-2-1　實例：產生「我是萱萱」的語音檔

現在來實際練習看看:

15-1.py

```
01  from gtts import gTTS              # 匯入 gTTS 類別
02
03  tts = gTTS(text = '我是萱萱', lang = 'zh-tw')  # 建立 gTTS 物件
04  tts.save('我是萱萱的語音檔.mp3')  # 儲存檔案
```

執行程式後, 在程式碼的目錄即可看到產生的檔案:「**我是萱萱的語音檔.mp3**」。執行檔案即可聽到「我是萱萱」。

15-3 播放聲音

在上一節我們已成功地將文字轉成 **mp3** 檔案了, 但是播放聲音應該是透過程式自動執行而不是還得用滑鼠點擊, 這樣才有聊天機器人的感覺, 所以我們要透過 **pygame** 中的 **mixer** 物件來幫我們播放聲音檔。

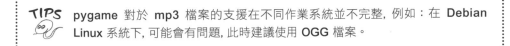

> **TIPS** pygame 對於 mp3 檔案的支援在不同作業系統並不完整, 例如:在 **Debian Linux** 系統下, 可能會有問題, 此時建議使用 **OGG** 檔案。

15-3-0　pygame 套件

請執行開始功能表的『**Anaconda3 (64-bit) / Anaconda Prompt**』, 並輸入以下指令安裝 Pygame 套件:

```
pip install pygame  # 本書版本為 1.9.4
```

■ 使用 pygame 套件:mixer 物件

"**mixer**" 英文可以解釋為 "混音器", 是 **pygame** 套件中負責處理聲音的物件, 包括製造聲音和播放聲音, 我們在本章將說明播放聲音的部分, 若讀者想了解更多, 可以參考如下網址:「https://www.pygame.org/docs/ref/mixer.html」。

使用前需先從 **pygame** 中匯入 **mixer**:

```
from pygame import mixer
```

使用 **mixer** 前需要先以 **init()** 方法初始化:

```
mixer.init()
```

■ 使用 pygame 套件:music 物件

mixer 物件中還有一個 **music** 子物件來操作聲音的播放細節, 例如暫停、控制音量都是由 **music** 物件提供的方法 (method) 來執行。常用的 method 如下:

method	說明
load(filename)	讀取聲音檔, 準備播放。 filename:檔案名稱, 檔案位置可以使用絕對或相對路徑。
play(loops=0, start=0.0)	播放音樂。 • **loops (播放次數)**:預設為 0, 播放 1 次, 若指定 3, 則會播放 3+1 次, 若指定 -1, 則重複播放。 • **Start (播放的起始位置)**:數值單位依不同檔案格式而異, 例如 mp3 檔案格式是以秒為單位。
rewind()	重播音樂
stop()	結束播放

接下頁

method	說明
pause()	暫停播放
unpause()	由暫停播放的狀態轉為播放
set_volume(value)	設定音量大小(value), 數值介於 0.0 - 1.0 之間
get_volume()	取得音量大小, 返回數值數值介於 0.0 - 1.0 之間
get_busy()	若音樂播放中/未播放, 此方法回傳 True/False

我們來結合 **15-2 節**的內容, 產生語音檔後, 以 pygame 套件播放:

15-2.py

```
from pygame import mixer                          # 匯入 mixer 物件
from gtts import gTTS

tts = gTTS(text = '我是萱萱', lang = 'zh-tw')      # 產生聲音
tts.save('我是萱萱的語音檔.mp3')                     # 儲存聲音檔

mixer.init()                                       # 初始化
mixer.music.load('我是萱萱的語音檔.mp3')            # 讀取聲音檔
mixer.music.play()                                 # 播放聲音檔
```

執行後即可自動播放儲存的聲音檔。

15-3-1 避免聲音檔在播放完仍被鎖定

如果讀者再次執行上面的程式碼, 看到如下圖的 **PermissionError** 錯誤:

```
  File "d:\Anaconda3\envs\python36envs\lib\site-packages\gtts\tts.py"
line 246, in save
    with open(savefile, 'wb') as f:

PermissionError: [Errno 13] Permission denied: '我是萱萱的語音檔.mp3'
```

原因是播放完聲音檔後, **music.mixer.load()** 方法會鎖定此檔案, 這時如果同樣的程式碼再重複執行一次時, **tts.save()** 就沒辦法以同樣的檔名儲存聲音檔。

 TIPS 這個情況就像是你打開了 word 文件檔案, 在沒有關閉前, 你無法對這個檔案進行刪除, 因為此檔案正在使用中。

我們要使用「**轉移注意力法**」來解決，方法是播放完聲音檔後，我們讓 **music.mixer.load()** 去讀取 (鎖定) 另一個**不重要的聲音檔**，這時它就不會鎖定住我們要再次播放的聲音檔，再次執行 **tts.save()** 就可以用同檔名進行儲存與 Pygame 後續的播放。

■ 檢查檔案是否存在：os.path.isfile()

但是這個不重要的語音檔 (例如：tmp.mp3) 從哪裡來呢？讀者當然可以先行放置一個 tmp.mp3 到程式目錄下。我們提供另一個做法：透過**內建模組 os** 中的 **os.path.isfile(檔案路徑)** 來檢查某個檔案是否存在，若不存在則自行建立一個。檔案路徑可以使用絕對或相對，若只輸入檔案名稱則尋找與程式碼同目錄下的檔案：

```
import os        # 匯入 os 模組
print(os.path.isfile(檔案路徑))  # 若存在則回傳 True, 不存在則是 False
```

以下示範當 tmp.mp3 不存在時, 會建立一個：

15-3.py
```
import os
from gtts import gTTS

if not os.path.isfile('tmp.mp3'):
    tts = gTTS(text = '不重要的語音檔', lang = 'zh-tw')
    tts.save('tmp.mp3')
    print('已產生不重要的語音檔 tmp.mp3')
```

15-3-2　實例：以轉移注意力法來播放語音檔

接著來試試使用轉移注意力法來重複播放聲音, 我們建立一個自訂函式方便重複使用。

■ 建立自訂函式 bot_speak()

此自訂函式可以輸入 2 個參數：

```
bot_speak(要說的文字內容，指定語言)
```

例如, 希望程式説出:「我是萱萱」:

```
bot_speak('我是萱萱', 'zh-tw')
```

完整程式碼如下:

```
15-4.py
01   import os
02   from pygame import mixer
03   from gtts import gTTS
04
05   mixer.init()                              # 初始化
06   if not os.path.isfile('tmp.mp3'):        # 不重要的聲音檔產生器
07       tts = gTTS(text = '不重要的語音檔', lang = 'zh-tw')
08       tts.save('tmp.mp3')
09       print('已產生不重要的語音檔 tmp.mp3')
10   #-----------------#
11   def bot_speak(text, lang):               # 建立自訂函式
12       try:
13           mixer.music.load('tmp.mp3')      # 讀取不重要的聲音檔 tmp.mp3
14           tts = gTTS(text=text, lang=lang)
15           tts.save('speak.mp3')            # 以 speak 檔名儲存
16           mixer.music.load('speak.mp3')
17           mixer.music.play()               # 播放 speak 聲音檔
18           while(mixer.music.get_busy()):   # 判斷是否正在播放中
19               continue
20       except:
21           print('播放音效失敗')
22   #-----------------#
23   bot_speak('我是萱萱', 'zh-tw')            # 説出我是萱萱
```

程式說明

- 07   使用 **try** 語法來捕捉例外, 例如輸入空白或是特殊標點符號給 **gTTS()** 將產生錯誤例外。

- 13   在儲存 speak.mp3 之前, 先載入不重要的語音檔 tmp.mp3 來轉移注意力, 以避免 speak.mp3 在前次播放後被鎖定。

- 18~19 當語音檔在播放時, **get_busy()** 方法將會回傳 **True**, 搭配 **while** 語法, 讓聲音在播放時, 進入無限迴圈, 直到播放結束後才離開。

- 23   使用自訂函式説出「我是萱萱」。

15-4 取得網頁原始碼

在本專案中, 聊天機器人會去維基百科取得資料 (網路爬蟲), 所以我們需要向維基百科的伺服器發出在**第 5 章**介紹的 **HTTP GET** 請求, 取得維基百科的網頁原始碼內容。

15-4-0 維基百科伺服器的請求路徑規則

要發出正確的請求路徑, 才能取得伺服器上的資源, 就像是郵差需要住址, 才能把信送到正確的地方。所以我們必須知道維基百科伺服器的請求路徑規則。

首先我們到維基百科網站:

https://zh.wikipedia.org/

如果要看「物理學家－愛因斯坦」的維基百科資料的話, 可以使用右上角的搜尋欄:

到了愛因斯坦的維基百科網頁後, 請觀察一下網址的樣子:

https://zh.wikipedia.org/wiki/**阿尔伯特·爱因斯坦**

TIPS 可以看到雖然我們輸入繁體字, 但網址卻自動轉為簡體字, 維基百科網站會有繁體與簡體的問題, 稍後介紹的 **hanziconv** 模組可以幫我們處理簡繁體轉換的問題。

這裡我們先在網頁中做一個動作：『選擇台灣正體』，稍後進行網路爬蟲時，才會取得繁體中文的內容：

選擇後網址會改變為：https://zh.wikipedia.org/**zh-tw**/阿尔伯特·爱因斯坦，從網址可以推斷在網址 **zh-tw/** 後方加上要搜尋的關鍵字即為請求路徑。

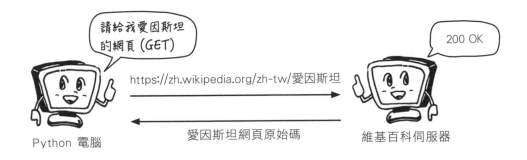

15-4-1　實例：取得愛因斯坦的維基百科網頁原始碼

```
15-5.py
01  import requests                        # 匯入 requests 套件
02
03  response = requests.get(               # 發出請求
                'https://zh.wikipedia.org/zh-tw/愛因斯坦')
04  if response.status_code == 200:        # 判斷是否請求成功
05      print(response.text)               # 印出網頁原始碼
```

執行程式後，即可看到網頁原始碼。

15-5 解析網頁原始碼

我們在上節取得了網頁原始碼的內容, 但並不是所有內容都是需要的, 我們只需要第一段文章。我們可以使用**第 5 章**介紹的 **BeautifulSoup** 套件篩選內容。

15-5-0 查看網頁原始碼

先來看看第一段文章在原始碼的哪裡。以愛因斯坦為例, 先到愛因斯坦的網頁:「https://zh.wikipedia.org/zh-tw/愛因斯坦」。

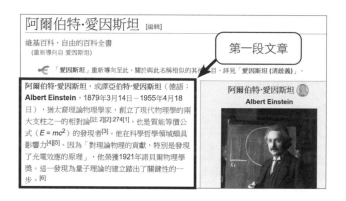

接著如同**第 5 章**的介紹, 我們可以在 Chrome 瀏覽器中, 按下 F12 開啟**開發者工具**。接下來點擊右上角的 圖示, 或是使用快速鍵『 Ctrl + Shift + C 』:

然後將滑鼠移到第一段文章上:

第一段落在藍色區域中, 並顯示為 <p> 標籤。(編註:因黑白印刷, 區域以箭頭方向指示)

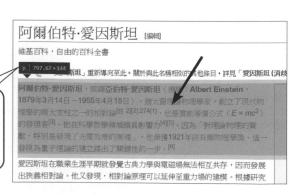

接下來按下滑鼠右鍵，可以在開發者工具中看到對應的原始碼：

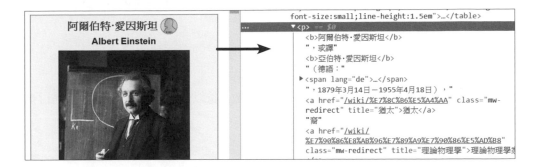

可以看到第一段文章存在 **\<p\> 標籤**中，但整份網頁的 \<p\> 標籤其實有很多個，到底哪個才是我們要的呢？不過既然知道想要的內容存於 \<p\> 中，首先就先用**第 5 章**的 **BeautifulSoup 套件**，抓出網頁中所有的 \<p\> 標籤吧。

15-5-1 實例：抓取維基百科愛因斯坦網頁內的文章

根據筆者觀察維基百科的寫作習慣，其文章第一段的開頭會與我們查詢的關鍵字有高度相關，如下圖：

> **TIPS** 此方法是由筆者觀察所得到的，各個網站長得也不盡相同，不一定適用，讀者未來得因應網站內容而發展出自己的爬蟲方法。

所以我們的方法就是看看每個 <p> 的內容開頭的前 10 個字是否有出現關鍵字，若有出現就是我們要的 <p> 標籤。我們建立自訂函式 **bot_get_wiki()**，方便稍後重複使用。

■ 建立自訂函式 bot_get_wiki()

此函式接受一個欲收尋的關鍵字做為參數，並以此關鍵字對維基百科進行網路爬蟲，並回傳網站內文章的第一段內容。

```
text = bot_get_wiki(搜尋關鍵字)
```

完整程式碼如下：

```
15-6.py
01  from bs4 import BeautifulSoup
02  import requests
03
04  def bot_get_wiki(keyword):            # 建立自訂函式 bot_get_wiki
05      response = requests.get(
                    'https://zh.wikipedia.org/zh-tw/' + keyword)
06      bs = BeautifulSoup(response.text, 'lxml') # 建立 BeautifulSoup
                                          # 物件
07      p_list = bs.find_all('p')          # 找出所有 <p> 標籤
08      for p in p_list:
09          if keyword in p.text[0:10]:   # 判斷前 10 個字是否有關鍵字
10              return p.text
11  #-------------------------------------------------------#
12  sentence = bot_get_wiki('愛因斯坦')     # 呼叫自訂函式
13  print(sentence)                        └ 搜尋關鍵字
```

↑
印出維基百科愛因斯坦網頁的第一段文章

執行後即可看到愛因斯坦網頁的第一段描述，讀者也可以更改搜尋關鍵字，看看其他的搜尋結果。稍後會結合語音功能，聽到關鍵字而自動去搜尋，並把結果唸出來。

15-6　文章的優化

這一節我們會用到**第 5 章**的常規表達式，為什麼呢？我們先把上節爬回來的文章與 **15-3 節**建立的 **bot_speak()** 結合，也就是讓聊天機器人唸出愛因斯坦網頁的第一段，看看會發生什麼問題：

```
bot_speak(sentence, 'zh-tw') # sentence 即為爬回來的文章
```

阿爾伯特· 愛因斯坦，或譯亞伯特· 愛因斯坦（德語：Albert Einstein，1879年3月14日－1955年4月18日），猶太裔理論物理學家，創立了現代物理學的兩大支柱之一的相對論 [註 2][2]:274[1]，也是質能等價公式（E = mc2）的發現者[3]…·………。

聊天機器人唸這段文章會有 **2** 個問題：

1 維基百科文章有一些數字註解，如 [1]、[2]…。聊天機器人會直接唸出數字，聽起來很突兀，所以在本節將透過 **re 模組**，使用常規表達式，將這些註解都移除掉。

2 **bot_speak()** 函式指定語言是中文 (**'zh-tw'**)，若文章中有英文，將會唸得很奇怪，要解決這個問題也可以透過 **re 模組**來分離中文跟英文的部分，讓英文的部分以指定語言 **'en'** 唸出。

TIPS 事實上 Albert Einstein 應該以德文發音，但因本書因篇幅有限，只將非中文內容統一以英文處理。

15-6-0　實例：去除文章中的註解 [1]、[2]、[註 2]…

接下來就實際來解決聊天機器人的問題，首先去除文章中的註解。註解的形式可能很多，例如 [1]、[a]、[註 1]，也就是我們必須假設中括號內（[ ]）可能會出現任何字元。

「愛因斯坦（德語：Albert Einstein，1879年3月14日－1955年4月18日），猶太裔理論物理學家，創立了現代物理學的兩大支柱之一的相對論[註 2][2]:274[1]，也是質能等價公式（E = mc2）的發現者[3]。」

以上是愛因斯坦文章中具有註解的一段內容，我們來透過 **re 模組**來去除註解。

首先先確認註解的常規表達式應該長什麼樣子：

```
\[          [^\]]*       \]
↑           ↑            ↑
1           2            3
```

此常規表達式可以分成 3 個部分來看：

1 \[：表示匹配字元為 [(以 \ 將 [視為一般字元)。

2 [^\]]*：表示匹配任何數量的任何字元，除了] 以外。要排除] 的原因是避免註解與註解之間的文字被去除，例如：[1]，也是質能...發現者[3]，網底部份將被視為最左及最右的中括號內的註解而被去除。

3 \]：表示匹配字元為 [(以 \ 將] 視為一般字元)。

> **TIPS** 另外也可以改用「\[.*?\]」，其中 .*? 表示以非貪婪模式 (盡量找出最少字元，參見 5-6 節) 搜尋任意數量的字元。

確定常規表達式後，我們將使用 **sub()** 方法，將匹配到的內容以空字串替代，完整程式如下：

```
15-7.py

01  import re       # 匯入 re 模組
02
03  sentence = '愛因斯坦（德語：Albert Einstein，1879年3月14日－1955年
    4 月18日），猶太裔理論物理學家，創立了現代物理學的兩大支柱之一的相對論
    [註 2][2]:274[1]，也是質能等價公式（E = mc2）的發現者[3]。'
04  s1 = re.sub(r'\[[^\]]*\]', '', sentence) # 將文章的註解以空字串取代
05  print(s1)
```

執行程式後即可看到除去註解的結果如下：

'愛因斯坦（德語：Albert Einstein，1879年3月14日－1955年4月18日），猶太裔理論物理學家，創立了現代物理學的兩大支柱之一的相對論: 274，也是質能等價公式（E = mc2）的發現者。'

15-6-1　實例：將字串內的中、英文字分離

「愛因斯坦（德語：**Albert Einstein**，1879年3月14日－1955年4月18日），….」這是文章中具有英文字的部分，我們希望分離它們，藉此可以用各自的指定語言唸出。

將中、英文分離的方法總共分成 4 個步驟：

這裡有個空白字元

1 首先先確認英文字的常規表達式應該長什麼樣子：[a-zA-Z]+

其中包含 a-z 大小寫以外，還有一個空白字元，因為我們希望把 Albert Einsten 視為同一個詞彙唸出來，而非分成 Albert、Einsten。

確定常規表達式後，我們對去除註解後的內容 **s1**（上個實例中）使用 **findall()** 方法，將匹配到的英文字取出，存入一個串列中，這是文章中所有英文字的串列 **en_list**：

```
en_list = re.findall(r'[a-zA-Z ]+',s1)
```

2 接下來用 **sub()** 方法把第一段文章中的英文字以字串 **'@English@'** 取代：

```
s2 = re.sub(r'[a-zA-Z \-]+', '@English@', s1)
```

例如：「愛因斯坦（德語：**Albert Einstein**，1879年3月14日」會變成「愛因斯坦（德語：**@English@**，1879年3月14日」

3 接下來用字串的 **split()** 方法將以 **'@'** 符號分割字串，其分割結果會以串列 **all_list** 回傳：

```
all_list = s2.split('@')
```

例如： ['愛因斯坦（德語：', 'English', '，1879年3月14日']

4 有了 **en_list**、**all_list** 這 2 個串列, 我們就可以判斷 **all_list** 中元素如果是字串 'English', 則取 **en_list** 元素唸英文, 若非則直接唸中文。

我們將以上功能, 建立一個自訂函式 **bot_speak_re()**, 方便最後一節實作完整聊天機器人時可以直接使用, 完整程式碼如下:

■ 建立自訂函式 bot_speak_re()

此自訂函式以 **15-3** 節建立的 **bot_speak()** 函式為基礎, 再加入去除註解與中英分離再唸出的功能。

```
bot_speak_re(文章)
```

完整程式碼如下:

15-8.py

```
01  import chatBot_module as m     # 匯入自訂模組
02  import re
03
04  def bot_speak_re(sentence):    # 建立 bot_speak_re() 自訂函式
05      s1 = re.sub(r'\[[^\]]*\]', '', sentence)   ← 去除 [1]、[2]… 註解
06      print(s1)
07      en_list = re.findall(r'[a-zA-Z ]+',s1)   ← 取得英文字的串列
08      s2 = re.sub(r'[a-zA-Z \-]+', '@English@', s1)
09      all_list = s2.split('@')
10      index = 0
11      for text in all_list:
12          if text != 'English':
13              m.bot_speak(text, 'zh-tw')   ← 如果不是英文, 就以中文唸出
14          else:
15              m.bot_speak(en_list[index], 'en')   ← 否則以英文唸出 en_list 中對應的文字
16              index += 1
17  #-----------------------------------------------------------#
```

接下頁

```
18   sentence = '阿爾伯特·愛因斯坦，或譯亞伯特·愛因斯坦（德語：Albert
19        Einstein，1879年3月14日－1955年4月18日），猶太裔理論物理學家，
20        創立了現代物理學的兩大支柱之一的相對論[註 2][2]:274[1]，也是質
         能 21 等價公式（E = mc2）的發現者[3]。'
22   bot_speak_re(sentence) # 呼叫自訂函式，唸出 sentence
```

程式解說

- 08　　將字串有英文的地方用 '@English@' 字串取代得到新字串 **s2**。

- 09　　將 **s2** 字串以符號 '@' 切割，取得串列 **all_list**。

- 10　　設定變數 **index** 做為紀錄英文字串列 **en_list** 元素的位置。

- 11~16　將 **all_list** 內容一個一個取出，判斷是否為 **'English'**，若是則取 **en_list[index]** 內容再用自訂函式 **bot_speak()** 以英文唸出，並遞增 **index**，若不是則直接唸出中文。

- 22　　將要唸的字串傳給 **bot_speak_re** 自訂函式。

　　執行後，即可聽到經由常規表達式處理後的文章。本章最後要建立的聊天機器人專案，會結合前面的網路爬蟲，讓它自動去搜尋維基百科資料，再以 **bot_speak_re()** 自訂函式唸出。

15-7 語意分析

　　15-1 節我們用到了 **SpeechRecognition** 套件來做語音轉文字 (Speech-to-Text) 的工作，這是一項「**語音識別**」的技術；然而在人類的語言交流中，可以用很多種形式來傳達一個意圖，要讓聊天機器人聽得懂人話只具備語音識別的能力還不夠，還得加上「**語意分析**」，聊天機器人透過語意分析就可以解讀出話語中的主要意圖。

15-7-0　聊天機器人的語意分析

　　我們已經知道可以使用關鍵字，讓聊天機器人進行網路爬蟲；例如：我們以愛因斯坦做為關鍵字，建立請求路徑，發出 **HTTP GET 請求**，讓聊天機器人取得維基百科的資料，例如：

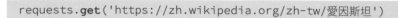

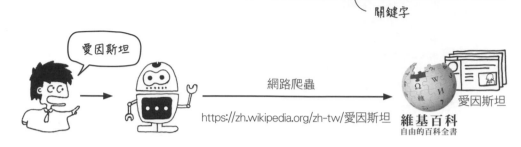

但是實際上，要查愛因斯坦的資料時，應該會以「請告訴我誰是愛因斯坦？」做為問句比較自然；但如果用此問句做為請求路徑的關鍵字，將會找不到網頁。

解決辦法也許可以用**常規表達式**來去除問句中的 '請告訴我誰是'，只留下關鍵字 '愛因斯坦'：

但這並非長久之計！因為問句的形式很多種，像是同樣是要查愛因斯坦，我們也可能問聊天機器人「請幫我查愛因斯坦的資料？」，這時剛剛的**常規表達式**就無效了，這代表我們必須要建立很多常規表達式來應付各種可能的問句，取出我們要的關鍵字資料。但是這樣實在太累了！所以接下來我們將加上「**語意分析**」的能力來讓聊天機器人可以解讀出話語中的主要意圖。

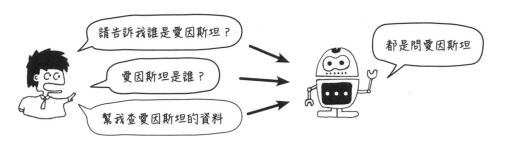

目前當紅的人工智慧領域中，語意分析也是一大熱門主題，但是要自行實作語意分析並不容易，不過我們可以站在巨人的肩膀上：利用 **Google 搜尋引擎**來做語意分析。

例如在 Google 搜尋「請告訴我誰是愛因斯坦？」與「請幫我查愛因斯坦的資料」，得到的搜尋結果基本上第一個都會是愛因斯坦的維基百科網站。接著我們就可以透過網路爬蟲取得第一個搜尋到的網站網址做為維基百科的請求路徑，再去爬取維基百科資料。

TIPS 但是還是有機會出現 Google 的第一個搜尋結果不是維基科網站的可能，我們可以在搜尋關鍵字後方加上 '維基百科'，來增加第一個網站是維基百科的機會。例如：「請幫我查愛因斯坦的資料 + 維基百科」。

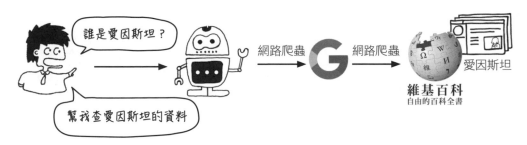

15-7-1　查看 Google 搜尋結果的網頁原始碼

1 請先在 Google 搜尋引擎輸入：「誰是愛因斯坦+維基百科」：

2 使用如同 **15-5** 節查看維基百科原始碼的方式，在 Chrome 瀏覽器按下 F12 開啟開發者工具並點選右上角圖示：

3 將滑鼠移到第一個搜尋到的網站網址處並點擊：

4 在開發者工具中，可以看到網址存於 **<cite>** 標籤中：

```
▼<div style="display:inline-block" class="TbwUpd">
    <cite class="iUh30">https://zh.wikipedia.org/zh-tw/阿尔伯特·爱因斯坦</cite>
  </div>
```

5 稍後我們就可以進行網路爬蟲取得這個 **<cite>**，取得網址。

搜尋結果網頁原始碼有很多個 <cite> 標籤，每一個都代表搜尋到的網站，而我們需要的是第一個。

15-7-2 實例：對 Google 搜尋結果進行網路爬蟲

我們先對 Google 發出請求，請它進行搜尋。搜尋的請求路徑規則如下：

```
https://www.google.com.tw/search?q=
```

只要在 **q=** 的後方加上要搜尋的字，組成請求路徑發出 **HTTP GET** 請求即可進行搜尋，例如：

```
requests.get(https://www.google.com.tw/search?q=誰是愛因斯坦+維基百科)
```

接著就可以用 **BeautifulSoup** 套件解析原始碼, 取得 **<cite>** 的內容 (網址), 例如取得如下的網址:

```
▼<div style="display:inline-block" class="TbwUpd">
   <cite class="iUh30">https://zh.wikipedia.org/zh-tw/阿尔伯特·爱因斯坦</cite>
  </div>
```

↑

https://zh.wikipedia.org/zh-tw/**阿尔伯特·爱因斯坦**

從網址的最尾端可以看到關鍵字, 我們可以用字串的 **split()** 方法, 將網址以字元 '/' 切割得到如下的串列:

```
['https:', '', 'zh.wikipedia.org', 'zh-tw', '阿尔伯特·爱因斯坦']
```

串列的最後一個元素就是我們要的關鍵字, 可以用索引位置 **-1** 來取得。

但是就像愛因斯坦的例子, 有些網址會有簡體字。還記得在 **15-5 節** 的時候, 我們用關鍵字來對比網頁 <p> 標籤內容的前 10 個字, 進而找到第一段文章嗎? 這時就會發生關鍵字是簡體, 但內容是繁體而無法對比的問題, 例如:

```
print('爱因斯坦' == '愛因斯坦')        輸出  False
```

這時我們可以透過 **HanziConv 模組** 來將簡體轉成繁體。

■ HanziConv 模組

此模組可以處理簡體繁體轉換, 使用方法非常簡單, 首先請執行開始功能表的『**Anacond3 (64-bit) / Anaconda Prompt**』, 輸入以下指令安裝模組:

```
pip install hanziconv  # 本書的版本為 0.3.2
```

使用方式如下:

1 匯入模組:

```
from hanziconv import HanziConv
```

2 將簡體轉換成繁體：

```
trad = HanziConv.toTraditional('爱因斯坦')
```

輸出繁體字：愛因斯坦　　　　　　　輸入簡體字

3 將繁體轉換成簡體：

```
simp = HanziConv.toSimplified('歐巴馬')
```

輸出簡體字：欧巴马　　　　　　　輸入繁體字

　　接下來我們整合本節所有程式碼，建立自訂函式 **bot_get_google()**，方便之後重複使用。

■ 建立自訂函式 bot_get_google()

　　此自訂函式接收使用者的問題做為參數，對問題進行 Google 搜尋，並回傳問題中的關鍵字：

關鍵字 = **bot_get_google**(問題)

　　完整程式碼如下：

15-9.py

> 因 Google 搜尋會偵測並阻擋爬蟲程式，因此必須將程式偽裝成瀏覽器才行

```
01  import requests
02  from bs4 import BeautifulSoup
03  from hanziconv import HanziConv
04
05  def bot_get_google(question):                        # 建立自訂函式
06      url = f'https://www.google.com.tw/search?q={question}+維基百科'
07  # 以下是要在 get 的表頭加上瀏覽器的資訊, 以偽裝成瀏覽器
08  headers = {'User-Agent': 'Mozilla/5.0 (Windows NT 10.0; Win64; x64)'
09           ' AppleWebKit/537.36 (KHTML, like Gecko)'
10           ' Chrome/70.0.3538.102 Safari/537.36'}
11  response = requests.get(url, headers=headers) # 加表頭發出 GET 請求
12      if response.status_code == 200:
13          bs = BeautifulSoup(response.text, 'lxml') # 解析網頁原始碼
14          wiki_url = bs.find('cite')       # 找到第一個 <cite> 標籤
15          kwd = wiki_url.text.split('/')[-1]          # 切割字串
16          kwd_trad = HanziConv.toTraditional(kwd)    # 簡體轉繁體字
17          return kwd_trad                             # 傳回關鍵字
18      else:
19          print('請求失敗')
20  #-------------------------------------------------------#
21  keyword = bot_get_google('誰是愛因斯坦')            # 呼叫自訂函式
22  print(keyword)    輸出  阿爾伯特·愛因斯坦
```

執行後即可看到我們輸入的問題 "誰是愛因斯坦", 已經被 **bot_get_wiki()**
轉成問題的關鍵字 "阿爾伯特‧愛因斯坦" 了; 接著就可以用關鍵字進行 **15-4**、
15-5 節的步驟, 對維基百科的爬蟲。

15-8 實戰：語音聊天機器人 – 萬事通

最後實戰中, 我們將完整結合前幾節的功能, 打造一個完整的聊天機器人; 它
的功能如下:

1 建立一個字典做為「問題-答案手冊」, 也就是當接收到問題 (下圖的問題 A、
B) 時, 聊天機器人會去翻手冊找答案。

2 當在手冊找不到答案 (問題 C) 時, 我們透過網路爬蟲, 到維基百科找答案。

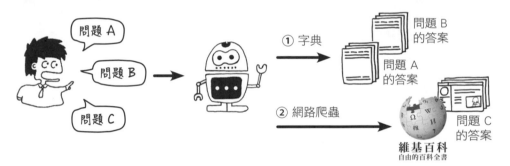

15-8-0 建立「問題-答案手冊」

如果問聊天機器人:「你是誰?」, 我們希望聊天機器人會說:「我是萱萱」。現在
就來建立一個 **QA** 字典 (**dict**), 做為**問題-解答手冊** (讀者可自行擴充手冊內容)。

■ 建立手冊：QA 字典

```
QA = {'你是誰' : '我是萱萱', '聽不懂' : '請再説一次問題'}
```

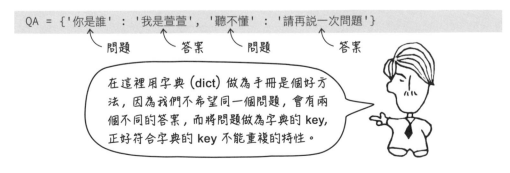

在這裡用字典 (dict) 做為手冊是個好方
法, 因為我們不希望同一個問題, 會有兩
個不同的答案, 而將問題做為字典的 key,
正好符合字典的 key 不能重複的特性。

■ 查詢字典, 回答問題

有了手冊後, 我們使用 **15-2 節** 建立的 **bot_listen()** 做為「耳朵」, 將一個語音問題「你是誰?」轉成文字;再用這個文字去搜尋 **QA** 字典找答案, 找到後, 用 **15-3 節**建立的 **bot_speak()** 做為「嘴巴」, 回答問題。

若你的手冊想要有中英文混合的內容, 例如:「Hello 你好!」, 可以將 bot_speak() 替換成 15-6 節的 bot_speak_re() 函式。

```
15-10.py
01   import chatBot_module as m       # 匯入自訂模組
02
03   question = ''
04   answer = ''
05   QA = {'你是誰' : '我是萱萱', '聽不懂' : '請再說一次問題'}
06
07   question = m.bot_listen()        # 聽問題
08   print(question)
09   if question in QA:                        # 如果問題存於 QA 字典的鍵中
10       answer = QA[question]            # 取出問題的答案
11       m.bot_speak(answer, 'zh-tw')    # 唸出答案
12       print(answer)
13   else:                                 # 問題不存於 QA 字典中, 進行網路爬蟲
14       print('進行網路爬蟲')            # 爬蟲功能稍後加入
```

TIPS 請注意, 當你說了火星文時, 聊天機器人有可能聽不懂你講什麼話, 我們希望當這種形況發生時, bot_listen() 方法會回傳 '聽不懂', 並在 QA 字典中預設好 '聽不懂' 的回答, 這是因為我們不希望聊天機器人聽不懂你說什麼時, 還去進行網路爬蟲的工作。

15-8-1 讓聊天機器人根據問題進行網路爬蟲

如果字典中沒有答案, 那我們就進行網路爬蟲找答案。

首先使用 **15-7 節**的 **bot_get_google()** 針對問題進行 Google 搜尋 (語意分析), 取得問題的關鍵字 **keyword**：

```
keyword = bot_get_google(question)
```

再以此關鍵字對維基百科進行網路爬蟲, 取得維基百科文章的第一段內容 **content**：

```
content = bot_get_wiki(keyword)
```

將此內容進行常規表達式的處理並唸出：

```
bot_speak_re(content)
```

15-8-2　完整程式碼

將問題-答案手冊以及網路爬蟲功能結合, 最終程式碼如下：

chatBot.py
```
01   import chatBot_module as m        # 匯入自訂模組
02
03   question = ''
04   answer = ''
05   QA = {'你是誰' : '我是萱萱', '聽不懂' : '請再說一次問題'}
06
07   question = m.bot_listen()         # 聽問題
08   print(question)
09   if question in QA:     ← 如果問題存於 QA 字典的鍵中
10       answer = QA[question]             # 取出問題的答案
11       m.bot_speak(answer, 'zh-tw')   # 唸出答案
12       print(answer)
13   else:   ← 問題不存於 QA 字典中, 進行網路爬蟲
14       keyword = m.bot_get_google(question)   # 取得問題的關鍵字
15       content = m.bot_get_wiki(keyword)      # 用關鍵字查詢維基百科
16       if content != None:                    # 若有找到資料
17           m.bot_speak_re(content)            # 唸出維基百科資料
18       else:
19           print('找不到相關的維基百科資料')
```

最後完整程式碼竟然只有 17 行！我們又見識到了程式模組化的好處：重複使用、好管理又簡潔！雖然這個聊天機器人功能可能還不夠不完善，但透過程式模組化，未來要修正或加入新功能都非常便利！

MEMO

16

Chapter

AI 人臉身分識別
打卡系統

臉, 是我們每個人獨一無二的特徵, 做為身分的識別最適合不過。近年來人工智慧的巨大進展, 其中最為受惠的就是影像辨識領域, 其辨識準確率已經近乎人眼, 對於某些複雜情況下的影像甚至比人眼表現得更為優秀。

而當人臉識別準確率夠高時, 以往很多以帳號密碼為主的系統, 都可以用人臉識別來替代。例如本專案要介紹的打卡系統, 有了人臉識別, 上下班就不需要在帶著 RFID 打卡。甚至未來上課也不需要點名、購物也不需要帶信用卡了, 臉一刷, 就結帳了。如此將帶來一個更安全、便利的模式。

16-0 本章重點與成果展示

本章將打造一個人臉識別的打卡系統, 臉一刷即可識別使用者的身分, 並將刷臉的時間記錄在 **sqlite 資料庫**中, 做為差勤系統的記錄。

我們將學習到:

● 使用 **OpenCV 套件**來操作攝影機, 進行**拍照**及**找出人臉位置**。

● 使用 Microsoft **Azure 臉部 API** 來進行**人臉身份識別**。

● 使用 **sqlite3 套件**來**儲存打卡資料**。

■ 成果展示

攝影機偵測到有人臉時, 標示出位置, 並進行 5 秒的倒數。倒數結束後, 拍照並進行身分識別, 若識別成功, 則將打卡時間及身分資料存入 sqlite 資料庫:

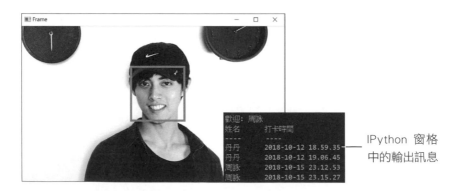

IPython 窗格
中的輸出訊息

16-1 臉部位置偵測

在**第 12 章**我們透過 **Haar 分類器**來辨識交通標誌，而每個人的臉其實長得大同小異 (兩個眼睛一個嘴巴)，所以其實人臉的特徵是差不多的。要辨識影像是否為一張人臉，可以對比人臉的 **Haar 特徵**來判別；本節將透過 OpenCV 來偵測影像中是否存在人臉、並繪出人臉的位置。

> 這裡的「臉部辨識」與稍後介紹的「人臉身分識別」不同，臉部辨識只能分辨影像中存不存在人臉，但無法辨識人臉的身分。

16-1-0 人臉 Haar 特徵檔

如同**第 12 章**介紹，要進行 Haar 特徵辨識，必須要有 Haar 特徵檔。OpenCV 已經內建許多臉部的 **Haar 特徵檔 (以 XML 檔案儲存)**，我們先找到它放在哪裡：

1 請先開啟 Spyder，並輸入：import cv2

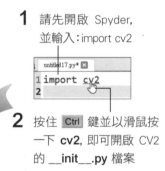

2 按住 `Ctrl` 鍵並以滑鼠按一下 **cv2**，即可開啟 CV2 的 __init__.py 檔案

3 對檔案標籤按右鍵選擇『Show in external file explorer』，開啟檔案位置

4 接著進入 **data** 資料夾，即可看到許多特徵檔

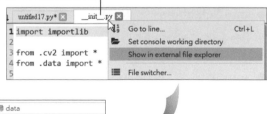

5 我們要使用的是「**haarcascade_frontalface_default.xml**」，請將檔案複製，貼到你的程式碼目錄下，方便待會辨識時使用

16-1-1 人臉 Haar 分類器

有了人臉 Haar 特徵檔後, 就可以使用 Haar 分類器進行辨識, 程式碼與**第 10 章**大致相同:

1 透過 **CascadeClassifier** 類別來建立辨識物件:

```
face_detector = CascadeClassifier('haarcascade_frontalface_default.xml ')
```

　　　辨識物件　　　　　　　　　　　辨識檔路徑 (與程式碼同目錄下)

2 使用物件的 **detectMultiScale()** 方法即可對影像進行臉部辨識, 並將臉部位置資訊以 **Numpy 的 ndarray** 物件回傳:

```
faces = face_detector.detectMultiScale(影像, scaleFactor,
                                       minNeighbors, minSize,
                                       maxSize)
```
　　　臉部 ndarray 物件

參數說明如下:

● **ScaleFactor**:辨識時會以許多大小不同的特徵窗口一一掃過影像, 對窗口內的影像做人臉特徵比對, 此參數用來設定窗口大小的改變倍數, 通常設定為 1.1。窗口變大, 特徵比例也會變大。

● **minNeighbors**:此為誤判率參數, 若數值太低可能會將不是人臉的地方判別為臉。通常設定為 5。

● **minSize**:窗口的最小尺寸, 以 tuple 傳入。例如:minSize = (10, 10), 代表小於 10x10 的臉將偵測不到。

● **maxSize**:窗口的最大尺寸, 以 tuple 傳入。例如:maxSize = (200, 200), 代表大於 200x200 的臉將偵測不到。若 minSize 與 maxSize 相同, 則只會辨識特定尺寸的臉。

例如:偵測到一張人臉, 回傳結果 faces

```
faces = face_detector.detectMultiScale(影像變數, scaleFactor=1.1,
                                       minNeighbors=5,
                                       minSize=(10, 10),
                                       maxSize=(500, 500))
print(faces) 輸出 [[173, 102, 170, 160]]
```

矩形左上角 x, y 座標　　矩形寬度, 高度

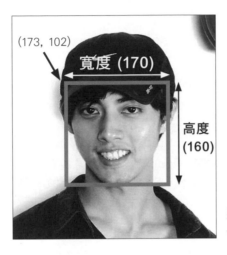

(173, 102)

寬度 (170)

高度 (160)

將傳回矩形的左上角 x, y 座標、寬與高

若偵測到 2 張臉：

```
print(faces) 輸出 [ [371, 90, 387, 387], [331, 866, 29, 29] ]
```

第一張臉的矩形資訊　　第二張臉的矩形資訊

透過 ndarray 物件的 **len()** 方法，可以計算 faces 的數量，來判斷共找到幾張臉。例如若影像中偵測到 2 張人臉：

```
len(faces) 輸出 2
```

有了臉部矩形座標的資訊，我們就可以透過 OpenCV 的繪圖功能將臉部位置框出來。

16-1-2　OpenCV 的繪圖功能

由於我們希望可以繪製出人臉的位置，所以會使用到 OpenCV 的基本繪圖功能。

■ 直線

使用 **cv2.line()** 方法可以在指定的影像上繪製直線：

```
cv2.line(影像，起始點座標，結束點座標，線條顏色，線寬)
```

例如，在影像上畫一條從 (50,100) 到 (200, 300) 厚度為 1 的綠色直線：

```
cv2.line(img, (50, 100), (200, 300), (0, 255, 0), 1 )
```

> 再次提醒 OpenCV 的色彩順序為 BGR（藍綠紅），
> 所以要畫綠色線條需指定顏色為 (0, 255, 0)。

■ 矩形

使用 **cv2.rectangle()** 方法可以在指定影像上繪製矩形：

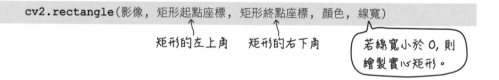

```
cv2.rectangle(影像，矩形起點座標，矩形終點座標，顏色，線寬)
```

矩形的左上角　　矩形的右下角

> 若線寬小於 0, 則
> 繪製實心矩形。

例如，在影像上畫一個起點為從 (100,100) 終點為 (200, 200) 藍色實心矩形：

```
cv2.rectangle(img, (100, 100), (200, 200), (255, 0, 0), -1 )
```

■ 圓形

使用 **cv2.circle()** 方法可以在指定影像上繪製圓形：

```
cv2.circle(影像，圓心座標，半徑，顏色，線寬)
```

> 若線寬小於 0, 則
> 繪製實心圓形。

例如，在影像上畫一個圓心位於 (200, 200) 黃色、半徑 50、線寬為 3 的圓形：

```
cv2.circle(img, (200, 200), 50, (0, 255, 255), 3)
```

■ 文字

也可以使用 **putText()** 方法來繪製文字：

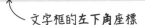

```
cv2.putText(影像，文字內容，位置座標，字體，文字大小，顏色，文字粗細)
```

　　　　　　　　　　　文字框的左下角座標

TIPS 字體的選擇請參考官方文件列表：「https://docs.opencv.org/3.4.3/d0/de1/group__core.html#ga0f9314ea6e35f99bb23f29567fc16e11」。但要注意，需把官方文件中，字體名稱的 「**cv**」 改成 「**cv2**」。例如，cv.FONT_ITALIC 應改成cv2.FONT_ITALIC。

例如，在影像的座標 (0，100)，繪製尺寸為 2、粗細為 3 的紅色文字「I Love Python」。

```
cv2.putText(img, 'I love Python, (0, 100), cv2.FONT_HERSHEY_
IMPLEX, 2, (0, 0, 255), 3)
```

16-1-3　實例：臉部追蹤

接下來結合 Haar 臉部辨識與繪圖功能，標示出攝影機影像中的人臉位置。

```
16-0.py
01  import cv2 # 匯入 OpenCV 套件
02
03  face_detector = cv2.CascadeClassifier('haarcascade_frontalface_default')
04  capture = cv2.VideoCapture(0)      # 建立攝影機物件
05  while capture.isOpened():
07      sucess, img = capture.read()   # 讀取攝影機影像
```

接下頁

```
08      if sucess:                         # 讀取影像成功
09          faces = face_detector.detectMultiScale(img, scaleFactor=1.1,
10                                                  minNeighbors=5,
11                                                  minSize=(200,200))
12          for (x, y, w, h) in faces:
13              cv2.rectangle(img, (x, y), (x+w, y+h), (0, 255, 255), 2)
14          cv2.imshow('Frame', img)
15
16      k = cv2.waitKey(1)                  # 讀取按鍵輸入（若無會傳回 -1）
17      if k == ord('q') or k == ord('Q'): # 如果按下 q 結束 while 迴圈
18          print('exit')
19          cv2.destroyAllWindows()
20          capture.release()
21          break
22  else:
23      print('開啟攝影機失敗')
```

程式說明

- 9～11　對影像進行人臉偵測, 把 **minSzie** 設定為較大的 **200x200**, 代表我們希望人臉要夠靠近攝影鏡頭, 才會被辨識到。

- 12～13　繪製人臉的矩形。

執行後即可看到如下圖的結果:

16-2　時間模組

　　程式設計中時常會與時間打交道, 例如, 我們希望倒數 3 秒後再拍照以及記錄當前的時間做為檔案名稱。我們分別會使用到與時間相關的 **time 模組**與 **datetime 模組**。

16-2-0　倒數計時的方式

　　例如, 要倒數計時 3 秒, 可以用以下 2 種方式達成:

1 使用 **time.sleep(n)** 可以讓系統進入 n 秒的休眠, 但此方法會讓整個程式暫停, 因為攝影機要連續運作的緣故, 我們不希望程式卡在這裡, 所以必須改用以下的第 2 個方案。

2 使用 **time.time()** 會回傳從 1970 年 1 月 1 日開始到呼叫它當下所累積的秒數 (會包含小數, 精確到微秒, 1 微秒 = 10^{-6} 秒), 我們通常會用來計算時間差。例如, 計算 3 秒的時間:

```
01  import time
02
03  cnter = 0                          # 計數器
04  t1 = time.time()                   # 紀錄現在時間
05  while True:
06      cnter = int(time.time() - t1)  # 計算時間差, 使用 int() 去除微秒
07      print(cnter)
08      if cnter == 3:                 # 時間差達 3 秒
09          print('3 seconds')
10          breaks
```

16-2-1　得到當前的時間

　　我們要使用的是 **datetime 模組**中的 **datetime 類別**。此類別的 **now()** 方法會傳回一個時間物件, 包含了建立它當下的年、月、日、時、分、秒、微秒的屬性

　　例如, 顯示當下的時間資訊:

```
from datetime import datetime  # 從 datetime 模組中匯入 datetime 類別

print('年:', datetime.now().year)         輸出  年:2018
print('月:', datetime.now().month)        輸出  月:10
print('日:', datetime.now().day)          輸出  日:11
print('時:', datetime.now().hour)         輸出  時:17
print('分:', datetime.now().minute)       輸出  分:3
print('秒:', datetime.now().second)       輸出  秒:44
print('微秒:', datetime.now().microsecond) 輸出  微秒:814359
```

我們可以使用 **strftime()** 方法將時間依格式化參數輸出為字串, 方便稍後做為檔名:

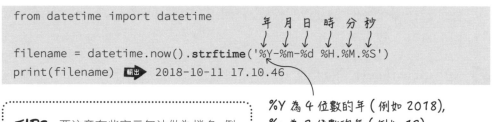

```
from datetime import datetime
                                        年  月  日  時  分  秒
filename = datetime.now().strftime('%Y-%m-%d %H.%M.%S')
print(filename)  輸出  2018-10-11 17.10.46
```

%Y 為 4 位數的年 (例如 2018),
%y 為 2 位數的年 (例如 18)。

 TIPS 要注意有些字元無法做為檔名, 例如,「 : 」、「 / 」, 所以格式化日期時請避免使用這些字元。

16-2-2 實例:偵測到人臉後, 倒數 5 秒後自動拍照儲存

打卡系統的情境設計, 是希望偵測到有人站在鏡頭前時, 才進行身分驗證打卡的動作, 所以在本節我們將透過 Haar 偵測人臉, 接著倒數 5 秒後, 才擷取影像, 供稍後的身分辨識功能使用。

■ 建立自訂函式:face_shot()

我們建立一個 **face_shot()** 自訂函式, 可以打開攝影機並偵測臉部, 接著倒數 5 秒後進行拍照取得影像。函式會根據傳入的參數 (**'add'** 或 **'who'**), 決定要用於新增打卡系統中的成員臉部影像 (例如公司新進成員), 還是要對影像進行人臉身分識別。例如, 要辨識身分時, 傳入 'who' 字串:

```
face_shot('who')    # 如果要新增成員則改為 face_shot('add')
```

由於新增打卡成員臉部影像以及人臉身分識別功能都還沒撰寫，因此程式中會先寫好 2 個空的函式 face_add() 及 face_who()，留待稍後再來撰寫這 2 個函式。完整程式碼如下：

```
16-1.py
01  import cv2
02  import time
03  from datetime import datetime
04
05  def face_add(img):      # 留待稍後再來完成
06      print('稍後在此加入新增人員功能')
07  #--------------------------------#
08  def face_who(img):      # 留待稍後再來完成
09      print('稍後在此加入人臉身分辨識功能')
10  #--------------------------------#
11  def face_shot(job):
12      isCnt = False       # 用來判斷是否正在進行倒數計時中
13      face_detector = cv2.CascadeClassifier(
                        'haarcascade_frontalface_default.xml')
```
              ↑
        建立臉部辨識物件
```
14      capture = cv2.VideoCapture(0)     # 開啟編號 0 的攝影機
15      while capture.isOpened():         # 判斷攝影機是否開啟成功
16          sucess, img = capture.read() # 讀取攝影機影像
17          if not sucess:
18              print('讀取影像失敗')
19              continue
20          img_copy = img.copy()  ← 複製影像
21          faces = face_detector.detectMultiScale(  ← 從攝影機影像中
22                      img,                              偵測人臉
23                      scaleFactor=1.1,
24                      minNeighbors=5,
25                      minSize=(200,200))
26          if len(faces) == 1:  ← 如果偵測到一張人臉
27              if isCnt == False:
28                  t1 = time.time()      # 紀錄現在的時間
29                  isCnt = True          # 告訴程式目前進入倒數狀態
30              cnter = 5 - int(time.time() - t1)  ← 更新倒數計時器
31              for (x, y, w, h) in faces:          # 畫出人臉位置
32                  cv2.rectangle(                   # 繪製矩形
33                          img_copy, (x, y), (x+w, y+h),
34                          (0, 255, 255), 2)
```

接下頁

```
35                    cv2.putText(                    # 繪製倒數數字
36                        img_copy, str(cnter),
37                        (x+int(w/2), y-10),
38                        cv2.FONT_HERSHEY_SIMPLEX,
39                        1, (0, 255, 255), 2)
40            if cnter == 0:                          # 倒數結束
41                isCnt = False                       # 告訴程式離開倒數狀態
42                filename = datetime.now().strftime(
43                    '%Y-%m-%d %H.%M.%S')            # 時間格式化
44                cv2.imwrite(filename + '.jpg', img) # 儲存影像檔案
45                #---------------------------------------#
46                if job == 'add':      # 打卡系統新增人員
47                    face_add(img)  ← 此函式尚未完成, 只會印出未完成訊息
48                elif job == 'who':    # 進行人臉身分識別功能
49                    face_who(img)  ← 此函式尚未完成, 只會印出未完成訊息
50                #---------------------------------------#
51        else:                        # 如果不是一張人臉
52            isCnt = False            # 設定非倒數狀態
53
54        cv2.imshow('Frame', img_copy) ← 顯示影像
55        k = cv2.waitKey(1)           # 讀取按鍵輸入 (若無會傳回 -1)
56        if k == ord('q') or k == ord('Q'):# 按下 q 離開迴圈,
57            print('exit')            # 結束程式
58            cv2.destroyAllWindows()  # 關閉視窗
59            capture.release()        # 關閉攝影機
60            break                    # 離開無窮迴圈, 結束程式
61    else:
62        print('開啟攝影機失敗')
63 #---------------------------------#
64 face_shot('who')                    # 呼叫自訂函式
```

程式說明

- 5~9   定義空的 face_add() 及 face_who(), 目前只會輸出未完成訊息 (留待
        稍後再撰寫實際功能)。

- 20   使用 **copy()** 方法將影像拷貝一份, 因為一份要做繪圖使用, 另一份稍
        後章節會傳給 Azure 做人臉識別或是新增成員。

- 26　只偵測到一張臉, 且不在倒數狀態時, 進入倒數狀態。(我們限定此系統一次一人使用)

- 30　在有偵測到人臉的情況下, 進行更新計時器

- 47　呼叫新增成員人臉的函式

- 49　呼叫識別人臉身分的函式

- 52　偵測不到人臉 (或超過一張人臉) 時, 設定非倒數狀態。

此程式執行結果為偵測到人臉後會進行倒數 5 秒, 然後拍照並存檔;稍後我們會替空的函式 face_add() 及 face_who() 加入新增人員臉部影像與身分辨識功能。

16-3 使用 SQLite 資料庫儲存打卡資訊

我們會將人臉身分與打卡時間都存入 SQLite 中, 以便未來的察看及修改, 做法是使用 Python 內建的 **sqlite3** 套件來操作資料庫。

```
import sqlite3    # 匯入 sqlite3 套件
```

基本的資料庫操作在第 14 章以介紹過, 這邊只介紹本章用到的方法。

16-3-0　建立與操作資料庫

● **新建資料表**:例如我們在資料庫中新增一個資料表來儲存姓名以及打卡時間, 第一個欄位為 "姓名", 第二個欄位為 "打卡時間":

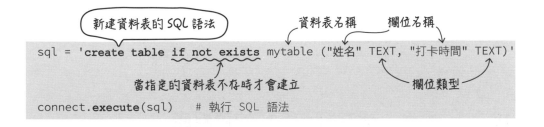

```
sql = 'create table if not exists mytable ("姓名" TEXT, "打卡時間" TEXT)'

connect.execute(sql)    # 執行 SQL 語法
```

- **新增資料**：例如在 mytable 資料表中新增一筆資料：

```
rname = '圖靈'
rtime = '2018-10-12 1.1.1'              新增一筆資料的 SQL 語法

sql = f'insert into mytable values("{rname}", "{rtime}")'
                        資料表名稱        姓名欄位        打卡時間欄位
connect.execute(sql) # 執行 SQL 語法
```

- **查詢資料**：以連線物件執行查詢資料的 **SQL 指令** (見下文) 後，會傳回一個 **cursor** 物件，透過此物件的 **fetchall()** 方法可以將每一筆符合查詢條件的資料以 tuple 組合，再放進串列傳回，若無資料則傳回 None。例如，若查詢到 2 筆資料，則傳回：

第一筆資料　　　　　　　　第二筆資料

```
[('丹丹', '2018-10-12 18.22.03'), ('冬冬', '2018-10-12 18.23.11')]
```

每一筆資料都是一個 tuple，所以我們可以用 for 做條列式輸出：

```
sql = 'select * from mytable'      查詢資料表中所有資料的 SQL 語法
cursor = connect.execute(sql)  ← 執行 SQL得到 cursor 物件
dataset = cursor.fetchall()    ← 取得所有資料
for data in dataset:
    print(f"{data[0]}\t{data[1]}")
```

也可加 where 來指定篩選條件，例如「select * from mytable where 姓名 = "丹丹"」可以只查詢丹丹的資料。

16-3-1　實例：建立打卡系統的資料庫

本節將實作打卡系統會用到的資料庫，並將新增與查詢資料的功能寫成自訂函式，方便稍後重複使用。

■ 建立自訂函式:db_save() 新增資料

底下將設計一個自訂函式來將姓名與當前時間存入指定資料庫中。

例如, 將 '丹丹' 存入 'mydatabase.sqlite' 資料庫中:

```
db_save('mydatabase.sqlite', '丹丹')
```
　　　　　└─ 資料庫　　　　　└─ 姓名

程式碼如下:

```
16-2.py

01   import sqlite3
02   from datetime import datetime
03
04   def db_save(db, name):  ←── 建立自訂函式
05       connect = sqlite3.connect(db)   # 與資料庫連線
06       # 新建 mytable 資料表 (如果尚未建立的話)
07       sql = ' create table if not exists mytable \
08           ("姓名" TEXT, "打卡時間" TEXT)'          ← 單行太長可
09       connect.execute(sql)   # 執行 SQL 語法          加 \ 做折行
10       # 取得現在時間
11       save_time = datetime.now().strftime('%Y-%m-%d %H.%M.%S')
12       # 新增一筆資料
13       sql = f'insert into mytable values("{name}", "{save_time}")'
14       connect.execute(sql)     # 執行 SQL 語法
15       connect.commit()         # 更新資料庫
16       connect.close()          # 關閉資料庫
17       print('儲存成功')
18   #---------------------------------------#
19   db_save('mydatabase.sqlite', '丹丹')    # 執行自訂函式
```

新增資料後, 接著就可以用以下的 **db_check()** 查看資料。

■ 建立自訂函式:db_check() 查看資料

此函式可以接收資料庫名稱做為參數, 並列出目前資料庫中的所有資料。

```
db_check('mydatabase.sqlite')
```
　　　　　└─ 資料庫名稱

程式碼如下:

```
16-3.py

01    import sqlite3
02
03    def db_check(db):
04        try:
05            connect = sqlite3.connect(db)      # 與資料庫連線
06            sql = 'select * from mytable'       # 選取資料表中所有資料的 SQL 語法
07            cursor = connect.execute(sql)       # 執行 SQL 語法得到 cursor 物件
08            dataset = cursor.fetchall()         # 取得所有資料
09            print('姓名\t打卡時間')
10            print('----\t  ----')
11            for data in dataset:
12                print(f"{data[0]}\t{data[1]}")
13        except:                                 # 發生例外錯誤
14            print('讀取資料庫錯誤')
15        connect.close()                         # 關閉資料庫
16    #---------------------------------------#
17    db_check('mydatabase.sqlite')   # 執行自訂函式查看資料庫
```

> 若尚未建立資料庫就進行查看資料庫內容會發生錯誤,所以用 *try except* 處理。

輸出

```
姓名      打卡時間
----       ----
丹丹      2018-10-12 18.59.35
丹丹      2018-10-12 19.06.45
```

16-4 人臉身分識別 API

要做到真正精確的人臉辨識,可以由近年來熱門的人工智慧、機器學習的方法來達成,但過程可能需要耗費大量的程式開發、測試、及優化的時間。

想快速開發,可以如同**第 10 章**,選擇由 Microsoft 提供的**雲端式 Azure 臉部 API** 來做人臉身分驗證的功能。人臉的影像會透過 **HTTP 請求 (requests)** 傳送到 Microsoft 的伺服器上做影像辨識,辨識結果會透過 **HTTP 回應 (response)** 傳回。

16-4-0　使用說明

API 使用的流程如下：

1 建立群組

區分群組讓系統設計上多了一份彈性。例如以門禁系統來說，可以分成公司群組與家的群組；凱婷在公司身分是一般職員，在家則是媽媽的角色，我們不希望凱婷可以透過刷臉輕易的進入董事長辦公室；但若是家的系統中因為身份設定是媽媽，所以可以進入家門。

2 新增群組中的成員

建立群組後，就可以新增成員。例如，在家的群組中新增爸爸這個成員。

3 新增成員的臉部資料

傳送成員的臉部影像資料 (建議至少 3 張以上) 給 Azure 伺服器，也就是告訴伺服器：「hey, Azure, 這是爸爸的模樣」。

4 訓練臉部資料

Azure 拿到臉部資料後，還需要經過訓練。未來看到爸爸其他的照片時，才能認得出是爸爸。

5 辨識臉部資料

完成上述 1-4 項後，我們就可以傳送另一張爸爸的照片給 Azure, 讓 Azure 辨識是不是爸爸。

我們已經在第 10 章申請過 Azure 的帳號了，直接選擇『開始免費使用』即可開始使用 API。

網址：https://azure.microsoft.com/zh-tw/services/cognitive-services/face/ 或用 Google 搜尋：「Azure 臉部 API」

如同第 10 章，在 API 頁面中可以看到待會我們要發送請求時所需要的金鑰：

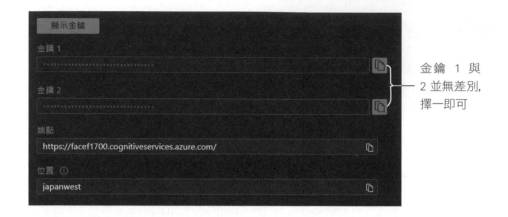

金鑰 1 與 2 並無差別，擇一即可

16-4-1 建立群組

首先我們使用第 5 章介紹的 **requests 套件**的 **put()** 方法發出 **HTTP PUT** 請求，讓 Azure 在它的伺服器中為我們創建一個群組：

```
response = requests.put(請求路徑，請求標頭，請求主體)
```

創建群組的 **put()** 請求參數如下說明：

● **請求路徑**：「API (網址)/persongroups/**群組 Id**」

建立群組的請求路徑是臉部辨識 API (參見下圖的 API 網址) 後方加上 "**persongroups**" 以及你為這個群組設定的 **id**，之間用「/」隔開。例如，創建一個 id 為 gp01 的群組的請求路徑：

API (網址)

```
base = 'https://japanwest.api.cognitive.microsoft.com/face/v1.0'
gp_url = base + '/persongroups/gp01'
```

id

注意 id 僅能設定為英文小寫、數字、與符號「-」、「_」，不能使用英文大寫或中文。

● **請求標頭：**

　　我們需要將**金鑰**與**請求主體 (body) 的內容類型**，一起組成 **dict**，然後以指名參數 **headers** 傳給 Azure 伺服器。例如，告訴 Azure 我們的金鑰、以及請求主體的內容類型是 **JSON** ('application/json')：

```
key = '3aebb4c9bef249aba9dad2d3'   ← 你的 key
headers_json = { 'Ocp-Apim-Subscription-Key': key,
                 'Content-Type': 'application/json'}
```
body 內容類型, 使用 MIME 格式 (可參考第 13 章)
```
response = requests.put(請求路徑, headers= headers_json, 請求主體)
```
以 headers 來指定請求標頭參數

● **請求主體：**

　　我們將群組的**名稱**與**簡短說明**，建立成 **dict** 做為請求主體，並以指名參數 **data** 來傳給 Azure。例如，告訴伺服器群組名稱為 '旗標科技公司'，簡短說明為 '位於台北市'：

鍵的名稱 name、userData 是
Azure API 規定的固定識別字

```
body = {'name': '旗標科技公司' , 'userData': '位於台北市'}
body = str(body).encode('utf-8') ← 將字典轉為 utf-8 編碼的字串

response = requests.put(請求路徑, 請求標頭, data=body)
```
以 data 來指定請求主體參數

 TIPS 因為 dict 的形式與 JSON 物件一模一樣, 所以在建立 body 時, 可以先用 dict 來建立, 傳送前再將 dict 以 **str()** 轉為字串並以 **encode()** 進行 **'utf-8'** 編碼即可 (Azure 要求資料要以 utf-8 編碼)。有關 JSON 的說明請參見第 10 章。

　　建立好以上 3 個參數，即可發出 **HTTP PUT** 請求，建立群組：

```
response = requests.put( gp_url,              # 請求路徑
                         headers = headers_json, # 請求標頭
                         data = body)         # 請求主體
```

我們來實際進行群組的創建, 以便於稍後打卡系統可以直接使用此群組。

```
16-4.py
01   import requests           # 匯入 requests 套件
02
03   base = 'https://japanwest.api.cognitive.microsoft.com/face/v1.0'
04   gp_url = base + '/persongroups/gp01'        # 創建群組的請求路徑
05   key = '請輸入你的金鑰'
06   headers_json = {'Ocp-Apim-Subscription-Key': key,
07                   'Content-Type': 'application/json'}
08   body = {'name': '旗標科技公司' ,
09           'userData': '位於台北市'}
10   body = str(body).encode('utf-8')            # 請求主體的編碼
11
12   response = requests.put(gp_url,             # 發出請求
13                           headers = headers_json,
14                           data = body)
15   if response.status_code == 200:             # 請求成功
16       print('創建群組成功')
17   else:
18       print('創建失敗: ', response.json())     # 印出創建失敗原因
```

程式說明

- 05   請讀者輸入自己的金鑰。

- 18   如果創建失敗, 使用回應物件的 json() 方法可以看到錯誤原因。

執行後, 若成功應可看到字串 '創建群組成功'。若再執行一次, 可以看到印出如下的失敗原因, 說明了 gp01 這個群組 id 已經存在:

```
創建失敗: {"error":{"code":"PersonGroupExists","message":"Person
group 'gp01' already exists."}}
```

創建群組後, 稍後我們可以在這個群組中新增成員。

16-4-2 查看群組

我們可以透過 **GET 請求**來查看已建立的群組，確認我們是否有建立成功；請求的參數只需要**路徑**與**標頭**即可，不需要傳送主體 (因為我們只是要看資料)：

```
response = requests.get(請求路徑, 請求標頭)
```

查看群組的 get() 參數說明如下：

● **請求路徑**：「API (網址)/persongroups/欲查看的群組 id」

例如, 查看群組 gp01 的請求路徑：

```
base = 'https://westcentralus.api.cognitive.microsoft.com/face/v1.0'
gp_url = base + '/persongroups/gp01'
```

● **請求標頭** (headers)：headers 只需要傳送金鑰即可：

```
key = '你的金鑰'
headers = {'Ocp-Apim-Subscription-Key': key}   # 請求標頭
```

建立好參數, 即可發出 **HTTP GET** 請求, 查看群組：

```
response = requests.get(gp_url,                 # 請求路徑
                        headers = headers)      # 請求標頭
```

現在就來查看剛剛建立的群組 gp01 的資訊：

```
16-5.py

01  import requests
02
03  base = 'API (網址)'
04  gp_url = base + '/persongroups/gp01'                # 查看群組的請求路徑
05  key = '你的 key'
06  headers = {'Ocp-Apim-Subscription-Key': key}   # 請求標頭
07  response = requests.get(gp_url,                 # HTTP GET
08                         headers = headers)
```

接下頁

```
09  if response.status_code == 200:                    # 請求成功
10      print(response.json())
11  else:
12      print("查詢失敗", response.json())
```

若查詢成功, 可以看到第 10 行印出剛剛建立的群組資料:

```
{"personGroupId":"gp01","name":"旗標科技公司","userData":"位於台北市"}
```

也可以使用其他的請求來刪除群組、更新群組…等等。詳細內容請參考 Azure 網站中 API 參考的 **PersonGroup** 目錄:

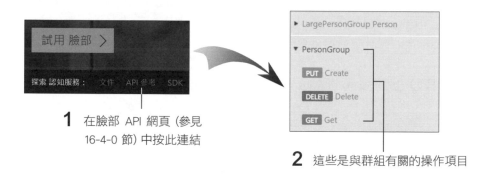

1 在臉部 API 網頁 (參見 16-4-0 節) 中按此連結

2 這些是與群組有關的操作項目

16-4-3 新增成員

建立 gp01 群組後, 接著要使用 **POST 請求**, 讓 Azure 在群組中新增一個成員。

```
response = requests.post(請求路徑, 請求標頭, 請求主體)
```

新增人員的 post() 請求參數說明如下:

● **請求路徑**:「API (網址)/persongroups/**群組 id**/persons」

新增人員的請求路徑是 API (網址) 後方依序加上 **"persongroups"**、群組 **id**、**"persons"** 之間用 「/」 隔開。

例如, 在群組 gp01 新增一個人員的請求路徑:

```
base = 'https://japanwest.api.cognitive.microsoft.com/face/v1.0'
pson_url = base + '/persongroups/gp01/persons'
```

群組 id

也就是在創建群組的請求路徑後方加上一個 "persons"。

● **請求標頭**:與創建群組時使用的標頭一模一樣, 可以共同使用。

● **請求主體**:我們將**新增人員的名稱**與**簡短說明**放在 dict, 做為主體, 一起傳送給 Auzer 伺服器。

例如, 新增人員:'周詠', 簡短說明: '苗栗人':

```
body = {'name':'周詠', 'userData': '苗栗人'}
body = str(body).encode('utf-8')
response = requests.post(請求路徑, 請求標頭, data=body)
```

建立好參數內容, 即可發出 POST 請求, 新增成員:

```
response = requests.post(pson_url,               # 請求路徑
                         headers = headers_json, # 請求標頭
                         data = body)            # 請求主體
```

我們來試試在剛剛建立的群組 (gp01) 中, 新增一個成員:

16-6.py

```
01   import requests
02
03   base = 'API (網址)'
04   pson_url = f'{base}/persongroups/gp01/persons' # 新增人員的請求路徑
05   key = '你的金鑰'
```

接下頁

```
06    headers_json = {'Ocp-Apim-Subscription-Key': key,  # 請求標頭
07                    'Content-Type': 'application/json'}
08    body = {'name': '周詠',              # 建立請求主體內容
09            'userData': '苗栗人'}
10    body = str(body).encode('utf-8')    # 請求主體的編碼
11
12    response = requests.post(pson_url, # HTTP POST
13                             headers=headers_json,
14                             data=body)
15    if response.status_code == 200:
16        print('新增人員完成:', response.json())
17    else:
18        print('新增失敗:', response.json()) # 印出創建失敗原因
```

以上第 08、09 行使用者可以自行修改成員的資訊 (例如換成你的名字)。執行後若成功, 在第 16 印出回應物件的 json 內容中, 會看到**成員 id**:

```
{'personId': '4b19526e-69a0-4d1a-89f1-285e9cb18c12'}
```

請記下這個 personId, 稍後我們會用這個 id, 替成員新增臉部資料。

TIPS 如果再執行一次, 一樣會執行成功, 因為同一個群組中, 成員的姓名可以重複。雖然名字一樣, 但 Azure 賦予每個成員一個獨一無二的 **personID**, 所以辨認時並不會混再一起。

16-4-4 查看群組的成員清單

我們可以使用 **GET** 來查看群組中的成員清單:

```
response = requests.get(請求路徑, 請求標頭)
```

查看成員清單的參數說明如下:

● **請求路徑**:「API (網址)/persongroups/**欲查看的群組 id**/persons」。

● **請求標頭** (headers)：只需要傳送你的金鑰即可 (和前面查看群組時的寫法相同)。

　　建立好參數，即可發送請求進行查看：

```
response = requests.get(pson_url,                # 請求路徑
                        headers = headers)       # 請求標頭
```

■ 建立自訂函式 person_list()

　　我們建立一個接收群組 id 做為參數的自訂函式，執行後傳回群組中的成員清單。

```
persons = person_list(群組 id)
```
↖ 群組成員清單

　　完整程式碼：

16-7.py

```
01  import requests
02
03  base = 'API (網址)'
04  key = '你的 key'
05  headers = {'Ocp-Apim-Subscription-Key': key}  # 請求標頭
06  #------------------------------------------#
07  def person_list(gid):    ← 建立自訂函式
08      pson_url = base + f'/persongroups/{gid}/persons'  # 請求路徑
09      response = requests.get(pson_url,        # HTTP GET
10                          headers=headers)
11      if response.status_code == 200:
12          print('查詢人員完成')
13          return response.json()
14      else:
15          print("查詢人員失敗:", response.json())  # 印出創建失敗原因
16  #------------------------------------------#
17  persons = person_list('gp01')  # 查詢群組 gp01 的成員清單
18  print(persons)                 # 印出清單
```

輸出 →

接下頁

```
[{  "personId":"4b19526e-69a0-4d1a-89f1-285e9cb18c12",
    "persistedFaceIds":[],
    "name":"周詠",
    "userData":"苗栗人"},
 {  "personId":"ee44ef69-14a3-4301-a3b2-e56d0592f452",
    "persistedFaceIds":[],
    "name":"周詠",
    "userData":"苗栗人"}]
```

　　如同新增成員時所說的, 因為我們執行 2 次新增人員的請求, 的確新增了 2 位成員 "周詠", 但這 2 位成員的 "personId" 是不一樣的。

　　"persistedFaceIds" 目前是空的串列, 這是用來儲存成員的臉部資料 id, 下一小節我們會根據 "personId" 找到對應的成員, 新增他的臉部資料。

16-4-5　新增成員臉部資料

　　接著我們要用傳送臉部影像給 Azure, 做為成員的臉部資料。臉部影像的來源可以使用 **16-2-2 小節**建立的 **face_shot()** 自訂函式, 使用攝影機拍攝, 接著透過 **HTTP POST** 請求, 將影像資料傳給 Azure 伺服器:

```
response = requests.post(請求路徑, 請求標頭, 請求主體)
```

　　傳送影像的 **post()** 參數說明如下:

● **請求路徑**:

　　「API (網址)/persongroups/**gp01**/persons/**personId**/persistedFaces」
　　　　　　　　　　成員所屬的群組 id ↗　　　　　　　　↖ 欲新增臉部資料的成員 id

　　成員 id 就是在新增成員時的 **personId**:

　　"personId":"**4b19526e-69a0-4d1a-89f1-285e9cb18c12**"

例如, 替周詠新增一張臉部資料的請求路徑:

```
base = 'API (網址)'
personId = '4b19526e-69a0-4d1a-89f1-285e9cb18c12' # 周詠的成員 Id
face_url = f'{base}/persongroups/gp01/{personId}/persistedFaces'
```
↖ 新增臉部資料的請求路徑

● **請求標頭**:一樣要傳送金鑰與請求主體的內容類型, 但這次我們要傳送**影像資料**給 Azure 伺服器, 所以請求主體的內容類型須為 **'application/octet-stream'**。

例如:

```
headers_stream = { 'Ocp-Apim-Subscription-Key': key,
        'Content-Type': 'application/octet-stream'} ← body 內容類型
```

● **請求主體**:我們將攝影機得到的人臉影像資料放在請求主體中, 傳送給 Azure 伺服器。

例如, 傳送一張已經轉為 **bytes** 物件的影像資料 **img_bytes**:

```
response = requests.post(face_url,
                        headers= headers_stream,
                        data=img_bytes)
```
↖ 如同第 10 章

TIPS 影像資料會轉成 **btyes (位元組)**, 以位元流 (octet-stream) 在網路上傳遞。

■ 建立自訂函式 face_add()

在前面 16-2-2 小節建立的 **face_shot(job)** 中, 會視參數 job 為 "add" 或 "who" 而呼叫 face_add() 或 face_who() 來進行不同的工作。這裡我們就先來實作 face_add(), 它可接收一個臉部影像參數, 然後將之發送給 Azure 來替指定的成員新增臉部資料:

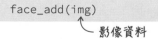
face_add(img)
↖ 影像資料

程式碼如下：

```
16-8.py

01   def face_add(img):          # 建立自訂函式
02       img_encode = cv2.imencode('.jpg', img)[1]   ← 編碼
03       img_bytes = img_encode.tobytes()            ← 轉為 bytes
04       face_url = f'{base}/persongroups/{gid}/persons
                         /{pid}/persistedFaces'
05       response = requests.post(face_url,      # POST 請求
06                                headers= headers_stream,
07                                data=img_bytes)
08       if response.status_code == 200:
09           print('新增臉部成功: ', response.json())
10       else:
11           print('新增臉部失敗: ', response.json())
```

程式說明

- 02　自訂函式接收到 img 影像資料後，先使用 OpenCV 的 **imencode()** 方法將影像進行 **JPEG** 格式的編碼並暫存於記憶體中，回傳結果的索引 [0] 為編碼是否成功的布林值、索引 [1] 為暫存區的影像資料。

- 03　編碼後的影像資料再經由 **tobytes()** 方法轉為 bytes 物件，即可透過 POST 傳送。

此自訂函式以及 16-2-2 小節的 **face_shot()** 我們都已經幫讀者放到 **face_module.py** 中，稍後用 import 模組的方式直接使用。

16-4-6　實例：拍照與新增成員功能的結合

■ 建立自訂函式：face_init() 和 face_use()

由於 **API (網址)** 和**金鑰**在向 Azure 申請服務時就已確定了，因此可以將之儲存到 **face_module.py** 的全域變數中，以供模組中的各函式直接使用，就不用每次呼叫函式都要再用參數來傳遞。為此我們額外建立了一個 **face_init()** 自訂函式，來初始化 **face_module.py** 模組中的 API (網址) 和金鑰變數，另外也將常用的幾個請求標頭都以全域變數一起做好，以方便後續使用：

```
base = ' '       ←— API (網址)
key = ' '        ←— 金鑰
headers_stream = { }    ←— stream 請求標頭
headers_json = { }      ←— json 請求標頭
headers = { }           ←— GET 的請求標頭
def face_init(b, k):
    global base, key, headers_stream, headers_json, headers
    base = b    # API (網址)
    key = k     # 金鑰
    headers_stream = {'Ocp-Apim-Subscription-Key': key,  # stream 請求標頭
                      'Content-Type': 'application/octet-stream'}
    headers_json = {'Ocp-Apim-Subscription-Key': key,  # json 請求標頭
                    'Content-Type': 'application/json'}
    headers = {'Ocp-Apim-Subscription-Key': key}        # GET 的請求標頭
```

將以上程式放到 **face_module.py** 模組中, 以後在主程式中只要 import 這個模組, 然後呼叫 face_init(你的 API (網址), 你的金鑰) 即可做好初始化的工作了。

另外, 我們再用同樣的方法來設定新增成員臉部影像時所需要的 gid 及 pid, 以方便在 face_shot() 中呼叫 face_add():

```
gid = ' '  ←— 群組 Id
pid = ' '  ←— 成員 Id
def face_use(g, p):
    global gid, pid
    gid = g
    pid = p
```

將以上程式放到 **face_module.py** 模組中, 以後只要呼叫 face_use(gid, pid) 即可指定要操作的 gid 和 pid 了。

以上自訂函式都完成之後, 我們的主程式就變的非常簡單了:

```
16-9.py

01   import face_module as m      # 匯入自訂模組
02
03   base = 'API (網址)'
04   key = '你的金鑰'
05   gid = 'gp01'                             # 群組 Id
06   pid = '4b19526e-69a0-4d1a-89f1-285e9cb18c12'   # 成員 Id
07
08   m.face_init(base, key)  ← 初始化 API (網址) 和金鑰
09   m.face_use(gid, pid)    ← 指定要操作的 gid 和 pid
10   m.face_shot('add')  ← 呼叫拍照函式傳入 'add', 即可進行拍照
                           並上傳到 Azuse 新增成員人臉影像
```

執行程式碼即可打開攝影機, 偵測到人臉, 倒數 5 秒後, 就會拍照並將影像資料傳給 Azure 伺服器, 讀者可以多拍幾張、不同角度, 讓 Azure 多認識你一點。

16-4-7 訓練臉部資料

新增成員人臉影像後, 還需要透過 HTTP POST, 讓 Azure 對影像進行訓練分析, 讓它可以認得照片裡的人:

```
response = requests.post(請求路徑, 請求標頭)
```

進行訓練的請求參數如下:

● **請求路徑**

「API (網址)/persongroups/**要進行訓練的群組 Id**/train」

例如, 對 gp01 群組進行訓練的請求路徑:

```
base = 'https://westcentralus.api.cognitive.microsoft.com/face/v1.0'
gId = 'gp01'
train_url = f'{base}/persongroups/{gId}/train'
```

現在就來對剛剛傳給 Azure 的影像資料進行訓練：

```
16-10.py
01  import requests
02
03  base = 'API (網址)'
04  gId = 'gp01'          # 要訓練的群組 id
05  train_url = f'{base}/persongroups/{gId}/train'# 請求路徑
06  key = '你的金鑰'
07  headers = {'Ocp-Apim-Subscription-Key': key}   # 請求標頭
08  response = requests.post(train_url,            # 發出 POST 請求
09                          headers = headers)
10  if response.status_code == 202:               # 返回 202 表示成功
11      print("開始訓練...")
12  else:
13      print("訓練失敗", response.json())
```

程式說明

- 10　　與**第 10 章**一樣, 若請求成功, HTTP 狀態碼會返回 202, 代表請求已
  被接受, 但因為訓練是需要一段時間的, 所以並不會馬上返回結果。

■ 查看訓練進度

可以發出 HTTP GET 請求, 查看訓練的進度：

```
response = requests.get(請求路徑,  請求標頭)
```

查看訓練進度的參數如下：

● **請求路徑**：「API (網址)/persongroups/**要查看訓練進度的群組 Id**/training」。

● **請求標頭**：查看資料只需要傳送金鑰就可以了。

來看剛剛訓練的結果吧：

```
16-11.py
01  import requests
02
03  base = 'API (網址)'
04  gId = 'gp01'          # 欲查看訓練進度的群組 id
05  train_url = f'{base}/persongroups/{gId}/training' # 請求路徑
06  key = '你的金鑰'
07  headers = {'Ocp-Apim-Subscription-Key': key}      # 請求標頭
08  response = requests.get(train_url,                 # 發出 GET 請求
09                          headers = headers)
10  if response.status_code == 200:
11      print("訓練結果：", response.json())
12  else:
13      print("查看失敗", response.json())
```

照片張數不多, 訓練應該瞬間就完成了, 在 11 行輸出的結果中, "status" 為 "succeeded" 即為訓練完成：

```
{"status":"succeeded","createdDateTime":"2018-10-15T08:54:29.5469672Z
","lastActionDateTime":"2018-10-15T08:54:29.7776162Z","message":null}
```

16-4-8　人臉身分識別

完成以上打卡系統的前置動作後, 接著進行打卡系統的人臉身分識別功能, 來完成 16-2-2 節 **face_shot()** 中會呼叫的 **face_who()** 函式。

要做人臉身分辨識的動作較為繁瑣, 共得使用 3 次請求：

1 **人臉偵測**

得先透過請求, 將影像傳給 Azure 進行偵測的動作, 若有偵測到臉部, 則回傳一個 **FaceId**。

2 **身分識別**

在步驟 1 得到 FaceId 後, 再發送一個請求, 請 Azure 看看這個 FaceId 的臉與群組中哪張臉最像。

3　從群組中找到人名

接著會回傳一個群組中長得最像的人 (**personId**), 我們再使用 **16-4-4 節**的自訂函式 **person_list()** 取得群組中的成員清單, 以 **personId** 取得成員的名字資料。

■ 臉部偵測

　　攝影機拍照後, 將影像以 POST 請求發送至 Azure, 進行第一步的臉部偵測, 並回傳一個 FaceId:

```
response = requests.post(請求路徑, 請求標頭, 請求主體)
```

● **請求路徑**:「API (網址)/detect?**returnFaceId=true**」

```
base = 'https://japanwest.api.cognitive.microsoft.com/face/v1.0'
detect_url = f'{base}/detect?returnFaceId=true' # 請求路徑
```

● **請求標頭**:需要傳送影像資料, 所以使用的請求標頭與 **16-4-5 節**相同。

　　請求成功後, 就像之前一樣, 可以使用回應物件的 **json()** 方法, 將偵測結果 **JSON 格式字串轉**為 Python 中的 **list** 與 **dict** 形式。

```
face = response.json()
```

　　傳回的 face 內容如右:

```
application/json

[
    {
        "faceId": "c5c24a82-6845-4031-9d5d-978df9175426",
        "faceRectangle": {
            "width": 78,
            "height": 78,
            "left": 394,
            "top": 54
        },
```

　　回傳的 list 中可能會有多個 dict, 每一個都是一張臉的資料;而我們在設計 **face_shot()** 時, 限制了一次只能偵測一張臉, 所以只會有一個 dict。list **索引 0** 的資料就是我們的臉;而 dict 中 faceId 的值是以**鍵 'faceId'** 來儲存:

```
faceId = face[0]['faceId']
```

第一張臉 ⟋　　　⟍ 取出 faceId

■ 建立自訂函式 face_detect()

我們在這裡建立一個自訂函式 **face_detect()**, 可以接收影像進行臉部偵測並回傳 faceId:

```
faceId = face_detect(img)
```

⟍ 傳入人臉影像資料

自訂函式程式碼如下:

```
16-12.py
01  def face_detect(img):
02      detect_url = f'{base}/detect?returnFaceId=true'     # 請求路徑
03      img_encode = cv2.imencode('.jpg', img)[1]
04      img_bytes = img_encode.tobytes()
05      response = requests.post( detect_url,
06                               headers=headers_stream,
07                                data=img_bytes)
08      if response.status_code == 200:
09          face = response.json()
10          if not face:
11              print("照片中沒有偵測到人臉")
12          else:
13              faceId = face[0]['faceId']    # 取得 FaceId
14              return faceId
```

我們已經幫讀者把此自訂函式放到模組 **face_module.py** 中, 稍後可以直接使用。

■ 身分識別

有了 faceId 後, 接著我們發送 POST 請求, 進行身分識別:

```
response = requests.post(請求路徑, 請求標頭, 請求主體)
```

身分識別的請求參數說明說下：

- **請求路徑**：「API (網址)/identify」

- **請求標頭**：與 **16-4-1 節建立群組**相同。

- **請求主體**：將**群組 id** 與剛剛得到的 **faceId** 組成 dict，並轉為字串再以 utf-8 編碼：

```
body = str({ 'personGroupId': '群組 id',
             'faceIds': [faceId] }).encode('utf-8')
```

以 faceId 可以用 list 傳送（因為可以多張臉一起辨識）

發出請求後，回傳的 JSON 形式如下：

```
person =
       [{  'faceId': 'f977cec8-b799-404e-a9a2-4c3aae1b73f7',
           'candidates': [{'personId': '6fde364d-f0ab-4387-969b-57cab4bd32f0',
                          'confidence': 0.6472}]}]
```

鍵 **'candidates'** 是 Azure 辨識出來的人，其值 list 之中，有一個 dict，包含了 **personId**、與**信心度**的資訊。我們將 personId 取出：

```
personId = person[0]['candidates'][0]['personId']
```

稍後我們可以根據這個 personId，使用在 **16-4-4 節**建立的 **person_list()**，查看群組中的成員，取得具有此 personId 的成員姓名，存入資料庫。

■ 建立自訂函式 face_identify()

在此建立自訂函式 **face_ identify()**，可以接收 **faceId** 進行身分識別，並回傳與群組中最相像的成員 **personId**。

```
personId = face_ identify(faceId)
```

自訂函式的程式碼：

```
16-13.py

01   def face_ identify(faceId):
02       idy_url = f'{base}/identify'              # 臉部偵測的請求路徑
03       body = str({'personGroupId': gid,
04                   'faceIds': [faceId]})
05       response = requests.post(idy_url,          # 臉部驗證請求 POST
06                                headers=headers_json,
07                                data=body)
08       if response.status_code == 200:
09           person = response.json()
10           if not person[0]['candidates'] :
11               return None                         # 若查無此人，回傳 None
12           else:
13               personId = person[0]['candidates'][0]['personId']
14               print(personId)                                 ↑
15               return personId                        取得 personId
```

我們已經將它放進模組 **face_module.py,** 稍後我們便可直接使用。

16-5 實戰：人臉身分識別打卡系統

接著我們先來完成 **16-4-6** 小節 **face_shot()** 中會呼叫的 **face_who()** 函式，寫好之後再寫**人臉身分識別打卡系統**的主程式就輕鬆了，因為所有需要的功能都已做成函式，只要呼叫即可。

■ 建立自訂函式：face_who()

在 face_who() 中我們要加入人臉身分識別的功能，此函式需傳入一個影像參數進行辨識，然後將識別出來的成員名字與時間存入 **SQLite** 資料庫中：

```
01   def face_who(img):
02       faceId = face_detect(img)      ← 執行臉部偵測, 取得 faceId
03       personId = face_identify(faceId)  ← 用 faceId 進行臉部辨識, 找出群
04       if personId == None:                組中最像的人, 取得 personId
05           print('查無相符身分')
06       else:
07           persons = person_list()      ← 取得群組的成員清單
08           for p in persons:            ← 走訪清單中的每一個成員
09               if personId == p['personId']:  ← 取出 personId 做比對
10                   print('歡迎:', p['name'])   ← 取得姓名
11                   m.db_save('mydatabase.sqlite', p['name'])# 存入資料庫
12                   m.db_check('mydatabase.sqlite')          # 查看資料庫
```

程式說明

- 02 　 對影像進行臉部偵測, 取得 faceId。

- 03 　 透過 faceId 進行人臉識別, 找出取群組中最像的人 (取得 personId)。

- 04 　 若回傳 None, 代表找不到相符的臉。

- 07 　 呼叫 person_list() 取得群組的成員清單。

- 8~12 　 在清單中取出 personId 的姓名資料做處理。

　　我們已經將所有的自訂函式都放在 **face_module.py** 中, 建構完整程式碼時, 可直接呼叫整章的自訂函式。底下就是我們的**人臉身分識別打卡系統**主程式 **face.py**：

■ 完整程式碼

face.py

```
01   import face_module as m     # 匯入自訂模組
02
03   base = 'API (網址)'
04   key = '你的金鑰'
05   gid = 'gp01'                     # 群組 Id
06
07   m.face_init(base, key)  ← 初始化 API (網址) 和金鑰
08   m.face_use(gid,' ')  ← 指定要操作的 gid (pid 不需要, 所以傳入空字串即可)
09   m.face_shot('who')  ← 此函式會不斷進行拍照並上傳到 Azuse 辨識照片是誰
```

如此便完成我們的打卡系統。執行成果如下圖：

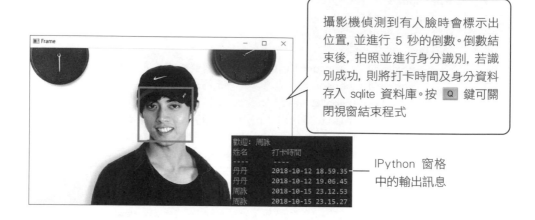

攝影機偵測到有人臉時會標示出位置，並進行 5 秒的倒數。倒數結束後，拍照並進行身分識別，若識別成功，則將打卡時間及身分資料存入 sqlite 資料庫。按 Q 鍵可關閉視窗結束程式

IPython 窗格中的輸出訊息

■ 錦上添花：加入語音系統

如果已經完成上一章「語音聊天機器人」的讀者，在這裡我們還可以直接利用聊天機器人的模組，來替打卡系統加上語音功能。模組化讓一切都變得很容易，只需要匯入聊天機器人模組即可：

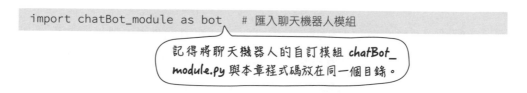

```
import chatBot_module as bot    # 匯入聊天機器人模組
```

記得將聊天機器人的自訂模組 chatBot_module.py 與本章程式碼放在同一個目錄。

匯入後，即可使用 **bot_speak()** 或是 **bot_speak_re()** 自訂函式來使用語音功能，例如說出 "歡迎 某某某" 之類的語音。

首先請將 face.py 和 face_module.py 複製一份為 face_spk.py 和 face_spk_moudle.py，我們要將語音功能加在新複製出的程式中。由於語音功能要加在 face_who() 函式中，因此請先開啟 face_**spk**_module.py，然後修改其中的 face_who() 函式，在底下的 1、8、14 行加入程式：

```
face_spk_module.py
01  import chatBot_module as bot  ←─ 匯入語音聊天機器人
02                                      的模組, 並以 bot 為名
03  def face_who(img):
04      faceId = face_detect(img)        # 執行臉部偵測, 取得 faceId
05      personId = face_identify(faceId) # 用 faceId 進行臉部辨識
07          print('查無相符身分')              取得 personId
08          bot.bot_speak('查無相符身分', 'zh-tw')  ←─ 以中文說出訊息
09      else:
10          persons = person_list(gid) # 取得群組的成員清單
11          for p in persons:                # 取得清單中 personId 的姓名資訊
12              if personId == p['personId']:      以中/英文說出
13                  print('歡迎:', p['name'])      (名字可能為英文)
14                  bot.bot_speak_re('歡迎 ' + p['name'])←─
15                  db_save('mydatabase.sqlite', p['name'])# 存入資料庫
16                  db_check('mydatabase.sqlite') # 查看資料庫
```

接著再修改 face_spk.py 第一行的 import 指令即可：

```
face_spk.py
01  import face_spk_module as m  ←─ 匯入有語音功能的自訂模組
02
03  base = 'API (網址)'
04  key = '你的金鑰'
05  gid = 'gp01'              # 群組 Id
06
07  m.face_init(base, key) # 初始化 API (網址) 和金鋪
08  m.face_use(gid, ' ') # 指定要操作的 gid (pid 不會用到所以傳入空字串即可)
09  m.face_shot('who') # 此函式會不斷進行拍照並上傳到 Azuse 辨識照片是誰
```

　　全書程式碼的建構方式都透過模組化, 讓您在本書中各個章節可以交互使用, 不會被侷限住, 未來結束本書的旅程後, 這些東西也可以陪伴著你的程式之路, 繼續成長茁壯。

MEMO

A

Appendix

用 Anaconda Navigator 管理相關程式、套件、及多個執行環境

A-0　輕鬆管理應用程式與套件

　　Anaconda Navigator (底下簡稱 Navigator) 是 Anaconda 的總管, 可用來管理各種已安裝或未安裝的程式、套件, 以及多個不同的執行環境。請執行 Windows **開始**功能表的『**Anaconda3(64-bit)/Anaconda Navigator**』來啟動 Navigator, 在首頁 (Home) 中主要是管理各種已安裝及未安裝的程式:

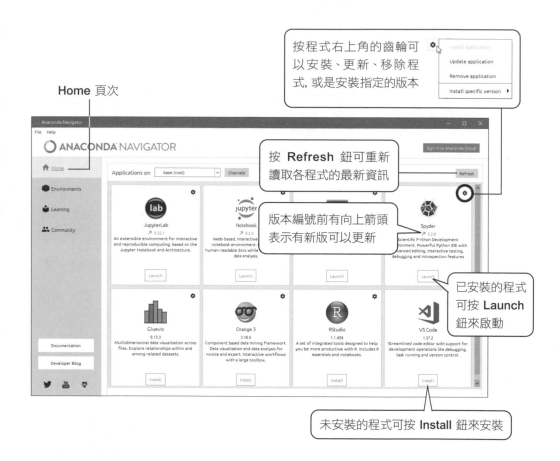

按程式右上角的齒輪可以安裝、更新、移除程式, 或是安裝指定的版本

Home 頁次

按 **Refresh** 鈕可重新讀取各程式的最新資訊

版本編號前有向上箭頭表示有新版可以更新

已安裝的程式可按 Launch 鈕來啟動

未安裝的程式可按 Install 鈕來安裝

　　如前所述, Python 擁有數量龐大的第三方套件可供我們使用, 而 Anaconda 已經預先幫我們安裝好了 200 多個常用的套件, 但到底是安裝了哪些套件、以及要如何管理它們呢? 請切到 **Environments** 頁次, 即可在右邊窗格中瀏覽及管理所有已安裝、可更新、及可安裝的套件:

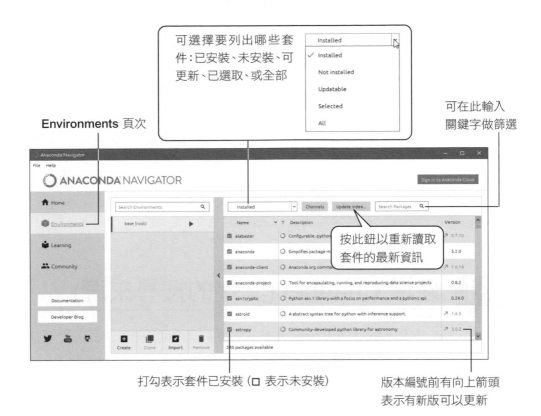

可選擇要列出哪些套件：已安裝、未安裝、可更新、已選取、或全部

可在此輸入關鍵字做篩選

Environments 頁次

按此鈕以重新讀取套件的最新資訊

打勾表示套件已安裝 (□ 表示未安裝)

版本編號前有向上箭頭表示有新版可以更新

在套件左邊的圖示上按左鈕 (或右鈕) 則可選取該套件來進行安裝、更新版本、移除、或安裝指定的版本 (灰色命令表示目前套件不適用)：

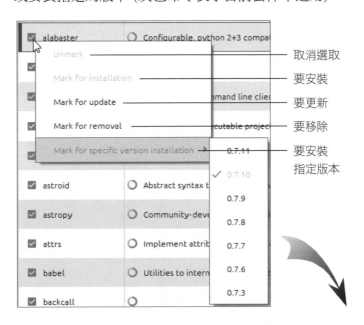

取消選取

要安裝

要更新

要移除

要安裝指定版本

此圖示代表已選取要做更新 (若為 ⬇ 表示要
安裝, ☑ 表示要刪除, ⬊ 表示要降到特定版本)

也可在此按一下來選取套件做更新

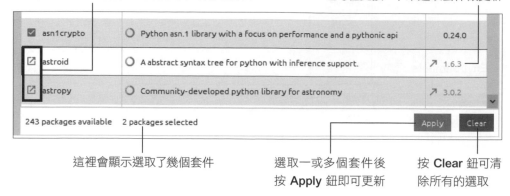

這裡會顯示選取了幾個套件

選取一或多個套件後
按 **Apply** 鈕即可更新

按 **Clear** 鈕可清
除所有的選取

A-1 新增 Channel (套件的搜尋來源)

　　Channel (頻道) 就是 Anaconda 安裝或更新套件的搜尋來源, 預設只有
一個 Anaconda 官方的 Channel。底下我們再加入一個常用的 **conda-forge**
Channel (更新的速度較快), 請按一下套件列表上方的 **Channels** 鈕, 然後如下
操作:

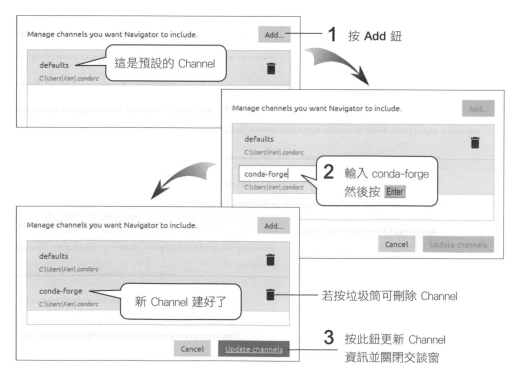

1 按 **Add** 鈕

這是預設的 Channel

2 輸入 conda-forge
然後按 Enter

新 Channel 建好了

若按垃圾筒可刪除 Channel

3 按此鈕更新 Channel
資訊並關閉交談窗

我怎知有哪些 Channel 啊！

你可以到 Anaconda Cloud (anaconda.org) 中搜尋需要的套件，在找到的套件名稱前即會標明其所在的 Channel 名稱，例如搜尋 opoencv 套件：

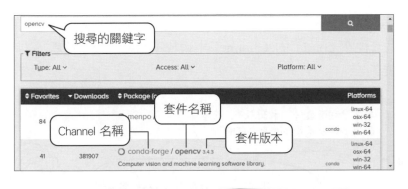

搜尋的關鍵字

套件名稱

Channel 名稱

套件版本

在 Anaconda Prompt 中新增 Channel

在 Anaconda Prompt 的**命令提示視窗**中，也可以用 conda 命令來新增 Channel：

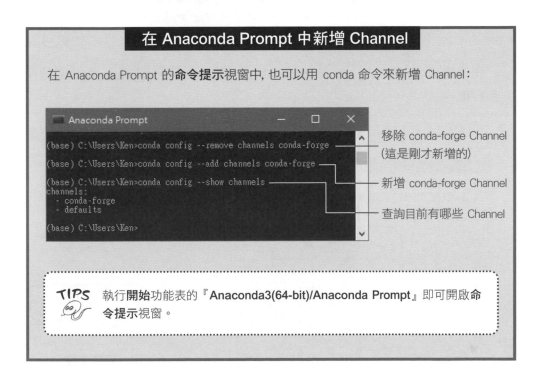

移除 conda-forge Channel（這是剛才新增的）

新增 conda-forge Channel

查詢目前有哪些 Channel

TIPS 執行**開始**功能表的『**Anaconda3(64-bit)/Anaconda Prompt**』即可開啟**命令提示視窗**。

A-2 安裝及管理套件的技巧

在 Anaconda 中管理套件的工具主要有 2 個, 第一個是 Anaconda 自行開發的 **conda** 程式, 另一個則是 Python 內建的 **pip** 程式。這 2 個程式彼此是獨立的, 安裝套件時的套件來源也不同, 因此我們用哪一個程式來安裝套件, 以後最好就用那個程式來更新版本或移除。

一般都會優先使用 conda 來安裝套件, 這樣才能跟 Anaconda 的管理工具相容。不過有些套件在 conda 的 Channel 中會找不到或是版本較舊, 這時就得用 pip 來安裝了。

底下先示範使用 Navigator 及 conda 來安裝一個可將 Python 程式檔轉換為執行檔的套件 pyinstaller:

1 切到此頁次　　**2** 選擇列出未安裝的套件　　**3** 輸入 pyinstaller 做篩選

4 找到了

5 在圖示上按一下即可選取準備下載　　**6** 按 Apply 鈕

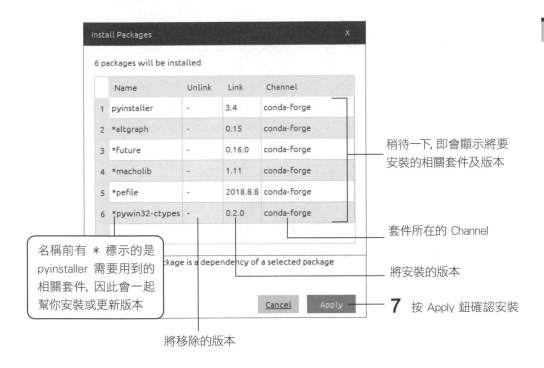

稍待一下, 即會顯示將要安裝的相關套件及版本

套件所在的 Channel

名稱前有 * 標示的是 pyinstaller 需要用到的相關套件, 因此會一起幫你安裝或更新版本

將安裝的版本

7 按 Apply 鈕確認安裝

將移除的版本

安裝好之後, 在上方改選 installed 列出已安裝套件並用 pyinstaller 篩選, 即可看到安裝的結果。若要移除、升級、或降級套件, 方法參見 A-3 頁。

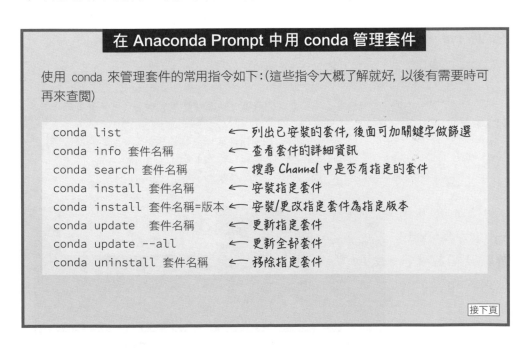

在 Anaconda Prompt 中用 conda 管理套件

使用 conda 來管理套件的常用指令如下:(這些指令大概了解就好, 以後有需要時可再來查閱)

```
conda list                  ← 列出已安裝的套件, 後面可加關鍵字做篩選
conda info 套件名稱          ← 查看套件的詳細資訊
conda search 套件名稱        ← 搜尋 Channel 中是否有指定的套件
conda install 套件名稱       ← 安裝指定套件
conda install 套件名稱=版本  ← 安裝/更改指定套件為指定版本
conda update 套件名稱        ← 更新指定套件
conda update --all          ← 更新全部套件
conda uninstall 套件名稱     ← 移除指定套件
```

接下頁

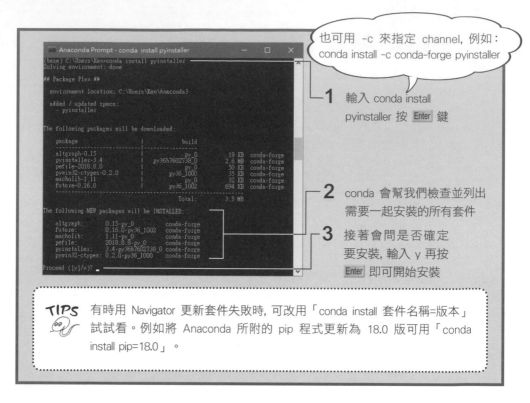

也可用 -c 來指定 channel, 例如:
conda install -c conda-forge pyinstaller

1 輸入 conda install pyinstaller 按 Enter 鍵

2 conda 會幫我們檢查並列出需要一起安裝的所有套件

3 接著會問是否確定要安裝, 輸入 y 再按 Enter 即可開始安裝

TIPS 有時用 Navigator 更新套件失敗時, 可改用「conda install 套件名稱=版本」試試看。例如將 Anaconda 所附的 pip 程式更新為 18.0 版可用「conda install pip=18.0」。

有些套件並未被 Anaconda 收錄, 因此用 conda 來安裝時可能會找不到套件或安裝失敗。另外也可能 Anaconda 只收錄到舊版, 此時都可改用 Python 內建的 pip 來安裝, pip 的語法和 conda 類似但有些小差異:

```
pip list            ← 列出已安裝的套件
pip list --outdated ← 列出需要更新的套件
pip show 套件名稱    ← 查看已安裝套件的版本、功能簡介、官網、作者、安裝路徑等
pip install 套件名稱  ← 安裝指定的套件
pip install 套件名稱==版本  ← 安裝/更改指定套件為指定版本 (注意是 2 個等號)
pip install --upgrade 套件名稱  ← 更新指定的套件
pip uninstall 套件名稱  ← 移除指定的套件
```

例如底下用 pip 來安裝可製作遊戲及播放聲音動畫的 pygame 套件:

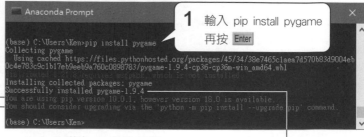

1 輸入 pip install pygame 再按 Enter

如果 anaconda 內附的 pip 版本較舊, 會顯示此訊息建議升級到最新版本

2 顯示安裝成功了

以上最後 2 行訊息是建議你更新 pip 到最新的 18.0 版本, 但如果 pip 使用都正常, 其實可以忽略此訊息。不過若是安裝某些套件發生問題, 則可先用前面介紹的「conda install pip=最新版本」來升級 pip, 若升級失敗則可改用以上訊息中建議的方法「python -m pip install --upgrade pip」來升級。

請注意, 如果是用 pip 安裝的套件, 以後就必須用 pip 來管理 (更新或移除)。使用 conda list 時可看出套件是否由 pip 所安裝:

會在 Build 欄註明 <pip>

另外, 有些套件在改版時會更動到原有的功能, 因此如果遇到使用新版套件而無法執行本書範例時, 可先將套件**降級**到本書範例所使用的版本, 例如「conda install opencv=3.4.1」或「pip install pygame==1.9.4」降級到指定版本。

TIPS　本書範例在介紹安裝套件的指令時, 都會將安裝的版本寫在註解中。另外, 本書的相關更新訊息都會公佈在 www.flag.com.tw/bk/st/F1700, 讀者可先來看看是否有新的資訊, 或是有新的範例程式可以使用。

A-3　建立多個執行環境

有時候我們會希望使用不同的 Python 版本來測試程式, 例如 3.5 版或 2.7 版 (筆者撰稿時的預設版本為 3.6 版), 又或者希望能測試各種不同的套件但又不希望影響到目前的執行環境, 這時就可以建立一個或多個獨立的執行環境, 每個執行環境可以安裝自己的套件、Python 版本、或 Spyder 等應用程式。

請開啟 Navigator,然後如下操作來新增一個執行環境:

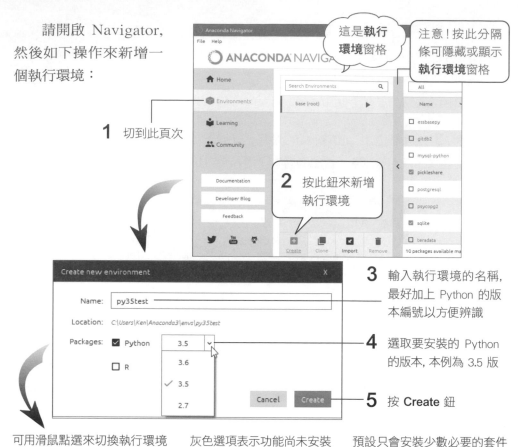

1 切到此頁次

這是**執行環境**窗格

注意!按此分隔條可隱藏或顯示**執行環境**窗格

2 按此鈕來新增執行環境

3 輸入執行環境的名稱,最好加上 Python 的版本編號以方便辨識

4 選取要安裝的 Python 的版本, 本例為 3.5 版

5 按 **Create** 鈕

可用滑鼠點選來切換執行環境　　灰色選項表示功能尚未安裝　　預設只會安裝少數必要的套件

建立好了

複製目前的執行環境

刪除目前的執行環境

按此鈕選取 **Open Terminal** 即可用此執行環境開啟**命令提示**視窗

這裡會顯示執行環境的名稱

再回到首頁 (Home), 則可安裝或管理新執行環境中的應用程式:

按 **Install** 鈕即可安裝需要的應用程式

 TIPS 在新環境中安裝應用程式後, Navigator 會自動在**開始**功能表中增加新的命令, 以方便我們用新的環境來執行應用程式。

 TIPS 我們也可使用 conda 命令來建立及管理執行環境, 相關操作可參見 conda.io/docs/user-guide/tasks/manage-environments.html。

MEMO

B
Appendix

各章自訂函式
速查索引

旗 標 FLAG

http://www.flag.com.tw